Sergius Golowin

Edelsteine – Kristallpforten zur Seele

Sergius Golowin

Edelsteine – Kristallpforten zur Seele

Traumreisen und Meditationen mit Edelsteinen

Verlag Hermann Bauer
Freiburg im Breisgau

CIP-Kurztitelaufnahme der Deutschen Bibliothek

Golowin, Sergius:
Edelsteine – Kristallpforten zur Seele : Traumreisen u. Meditationen mit Edelsteinen / Sergius Golowin. – 1. Aufl. – Freiburg im Breisgau : Bauer, 1986.
ISBN 3-7626-0297-2

Mit 11 Abbildungen und 30 Zeichnungen.

1. Auflage 1986
ISBN 3-7626-0297-2

Satz: Rombach: Druckhaus KG, Freiburg im Breisgau.
Druck und Bindung: May & Co, Darmstadt.
Printed in Germany.

Inhalt

Der Autor über sein Buch

Die übereinstimmenden Sagen und Märchen der Völker erzählen uns von einer großen Urwelt: Die reinen Wasser der Paradiesquellen strömen über Wundersteine »in allen Regenbogenfarben«; in strahlenden Kristallburgen leben die ersten großen Lehrer der Stämme.

In Glück und Not umgab sich darum der Mensch aller Zeiten mit edlem Schmuck. Er war fest davon überzeugt, durch ihn in freundschaftliche Beziehung zu den Urkräften, »entstanden an jedem der sieben Schöpfungstage«, treten zu können:

Liebende glaubten sich dadurch auf jede Entfernung seelisch verbunden.
Mütter erwarteten ähnlich das Glück einer ruhigen Schwangerschaft und einer leichten Geburt.
Ganze Stämme fanden auf diese Art sogar in schweren Not- und Seuchenzeiten die gesunde Selbstsicherheit, die ihnen die Gewißheit einer Zukunft schenkte.
Man erwartete von Juwelen überhaupt die Vermehrung der Lebensfreude und damit der eigenen Stärke bis ins hohe »Stein-Alter«.
Viele Menschen waren überzeugt, dank »Steinen der Kraft« in selige Träume kommen zu können, in denen sie sogar den guten Rat ihrer großen Vorfahren empfingen – und schöpferische Gedanken für ihre Wirklichkeit mitbrachten.
Durch die tägliche Morgen-Meditation mit bunten Steinen empfanden sie sich jedesmal innerlich verjüngt, erneuert und unternehmungslustig.

Kärnten ist schon für den großen Arzt und Naturphilosophen Paracelsus eine Alpengegend, in der sich die Überlieferung von den Sternenkräften in unserer Umwelt besonders gut erhielt. Hier fand auch 1985 der erste »Weltkongreß für Schmuck und Mythologie« statt, bei dem ich über den uralten Glauben an die Wirkung der Edelsteine reden durfte. Prof. Dr. Ernest Dichter (New York), der wissenschaftliche Leiter der Tagung, stellte fest: In den Zeiten wirtschaftlicher Krisen geben die Menschen nicht weniger für Schmuck aus als in den Jahren ihres materiellen Wohlstandes. Sie sehen aber in ihm immer weniger nur eine äußere Darstellung ihres Besitzes oder auch eine Wertanlage – sie erwarten von ihm das Erschließen ihrer inneren Kraftquellen.

Auf demselben Kongreß erklärte der Psychiater Prof. Dr. Erwin Ringel (Wien) die zunehmende Bewegung moderner Menschen zur magischen Überlieferung, sehr deutlich gerade auf dem Gebiet des Schmucks, durch ihre Abkehr von einer beziehungslosen Zivilisation, also der Suche nach einer neuen lebendigen, liebevolleren Beziehung zur Umwelt und zu allen Mitwesen. Andere Vertreter derselben internationalen Kärntner Veranstaltung bestätigten, wie sehr heute gerade der gebildete Mensch beim Kauf von Wertgegenständen nach den Überlieferungen sucht, die einst mit ihnen verbunden waren.

Eine Zeitschrift schrieb dazu: »Während Edelsteine und Edelmetalle allmählich zum Prestigeobjekt verkommen sind und die Designer sich vorwiegend nach rein ästhetischen Gesichtspunkten gerichtet haben, deuten die Fragen der Kunden immer stärker auf eine wiedererwachende Sehnsucht hin.«

Einer der Träger der Überlieferung osteuropäischer Stämme, den ich in meiner Jugend kennenlernte, besaß in seiner »Heiligen Ecke« ein kleines Krippenspiel: Die Gottesmutter saß mit dem Christkind in einer aus Bergkristallen gebildeten Steinhöhle in der Mitte. Um sie herum knieten die drei Magier aus dem Morgenland auf dem Boden und breiteten vor dem Bringer des neuen Zeitalters ihre Schätze aus: Gold, Edelsteine, duftende Kräuter.

Der weise Mann fand in diesem frommen Bild tiefen Sinn und eine Weihe seines eigenen geerbten Wissens um die Wunder der Natur: »Es gibt für uns keine Offenbarung Gottes ohne die gleichzeitige Liebe zu seiner Schöpfung, der Erde, als seines Kunstwerks – samt allen ihren uns zuströmenden Energien. Die Magier aus dem Morgenland, die noch heute viele Nomadenstämme im Orient und in Europa als ihre Stammväter ansehen, sind die Vertreter der ewigen Tradition, die uns immer an diese Tatsache erinnern sollen.«

Ich bin glücklich, schon als Kind Erzählungen über Vorfahren vernommen zu haben, die sich zwischen den Kulturen bewegten und viel von deren praktischem Wissen vermittelten. Was ich hörte, stelle ich hier für eine Gegenwart zusammen, die wieder mit offenen Augen die Schönheit und das Wunder der Kräfte der Welt entdecken will.

Sergius Golowin

Einweihung im Alltag

Die wahre Einweihung in das uralte Wissen – dies lernte ich in meiner frühen Jugend – ist verhältnismäßig einfach: Sie findet statt zu allen Zeiten, heute wahrscheinlich nicht weniger als im Altertum und in vorgeschichtlichen Zeiten, von denen uns die okkulten Romane, die Gleichnisse der Alchimisten und die Sinnbilder der alten Folianten erzählen. Nur eben – vielleicht hatten viele Menschen zu lange zu wenig Muße, dies zu bemerken.

Eine solche Einweihung braucht keine Tempel in Pyramiden oder geheimnisvolle Logen in Höhlengängen. Sie fängt an wie eine gewöhnliche Begegnung: Es kann ein Gespräch in einer Gaststube sein, ein Zusammentreffen beim Wandern auf einem Bergpfad, das Gespräch mit einem Fremden im Zug. Es kann mit ganz gewöhnlichen Sätzen anfangen, die plötzlich, wenn wir wache Sinne haben oder die Neugier des Kindes noch in uns bewahrt haben, plötzlich für uns einen besonderen Sinn bekommen. Wir können dann diese Sätze für eine Weile wieder vergessen, weil wir gerade vermeintlich Wichtigeres zu tun haben. Die gleichen Sätze können aber in uns plötzlich Gedenkenketten wecken, Erinnerungen, die wiederum aus unserer Tiefe andere Erinnerungen hervorholen.

Diese Gedanken, wenn wir sie frei in uns strömen lassen, werden uns zu einer Reihe von Dingen anregen, von denen sich eins ganz ungezwungen aus dem andern entwickelt: Wir werden auf bestimmte Zusammenhänge achten, gewisse Bücher lesen, unsere Umgebung mit andern Augen schauen. Mit andern Worten: Wir werden eine neue Welt erleben.

Eine Fahrende Frau im Wohnwagen zu Füßen der Ausläufer der provençalischen Alpen hat mir erzählt, daß nach der Sage ihres Stammes die großen Häuptlinge der Urzeit, die als Ahnen der Völker »weit in den Bergtälern des Ostens lebten«, ihren Nachkommen das Wissen der Alten hinterließen, damit es bis ans Ende der Zeiten den Menschenrassen in ihren Nöten helfe.

Überall sollten demnach die Hinweise auf die göttlichen Lehren der Urzeit zu finden sein, »die Gottes Engel selber im Sternenglanz des Paradieses den Vorfahren lehrten«: in jedem Kinderspiel, in den einfachsten Märchen und Liedern, in den Namen der

Im einschläfernd duftenden Grase ruhend, den Kraft-Stein auf der Stirn (hier vor jedem Verlieren geschützt dank einer dazu verfertigten Haube!), finden Menschen von heute Augenblicke der entspannten Ruhe in ihren glücklichen Träumen.

Menschen und der sie umgebenden Gegenstände, in den Zeichen der Spielkarten, also in den sogenannten gewöhnlichsten, alltäglichsten, jedermann zu jeder Stunde begegnenden Bildern und Worten.

Der Narr würde durch diese Pforten unserer alltäglichen Einweihung jeden Augenblick hindurchstolpern, sich langweilen, überzeugt sein, daß es die wahre Weisheit auf Erden nicht gebe. Vielleicht sei sie irgendwo in einem fremden Land oder auf einem fremden Stern verborgen, durch eine elitäre Schule nur Reichen und Auserwählten zugänglich. Der begabte Mensch aber, so heißt es, den hauptsächlich nur seine Eltern lehrten, stets wache Sinne zu bewahren, der werde Wunder über Wunder schauen. Wo für andere nichts als der gewöhnliche graue Alltag ist, sieht der Wache Hinweise und Andeutungen, stammend von den fernsten Ahnen, die über jene hohen Himmelsgesetze nachdachten, die unsere Welt als »Kunstwerk der Kunstwerke« entstehen ließen.

Der Grund, warum ich diese Geschichte aus dem Wohnwagen an den Anfang dieses Buches über Glückszeiten und Wunschsteine stelle, ist einfach: Weil ich gerade von der gleichen weisen Frau ein einleuchtendes Beispiel für das Berichtete hörte: »Wer nur die sieben Wochentage kennt, der kann allein aus ihren Bezeichnungen so viel über die Sternkunde heraushören, wie er selbst in den größten Bibliotheken kaum finden kann. Er weiß die Namen der sieben Hauptsterne, die man einst als die hohen Engel ansah, die um Gottes Himmelsthron stehen. Jedem von ihnen haben die Weisen ein Siebentel der menschlichen Eigenschaften und Lebensziele zugeordnet. Wer am richtigen Tag in der richtigen Umgebung und unter Anwendung der richtigen Bräuche seinem erträumten Wunsch nachsinnt, der kann sich an die Kraft eines der sieben Himmlischen wenden. Ist er dessen würdig, so werden ihm nun vermehrt gute Gedanken und auch die nötige Stärke zuströmen, damit er dem Ziel seiner geheimen Sehnsucht Schritt für Schritt näherkommt.«

(Dieser Geschichte ist selbstverständlich beizufügen, daß das Gespräch in französischer Sprache stattfand, in der die unmittelbare Beziehung der Namen der sieben Wochentage »zu den sieben Sternenkönigen der Kraft« schon beim ersten Hinhören offensichtlich ist: Lundi = Lunatag = Montag; Mardi = Marstag = Dienstag; Mercredi = Merkurtag = Mittwoch . . .)

Das Märchen vom heiligen Feuer

Als Kind hörte ich noch viele urtümliche Märchen, vor allem von meiner Großmutter. Sie stammten vorwiegend aus den Grenzgebieten der eigentlichen Großrussen und dem ukrainischen Süden. Wie aber die volkstümlichen Erzähler selber betonten, wäre es närrisch gewesen, jede einzelne ihrer Erzählungen einem bestimmten Volk zuzuordnen. Die Gebiete der ostslawischen Stämme waren bis in die Gegenwart von Siedlungsgebieten der verschiedensten urtümlichen Kulturen durchsetzt, die man etwas oberflächlich unter den Bezeichnungen »Tataren« oder »Finnen« zusammenfaßte. Auch waren häufig die besten Märchenerzähler allerlei in weiten Räumen herumzigeunernde Spielleute schwer bestimmbarer Herkunft, die viele der Sprachen ihrer Gastgeber benützten. Aus Höflichkeit hielten sie sich in jeder Beziehung an das geistige Niveau ihrer Zuhörer und gaben den Helden ihrer phantastischen Geschichten die Vornamen, die bei diesen üblich waren, berücksichtigten auch die jeweiligen Lebens- und Umweltgegebenheiten.

An eines der Märchen erinnere ich mich genau, obwohl es mir in einem sehr frühen Alter erzählt wurde und mir wahrscheinlich helfen sollte, die richtige Reihenfolge der Wochentage zu merken. Wie ich später begriff, gehört es in den Umkreis jener Geschichten, wie sie von den Brüdern Grimm in Zusammenhang mit dem Frau-Holle-Märchen erzählt wurden. Sie enthalten alle die uralte Lehre, nach der ein Mensch, der seiner Umwelt gegenüber gewisse Spielregeln einhält, ruhig auf die guten Mächte vertrauen darf. Durch sie wird ihm selbst in schwierigsten Situationen geholfen. Wie ich mich erinnere, lautete die Erzählung, die meine Großmutter selber noch von einem fahrenden Spielmann gehört hatte, folgendermaßen: Es war einmal ein liebes Mädchen. Es hieß »die schöne Wassilissa«. Sie war fleißig und gut, folgsam und hilfsbereit, aber alles, was sie tat, war ihrer Stiefmutter zu wenig. Je mehr Wassilissa arbeitete, desto mehr keifte das neidische Weib, da ihre eigene Tochter so ziemlich in allen Beziehungen nur schlechte Eigenschaften besaß. Diese für jedermann offensichtliche Tatsache konnte sie keinen Augenblick vergessen.

Einmal, an einem kalten Winterabend, es war gerade Sonnabend, hatte die faule Stiefschwester das Feuer im Herd ausgehen lassen. Es wurde mörderisch kalt, und das Essen konnte nicht gekocht werden. Gute Menschen konnten in solchen Fällen am ewigen Licht in der heiligen Ecke, das vor den Gottesbildern brannte, wieder ein neues Feuer anzünden. Aber die böse Frau hatte selbstverständlich auch diesen ehrwürdigen Brauch vernachlässigt. Zur Erhaltung der kleinen Flamme war ihr sogar das Öl zu teuer. Im Ölgefäß war nur Staub, genau wie auf den nicht gereinigten Ikonen.

Die Stiefmutter starrte, schlimme Flüche ausstoßend, durch das Fenster und sah zwischen den Stämmen des nahen Waldes, auf den sich die finstere Nacht senkte, ein Licht schimmern. »Geh und hole mir Feuer« schnauzte sie die fleißige Wassilissa an, »wenn du keins bekommst, dann kannst du bei den Wölfen bleiben«. Also blieb dem guten Mädchen nichts anderes übrig, als mit einem harzigen Holzspan in der Hand in den dunklen Forst zu wandern.

Es war schon recht frostig, weil der Winter nahte, und von nah und fern hörte man das Knurren und Heulen der hungrigen Raubtiere. Nach und nach gingen die Sterne auf und erhellten ein wenig den Weg durch das Geäst und die dichten Sträucher. Weinend, doch sich vor der Stiefmutter mehr fürchtend als vor jeder anderen Gefahr, stolperte die arme Wassilissa über Wurzeln und versank dann bis an die Knöchel im kalten Sumpfboden.

Auf einmal – sie wußte nicht, ob sie nur kurze Zeit gewandert war oder viele bange Stunden – stand sie plötzlich auf einer Waldlichtung, auf der ein helles Feuer loderte. Sieben Gestalten, denen man nicht ansah, ob sie beutegierige Wegelagerer oder friedliche Pilgerleute waren, saßen vermummt im Kreise herum. Sie waren in dunkle Gewänder gehüllt und schienen tief zu schlafen.

Wassilissa wagte nicht, ohne Erlaubnis der sieben Schläfer ihren Span am Lagerfeuer zu entzünden; auch fand sie es nicht angemessen, sie wegen ihres Anliegens zu wecken. Also wartete sie höflich eine längere Zeit und war sogar eifrig bemüht, trotz der schwarzen Schatten in der Umgebung trockenes Holz einzusammeln, damit die Flammen stets genug Nahrung hatten. Auf einmal kam Bewegung in eine der Gestalten. Sie schlug die Kapuze zurück, und es war Wassilissa, als ob im Osten die Lichtstrahlen eines neuen Tages aufgehen würden. Ein weißes Gesicht von junger Schönheit zeigte sich, und über diesem erglänzte eine goldene Krone mit funkelnden Steinen, die rundherum den Wald zu erleuchten und zu erwärmen begannen.

»Fürchte dich nicht, schöne Wassilissa«, sagte der Mann mit der Krone, »ich bin der Herr Sonntag, von Gott selber eingesetzt, um über den siebenten Teil seiner Welt zu wachen, auf daß die Guten nie und nimmer von den Bösen unterdrückt würden«.

Der Kreis der Sternenkönige

An dieser Stelle unterbrach die Großmutter ihre Geschichte mit einer Erklärung: »Die weisen Alten, die klugen Leute der Vergangenheit, die die Sterne genau beobachteten und die großen Gesetze des Himmels erkannten und danach lebten, ließen den Tag immer am vorherigen Abend anfangen. Das wissen noch die klugen Juden, die den Samstag, den Sabbat feiern, damit aber schon am Freitagabend beginnen. Wenn die Kraft der Sonne eines Tages zu Ende ist, kommt die Nacht, und in dieser bereitet sich schon der nächste Tag vor, wird aus der Finsternis heraus geboren. Also erwachte in unserem Märchen in der Dunkelheit des Samstags schon der Herr Sonntag und begrüßte höflich die schöne Wassilissa.«

Nach diesem Hinweis auf die im Osten bis in die Gegenwart verbreiteten Vorstellungen fuhr meine Großmutter in ihrer Erzählung fort.

Obwohl ihm das Mädchen nichts von seinem Anliegen erzählt hatte, nahm der Herr Sonntag ihr den Span aus der Hand und entzündete ihn am Lagerfeuer, um das herum seine sechs Gefährten weiterschliefen. Er reichte den brennenden Span der guten Jungfrau, und als sie ihn ergriff, war es ihr, als durchdringe eine wohlige Wärme ihre Hand, dann den Arm, schließlich ihren ganzen durchfrorenen Leib. »Bring das Licht nur heim«, sagte der Mann mit der Krone. »Es wird dir jetzt nie mehr verlöschen«.

Wassilissa dankte mit höflichen Worten und eilte zurück. Am Rand der Lichtung drehte sie sich noch einmal um, und da sah sie, daß der Mann seine dunkle Umhüllung ganz abgestreift hatte. Er war ganz und gar von einem goldglänzenden Gewand umhüllt, das mit strahlenden Edelsteinen bedeckt war. Es war dem Mädchen, als habe es nie im Leben etwas so Schönes zu sehen bekommen. Es war ihr, als verbreite sich von dem glänzenden Mann aus das Licht nach allen Seiten, denn fast im gleichen Augenblick bemerkte sie, daß die schwarze Finsternis vollständig aus dem Walde verschwunden war, als wäre sie niemals da gewesen, und daß nun überall der helle und freundliche Tag herrschte.

Wassilissa eilte nun zu ihrem Vaterhaus zurück und sah schon bald ihre Stiefmutter und deren Tochter auf die Schwelle treten. Doch wie staunte sie, als diese plötzlich in ihren sonst von Bosheit verzerrten Gesichtern echte Furcht zeigten, vor Wassilissa auf die Knie sanken und ihre Köpfe bis zum Erdboden neigten.

Wassilissa mit dem brennenden Holz blickte auf ihre Arme und sah, daß diese über und über mit Edelsteinen geschmückt und mit Goldreifen verziert waren. Auch ihre Kleider, vorher grau und zerrissen von der täglichen Arbeit und vom Herumirren im Dikkicht, strahlten in einem wunderbaren Glanz. Alles an ihr war offensichtlich durch die kurze Begegnung mit dem edlen Herrn Sonntag so wertvoll geworden, daß sogar eine Kaisertochter neben ihr wie eine Bettlerin ausgesehen hätte.

Im gleichen Augenblick ertönte ein Jagdhorn, und auf seinem stolzen Rosse erschien der junge Fürst des Landes, der in der Nähe gejagt hatte und durch das sonnengleiche Licht, das von der Jungfrau ausging, herbeigelockt worden war. Die wunderbare Erscheinung beeindruckte ihn so stark, daß er aus dem Sattel sprang, Wassilissa seine Liebe gestand und sie bat, ihm als Gattin auf sein Schloß zu folgen.

Erst jetzt erkannten Stiefmutter und Stiefschwester in der glänzenden Jungfrau ihr bisheriges Opfer. Mit größter Selbstüberwindung, die ihnen ganze Ströme von giftiger Galle ins Blut brachte, versuchten sie, gute Mine zu dem für sie unangenehmen Vorgang zu machen und die schöne Wassilissa zu beglückwünschen. Diese war in ihrer neuen Seligkeit so wenig nachtragend, daß sie den beiden, bevor sie dem Fürsten in sein Schloß folgte, haargenau alle ihre Erlebnisse im Wald berichtete.

Am Tage darauf gab die böse Mutter ihrer eigenen Tochter harziges Holz in die Hand, stieß sie aus der warmen Hütte und zwang sie, auf das ferne Licht im Wald zuzugehen, um ebenfalls reich und schön zu werden. Schimpfend über Kälte und Dunkelheit stolperte nun auch das zweite Mädchen durch den Wald, bis es tatsächlich ebenfalls am Lagerfeuer mit den sieben Gestalten ankam.

Das Feuer war bis auf eine schwache Glut, die fast von der Asche erstickt war, niedergebrannt, und die Tochter der bösen Mutter fürchtete, daß es schon bald ganz verlöschen könnte. Also rüttelte sie kräftig an der Schulter einer der sieben Gestalten, derjenigen, die ihr zufällig gerade am nächsten saß: »He du«, rief sie, »wach auf, sonst habt ihr nicht einmal etwas Feuer für meinen Span.«

Der so ungeduldig Wachgerüttelte richtete sich wütend auf, stellte sich vor das Mädchen und streifte die Kapuze zurück, die sein Gesicht bedeckte. Das Mädchen prallte entsetzt zurück. Ein zorniges, rotes Antlitz blickte sie an, auf dem eine Krone aus glühendem Eisen mit Feuersteinen saß. Flammen strömten aus den Augen, und dem Mädchen war, als würde dadurch ihre ganze Haut verbrannt. Voll Entsetzen drehte sie sich um und lief, ohne sich noch einmal umzublicken, schreiend durch den Wald, von dem es ihr erschien, als werde er von einer wahren Höllenglut durchtobt. Sie hatte nun einmal sehr ungeschickt den Herrn Dienstag beleidigt: Dieser kann zwar Kraft für den Kampf schenken, muß aber besonders höflich und vorsichtig begrüßt werden.

Daheim bemerkte sie zu ihrem Schrecken, daß ihre Haut häßlich und dunkel geworden war. Auch mit noch so viel Wasser war es ihr das ganze Leben hindurch unmöglich, ihre Schande abzuwaschen.

Ich erinnere mich noch heute an die weisen Worte meiner Großmutter am Ende des Märchens: »Jede Nacht, jeder Morgen, jeder Tag der Woche besitzt seine besonderen Eigenschaften. Zu einer Zeit kann man gewisse Dinge besser tun als zu einer andern.

Wer davon weiß, der wird auf seinem Lebensweg schöne Blumen finden und zumindest in seinem eigenen kleinen Reich ein Prinz oder eine Prinzessin sein. Wer aber, statt sein eigenes kleines Glück zu suchen, andere unterdrückt und nur durch Gewalt und Betrug nach äußerer Macht strebt, der verliert die Weisheit, die in Märchen und alten Bräuchen steckt.«

Durch sieben Kristallpforten

Ich verbrachte zusammengerechnet etwas mehr als vier Jahre meines Lebens unter den Hunderttausenden von Flüchtlingen aus den östlichen Völkern, wie sie nach der russischen Revolution 1917–1921 die Elendsviertel von Paris bevölkerten. Ich sah verzweifelte Menschen, die an das Weltende glaubten und bewußt keine Kinder mehr wollten, um diesen nicht die Hölle hinterlassen zu müssen. »Sonst müßten ja diese, nach einer Kindheit im Dreck der Hinterhöfe, eine Zukunft haben, die keine ist: Die Männer als Söldner in irgendeiner Fremdenlegion, die Mädchen als käufliche Dirnen.«

Um sich die Zustände in diesen Flüchtlingsslums vorstellen zu können, benützt man heute als Urkunden die Briefe einer Zeugin, nämlich der Marina Zwetaewa, die manchmal als bedeutendste russische Lyrikerin unserers Jahrhunderts bezeichnet wird. Im Jahr 1936 verglich sie in einem Brief an meinen Onkel Anatol von Steiger die um sie herrschenden Zustände mit denen der »Bohème«, also mit den zivilisationsmüden Künstlern des 19. Jahrhunderts. »Damals begleitete man die seelische Verzweiflung (nadryw) mit Gitarrenmusik, jetzt mit betäubenden Getränken und narkotisch wirkenden Mitteln. Diese Zustände sind für mich wie eine Kloakengrube, wie ein Abfallhaufen für die dem Tod Verfallenen.« Sie erwähnt den damals soeben stattgefundenen Herointod eines befreundeten Schriftstellers, und sie sieht in der Schicht der gebildeten Flüchlinge das Reich der Zerstörung ohne jede Hoffnung auf Änderung und Auferstehung der eigenen seelischen Werte!

Möglicherweise hätte es mich, wie die Mehrheit meiner Schicksalsgenossen, in diesen Strudel der Verzweiflung mit hineingerissen, doch ein Ikonenmaler, der mitten in diesem Chaos seine Werkstätte betrieb, lehrte mich, in Traum und Wachen »mit der Seele durch die sieben Türen und die sieben Höfe in die sieben

Schlösser zu gehen« – um dadurch im Geiste »hinter den sieben Meeren, hinter den sieben Bergen« in einer Märchenwelt meine Ruhe zu finden.

In uns selber seien diese »sieben Reiche« unseres unsterblichen Geistes: »Jeder von uns will die Gesetze der Natur um sich erkennen und gesund nach ihnen leben, möchte ferner stets frisch, leidenschaftlich und tatkräftig sein. Weiterhin sehnt sich jeder nach Beweglichkeit und rascher situationsgerechter Handlungsfähigkeit, verbunden mit Geschäftstüchtigkeit. Er strebt nach stärkerer Selbstbewußtheit und danach, von seiner Umgebung geehrt und geachtet zu werden, Liebe selbst zu empfangen und an andere Menschen verschenken zu können, nützliches Wissen zu erwerben und das Geschehen um sich herum besser zu verstehen. Schließlich suchen wir Gott in der Schöpfung zu erkennen und damit Sicherheit und Geborgenheit auf allen unseren Wegen zu gewinnen.«

Der Mann, der mir dies erklärte, selber ein Flüchtling und Besitzer einer Unzahl russischer und französischer Bücher über mystische Traditionen, wollte es in einem Dorf am Kaspischen Meer von einem »Wissenden und Heiler« (Znachar) vernommen haben: »Die großen Weisen, die in den sieben höchsten Tälern der östlichen Gebirge wohnen, haben – sie sagten auf Geheiß der sieben Erzengel – die Zeit in den Kreis der sieben sich stets wiederholenden Tage, die heilige Woche, geteilt und diese den sieben wandernden Gestirnen, den sieben Planeten, zugeordnet.

Wenn wir vor dem Einschlafen an den Stern des nächsten Morgens und dessen Farbe denken, also Sonntagabend an den Mond am Montag und so weiter, bis am Samstagabend wieder an die Sonne, dann ordnen sich auch unsere Gedanken. Wir gehen im Traum in eine der sieben Welten und finden in dieser einen Teil unseres besten Wesens, damit die für unsere Ziele notwendige Energie.«

Es war damals gerade Donnerstagabend, und ich probierte die »Kunst« aus dem uralten Yoga der Seelenwanderung an mir aus. Die Erklärung dazu lautete: »Jetzt naht der Tag, den die Franzosen nach der Göttin der Schönheit Venus = vendredi nennen. Für die Germanen ist es der Frei-Tag, nach Freja, der großen Magierin der Liebe genannt. Die russischen Zauberer, ob sie nun seßhaft in uralten Waldhütten am Sumpfrand wohnten oder mit den noch nomadisierenden Tataren und Zigeunern umherzogen, nannten den fünften Wochentag gern ›lichtstrahlende Kaiserin, heilige Frau Freitag‹ (swetlaja zariza, swjataja pjatniza).«

Das Zimmer im übervölkerten Elendshaus von Paris wurde

abendlich dunkel. Nur auf dem Brettchen der »heiligen Ecke«, die trotz allem die meisten Flüchtlinge aus dem Osten sich eingerichtet hatten, »um damit noch ihre Heimat zu besitzen«, brannte ein schwaches Licht. Es beschien Heilige der griechisch-russischen Religion, aber auch, entsprechend den asiatischen Neigungen des Gastgebers, einige buddhistisch-tibetanische Feengestalten, von kalmückischen Handelsreisenden erstanden. Das schwache Flämmchen ließ heute auch einige besonders blaue »Venussteine« aufglänzen. Ich lag nun mit geschlossenen Augen entspannt auf einem mit Schaffellen bedeckten Bettgestell, und mein »Reiseführer« (putewoditel) kniete neben meinem Kopf und erzählte mit gleichmäßiger Stimme, was ich mir nun möglichst »stark« vorzustellen hatte: Wie meine »feurige Lebenskraft« (ogon-sila-schizn) sich unten am Rückgrat sammle, »durch den Baum der Wirbel emporsteige«, dabei in den verschiedenen Farben des Regenbogens aufleuchte. Dann mußte ich mir denken, »mit den Augen der Seele zu sehen«, federleicht durch ein himmelblaues Kristallfenster aus meinem stofflichen Körper hinauszuschweben – durch Nebel »blau wie Lazurstein«! Dann wußte ich tatsächlich nicht mehr, was mir noch alles eingeflüstert wurde: ich träumte mich schon bald ganz und gar in die Lustgärten der Venus hinein, mit deren blauen Blumen, Liebestempeln, glänzenden Standbildern bei murmelnden, »den wolkenlosen Himmel widerspiegelnden« Bächen und duftenden Büschen.

Nur ganz wenig blieb mir am nächsten Morgen von den Gesichten aus meiner ersten Nacht der bewußten Seelenreisen im Gedächtnis. Was ich aber am kommenden Tag noch stundenlang bewahrte, war eine Glücksstimmung. Als ich durch die Wirklichkeiten der Elendsquartiere schritt, sah ich überall – sonst in ihnen verborgene – Schönheit und Liebe, Blüten an den Fenstern, Glanz in den Blicken. Nach der Nacht der Entspannung fühlte ich um mich die Zunahme von Hoffnung und Glaube an die Zukunft.

Liebesträume aus Burgund

Im Raum des schweizerischen Thunersees, dieses Tores zum eigentlichen Hochalpengebiet, erlebte ich in meiner frühen Jugend das Überleben der mittelalterlichen Romantik. Mochten die Ufer schon teilweise völlig verbaut sein, auch Straßen und Eisenbahn an mancherlei Orten das einst vollkommene Landschaftsbild stören, –

Die alten Volksmärchen zeigen, wie ehrliche Sucher in geheimen Berghöhlen das Strahlenwunder der Edelsteine und Edelmetalle erleben.

wenn die Nebel sich über den Wassern hoben und die Sonne in diese hineinstrahlte, sahen in diesem Glanz die Freunde der Überlieferung die Bilder der Märchenwelt des alten Burgunderreiches.

Nach der Sage, die ich ebenso von Nachkommen des einstigen schweizerischen Adels vernahm wie auch von Bergbauern und Hirten, war das Geschlecht der burgundischen Fürsten eine echte Feenrasse von heiliger Herkunft. Wunderbare Edelsteine aus dem Morgenland wie auch aus den einheimischen Bergen trugen sie an ihren Kronen. Wenn ihre Königin Bertha nachts durch ihre Länder ritt, sei durch ihre Juwelen die Nacht hell erleuchtet gewesen, und das Volk habe durch dieses Strahlen trotz Kriegszeiten ruhige und schöne Träume gehabt, und Glück und Gesundheit hätten sich dadurch im ganzen Reich ausgebreitet.

Die Stretlinger- oder Bubenberg-Chronik, die im 15. Jahrhundert im Umkreis der Ritterkultur des Schlosses Spiez niedergeschrieben wurde, läßt die Ahnen der Burgunderkönige geradezu vom gelehrten, aus dem Osten eingewanderten Ptolemäus abstammen. Dieser war für das Mittelalter der Inbegriff aller uralten Weisheit über die Sternenkräfte und des Wissens über die mit diesen im Zusammenhang stehenden Edelsteine.

Diese Stretlinger-Chronik war für schweizerische, österreichische und süddeutsche Edelleute fast bis in die Gegenwart eine Urkunde, die beweisen sollte, daß ihre Stammbäume irgendwie mit den Königen des mittelalterlichen Burgund, also des 9. bis 11. Jahrhunderts, in Verbindung standen! In diesen für Sagen um die uralten Geschlechter besonders empfänglichen Ländern haben auch eine Unzahl von ebenfalls stolzen Bauern, Bürgern und sogar vom Fahrenden Volk sich von jenen Sippen abgeleitet. Wie mir ein Berner Sagensammler und Psychologe erzählte, erkannte man Menschen von solcher Abkunft (sogar wenn sie selber nichts mehr davon wußten) an einer durch Jahrhunderte weitervererbten Eigenschaft: »In Mondnächten und im Morgenlicht sehen sie über den Wassern der Alpenseen oder im Bergwald den Tanz der Elfen. Dies ermöglicht ihnen, Hinweise auf solche Plätze zu finden, an denen die Quellen, Kräuter und sogar die Gesteine besondere Wirkungen besitzen.«

Im Zusammenhang damit vernahm ich, während Bergkristalle in der Ecke im Licht von Kerzen schillerten, eine wunderbare Geschichte: »Die Ritter des Oberlandes, die mehr oder weniger von den Burgunderfürsten abstammten – alle Herren von Stretlingen, Eschenbach, Ringgenberg, Bubenberg, Scharnachtal, Erlach – wußten auf ihren Morgenlandfahrten immer, was bei ihnen daheim gespielt wurde. Mochten sie bei ihren Feld- und Pilgerzügen sogar als verschollen gelten – es war fast sprichwörtlich, daß sie in ihrer Bergheimat auftauchten, wenn dort plötzlich Not ausbrach.«

Von klein auf, so erzählte mir um 1948 ein Bergbauer und Heiler mit Erdkräften, besaßen die Menschen aus diesen legendenumwobenen Familien strahlende Steine: »Schon als Säuglingen hängte man sie ihnen an ihre Wiege oder ihre Mütter trugen sie während des Stillens auf ihrer Brust, damit das Kind ihren Glanz bewundere und dadurch lebhaft, kühn und gesund heranwachse. Vereinigten sich dann Jüngling und Jungfrau aus Sippen, die gleichermaßen im Geist dieser Überlieferungen lebten, dann pflegten sie in guter Stunde ihren Schmuck, gleichgültig, ob Halsketten oder Armringe, miteinander auszutauschen.«

Über alle Schranken von Zeit und Raum fühlten sie sich nun verbunden, und war vielleicht der eine zu Hause am Alpensee und der andere weit weg, in Ägypten oder dem Heiligen Land, jeder von beiden spürte durch unfaßbare, unsichtbare Bande der Sternstrahlen in den Steinen, wie es dem andern in der Ferne ging. Er fühlte dessen Erkrankungen oder seelische Zusammenbrüche und konnte in solchen Fällen, wenn er konzentriert an ihn dachte, ihm Kraft zum Bewältigen seiner Schwierigkeiten zusenden. Mehr noch: In ihren Träumen fühlten sie sich dank des Zaubers der ausgetauschten Juwelen durch Seelenbande untrennbar vereinigt, erzählten sich in ihnen gegenseitig, was ihnen zugestoßen war. Sie erlebten sogar in diesen magischen Nächten im seligen Schlaf Feste unsäglicher Lust in herrlichen Wunderschlössern, die vielleicht auf nur für Seelen zugänglichen andern Gestirnen liegen.

In den Bergen über Interlaken erlebte ich, wie zwischen dem Liebeszauber der Urzeit und dem der Gegenwart keine Schranken zu bestehen scheinen. Der Erzähler der Geschichten aus der Minnezeit der Ritter berichtete mir ergänzend, als eine selbstverständliche Erfahrung: »Jeder Heiler, der schließlich nur nach den erhaltenen Rezeptbüchern der Vergangenheit arbeitet, wird es bestätigen: es wirkt einfach das Gesetz der Sympathie, die die Lebenskräfte in sämtlichen Dingen wie mit unsichtbaren Ketten verbindet. Wenn du jemand etwas schenkst, was für dich Jahre hindurch eine besondere Bedeutung besitzt – Bergkristalle und andere Edelsteine eignen sich besonders dazu – und du bekommst eine ähnliche Gegengabe, dann besteht zwischen euch eine Art Brücke. Plötzlich habt ihr immer mehr Ahnungen, was der andere so treibt, auch wenn ihr dessen genaue Briefadresse nicht mehr kennt. Es ist euch beiden dann auch vollkommen gleichgültig, ob dies von den Zeitgenossen akzeptiert wird oder auch nicht. Ihr wißt, daß es auch heute noch so ist, wenn man richtig daran glaubt.«

Vom himmlischen Jerusalem

Die Sagen um eine geheime Bruderschaft der Wahrheitsfreunde sind unbestritten eng mit dem europäischen Alpenraum verknüpft. Gebirge, enge Talschluchten, abenteuerliche Brücken über wilde Ströme – sie hielten in allen Jahrhunderten die Eroberer zurück, die nach raschen Triumphen lechzten. In den kleinen übersichtlichen Fürstentümern und Stadtrepubliken solcher Landschaften fanden gebildete Menschen vor ihren Verfolgern Zuflucht, retteten Überlieferungen und bereiteten für ihre Nachfahren die Zukunft vor. So war es nach der Überzeugung okkultistischer Kreise schon in den Tagen der mittelalterlichen »Gottesfreunde im Oberland«, zur Zeit der Renaissance-Magier Paracelsus oder Agrippa von Nettesheim, und eigentlich gar nicht viel anders war es während der Weltkriege und der gesellschaftlichen Umwälzungen seit dem achtzehnten Jahrhundert.

Aus diesem Geist heraus hatte ein Freund von mir, der schon in den zwanziger Jahren die Bemühungen der deutschen und russischen Gottsucher im Tessin gekannt hatte, im Jahr 1956 in einem alten Herrensitz am Murtensee eine Schule gegründet. Kindern aus Familien, die durch die vorangegangenen (und fortdauernden) weltgeschichtlichen Vorgänge die angestammte Heimat, Bildung und Religion verloren hatten, wollte er hier für deren Zukunft feste Grundlagen erarbeiten.

In der Vorbereitungszeit zu diesem Versuch sammelte er Ideen durch eine dauernde Begegnung mit Gelehrten aus verschiedenen Kulturen; und so entstand zuerst einmal etwas wie eine kleine freie Universität, deren ganzes Denken auf eine künftige Praxis gerichtet war. An einem Abend sprach man in seinem Kreis über die Lehren der Apokalypse, nach denen die Nachfahren einer aus dem unsagbaren Elend von Kriegen, Hungersnöten und unheilbaren Seuchen geretteten Menschheit durch die Edelstein-Tore zu neuem Glück wandern würden.

Ein Wissenschaftler aus der französischen Schweiz, der eine bedeutende Bibliothek über die Überlieferungen der Paracelsusfreunde und Rosenkreuzer des 17. Jahrhunderts gesammelt hatte, wußte auch sehr viel über die Beschäftigung mit deren Philosophien in den esoterischen Kreisen der westeuropäischen Künstler vor dem Ersten Weltkrieg: »Das Geflimmer der orientalischen Pracht auf den Bildern von Malern wie Moreau ist keine verfeinerte Dekadenz«, versicherte er, »es ist der Ausdruck eines mystischen gnostischen Weltbildes, wie es in Europa wiedererwachte.«

Die menschliche Seele stamme aus dem göttlichen Licht; das habe man in diesen Kreisen als eine uralte Erkenntnis der großen Eingeweihten gelehrt. Sie verliere dieses himmlische Paradies, verfalle der Materie, der Schwerkraft, dem Leiden des irdischen Alltags, um schrittweise bewußt zu ihrem ewigen Wesen zurückzufinden. »Die Sterne erinnern sie an ihren Ursprung, ebenso die glänzenden Edelmetalle und Edelsteine, die den Astrologen und Alchimisten nichts anderes waren als irdische Verdichtungen der Sternenkräfte. Der Mensch trug für die Rosenkreuzer und die anderen Gemeinschaften der Wahrheitssucher nicht nur aus Eitelkeit Schmuck, sondern um sich an die göttlichen Kräfte zu erinnern, aus denen er stammt. Die mystischen Künstler bildeten ihre Menschen vor allem darum in Schloßräumen voll Reichtümern der Erde ab und übersäten mit diesen ihre ganze Gestalt, um deren Verbindung mit dem Reich der Gestirne deutlich zu machen.«

Jeder Mensch – jeder Mann und jede Frau – ist ein Stern. Auch dieser Satz des umstrittenen englischen Magiers Aleister Crowley wurde angeführt. Der ursprüngliche Mensch, namentlich der, der die Überlieferungen noch in sich trägt, schmückt sich mit den farbigen Steinen, um sich an alle die Kräfte zu erinnern, die er in sich selber besitzt: »Er will in sich das wecken, wofür die Juwelen zu allen Zeiten das Sinnbild waren und es bis heute geblieben sind, eine durch Jahrtausende fast unzerstörbare, unveränderliche, von Gott erschaffene Schönheit.«

Die Sterne am Himmel und die mit ihnen nach den Naturphilosophen in geheimer Verwandtschaft ihrer Strahlen verketteten Sterne der Erde, die Edelsteine, zeigen uns das ewige Spiel der bunten Kräfte, aus deren Mischungen, Verbindungen und Verdichtungen unsere Welt entsteht und besteht. Der Gelehrte aus der französischen Schweiz führte einen Freund an, der in einem verfallenen Schloß von Savoyen um den Jahrhundertanfang eine Reihe von alchimistischen Schriften gesammelt hatte. Seine Überzeugung sei gewesen: »Der strahlende Stein der Weisen, von dem das Licht in Regenbogenfarben ausgeht, war nichts als ein Gleichnis des Menschen, der in sich die Lichtkräfte wiederentdeckt.«

Der Schöpfer der Schule am Murtensee fügte hier ein: »Ich glaube, es ist ein Fehler des modernen Abendlandes, die Symbole in den Büchern der Weisen so oder so einseitig zu deuten. Die einen sahen im Stein der Alchimie die Möglichkeit, wirklich unedle, billige Stoffe in teure zu verwandeln und dadurch unglaublich reich und mächtig zu werden. Andere wiederum neigten dazu, hier nur ein Sinnbild von inneren Vorgängen zu sehen. Die Alten haben aber beides verbunden. Sie glaubten, daß es vor allem auf die Reinigung unseres Geistes ankomme, daß diese aber nicht viel wert sei, wenn es uns nicht gleichzeitig gelinge, in unserem materiellen Umkreis das Gute zu finden und zu fördern.«

Damals wurde mir die Edelsteinstadt Jerusalem der urchristlichen Vorstellungen, von der das Gespräch von 1956 in dem malerischen Herrensitz ausging, nicht weniger verständlich als die andern Lichtburgen der indischen oder germanischen Kulturen. Der

Mensch kann nur durch deren glänzende Tore in die Zukunft gehen, weil er für sein Selbstbewußtsein und seine Lebenslust auch in seiner alltäglichen Wirklichkeit die ewigen, heiligen, das Leben beseligenden Kräfte wiederentdecken muß. Sein Dasein im »himmlichen Jerusalem«, zu dem er durch die Edelstein-Tore gehen wird, erschien mir als ein gewaltiges Gleichnis: Es ist das Bild für sein künftiges Leben aus dem Glück der entscheidenden Erkenntnis heraus, daß seine ganze Umwelt von den gleichen kosmischen Energien erfüllt ist wie die endlosen Weiten der ihn durch alle Zeiten zu hohen Gedanken anregenden Gestirne.

Zum neuen Selbstbewußtsein

Die großen Jugend-Bewegungen, die wir alle 1966 bis 1973 erlebt haben, liebten Selbstbezeichnungen wie »Sternen-Volk« oder »Regenbogen-Leute« (Star People, Rainbow People). Sie nannten sich auch »Hippies«, eines der vielschichtigen amerikanischen Mundartworte. Ein Flugblatt einer vielbesuchten Tagung Jugendlicher bei den Ruinen der Burg Waldeck im Hunsrück (1969) erklärte dieses Wort so: »Der Ausdruck kommt aus der Sprache der roten, braunen und schwarzen Slumbewohner. Er bedeutet Sucher und Kenner der in der materialistischen Zivilisation verlorenen Weisheit. Wir brauchen ihn heute auch für uns, weil wir ebenfalls zu unserer eigenen Kultur zurück wollen.«

Die Mitglieder der Gruppen, die damals mitmachten, ließen ihre Haare länger wachsen, weil dies nach den im Fahrenden Volk erhaltenen Bräuchen ein Zeichen der freien Menschen war. Man verschmähte die Einheitskleider der internationalen Mode und kleidete sich in Trachten der fast ausgerotteten Stämme wie der Indianer, Nepalesen, Afghanen, Turkmenen, Alpenhirten. Man saß wieder an Lagerfeuern und erinnerte sich der Eigenarten der eigenen Ahnen, deren Lebensstil man mißachtet beziehungsweise vergessen hatte. Man trug Gürtel mit Sternzeichensymbolen aus Metall und um die Stirn farbige, gelegentlich mit Edelsteinen geschmückte Sippenbänder. Alles war Ausdruck des neuen Glaubens an das Recht zur persönlichen Eigenart und auch für den Willen, sich entsprechend den eigenen Träumen seine äußere Welt aufzubauen.

Die »Herrgotts-Winkel«, die heiligen Ecken, wie ich sie unter den russisch-tatarischen Flüchtlingen und dann auch in urtüm-

Besonders dank der modernen Völkerwanderung wurde auch in der Wohnkultur von Westeuropa und Nordamerika die »Heilige Ecke« mit Kerzenlicht, bunten Kristallen und frischen Blumen zum ruhigen Mittelpunkt von Meditationen.

lichen Alpenhütten kennengelernt hatte, tauchten überall auf. Man stellte in sie wieder Sinnbilder des Ewigen, schmückte sie mit Kristallen und frischen Blumen. Man ließ vor ihnen Öllämpchen glimmen und schlief dadurch hinüber in das Reich schöpferischer Träume, denen man am nächsten Tag in modernen Volkskunstdarbietungen Ausdruck zu geben suchte. Was sie lange als überwundenen Aberglauben angesehen hatten, entdeckte dieser Teil der Jugend als zuverlässige Wegweiser zu den Kräften der eigenen Seele.

Ich erinnere mich an einen Morgen in der Camargue, die damals noch nicht völlig von der Fremdenindustrie erschlossen worden war. Junge Menschen aus verschiedenen Völkern saßen an einem Feuer, und man erwartete den Sonnenaufgang des Freitags. Trotz englischer, irisch-keltischer, französischer, deutscher, russischer und anderer Muttersprachen hatte man sich getroffen – und man entdeckte gemeinsam, wie sehr wir alle, die wir aus allen Windrichtungen stammten, in einem wesensverwandt waren: in der Suche nach einem Dasein aus den eigenen Wurzeln.

Man redete vom Freitag und entdeckte, wie sehr wir, aus ganz verschiedenen Winkeln kommend, in den Geschichten, die uns die Großmütter erzählt hatten, in unseren Kindheits-Phantasien zu diesem Tag ähnliche Gedankenverbindungen besaßen. In all den verschiedenen Bräuchen nannte man den Freitag die Zeit, die man früher mit Liebe, Lustbarkeit und Spiel, mit fröhlichen und freien Gedanken verbracht hatte.

Ein junger Mann, seiner Herkunft nach ein Zigeuner aus dem schweizerischen Alpenraum, sagte damals dazu sehr richtig: »So wird der Freitag in den alten Zauberbüchern, die noch immer die Nomaden und die Bauern als unverkäuflichen Schatz in ihren Truhen hüten, gedeutet. Diese Werke aus früheren Jahrhunderten könnten vor der restlosen Vernichtung bewahrt werden, wenn Menschen freundlich und entspannt zusammensitzen und im Gespräch das ergänzen, was sie noch aus ihrer Kindheit wissen, sie können alle wieder die halb oder ganz vergessenen Vorstellungen ins Bewußtsein zurückholen. Dies gilt sicher vom Wissen um die Kräfte der Wochentage; aber das gleiche kann man von fast jedem Gebiet der zeitlosen Weisheit behaupten.« Die närrischsten Märchen wurden im Gold der Dämmerung erzählt und wurden zu Mitteln, die phantastische Wirklichkeit, die uns umgab, besser zu begreifen. Ein Mann, der in Kalifornien Psychoanalyse studiert hatte und sich dann im Himalaja mit buddhistischen, vishnuistischen und shivaistischen Stammesreligionen beschäftigt hatte, deutete die Gegenwart auf seine Weise: »In einem Märchen, ebenso bekannt dem indischen Kind wie dem in Nordamerika, wird der Prinz oder die Prinzessin in eine häßliche Kröte verwandelt. Ein wunderbarer strahlender Stein oder ein ähnliches Zauberding gibt ihnen die ursprüngliche vollkommene Gestalt und sogar ihr verlorenes Reich zurück, wenn sie einen Menschen finden, der sie ehrlich liebt. Dieses »Wunder« wird man künftig in Slums, Armutsvierteln, Indianer-Reservaten und in den die Massen zusammenpferchenden Großstädten immer häufiger erleben, daß Menschen im Kreis zusammensitzen und sich in gemeinsamem Spiel der Seelentechniken ihrer Vorfahren wieder erinnern und zeitgemäß neu deuten.

Entsprechend dem Wesen des Freitags, wie es im fast vergessenen Erfahrungswissen der Ahnen hieß, strahlte damals der Morgenhimmel der Camargue in einem heiteren Blau. Ich hatte erlebt, wie eine Überlieferung wieder erwacht und denen, die den Sinn erspüren, das Selbstbewußtsein für ihre Zukunft schenkt.

Lehren aus Jahrtausenden

Die Geschichte als Anregung

Viele Verfasser von Büchern über die uralten und in unserem Jahrhundert wiederentdeckten Seelentechniken wollen ihren Lesern »nur Praxis« bieten. Sie streichen aus diesem Grunde aus den Büchern »der großen Alten«, die auch ihre Quellen sind, deren ausführliche religionsgeschichtlichen, philosophischen und historischen Abhandlungen, weil sie diese Schätze der Gelehrsamkeit für überflüssig und für ihr nur oberflächliches Studium für zu zeitraubend halten.

Ein Theosoph tschechischer Herkunft, der in meiner Kindheit in einer Nebengasse von Bern hauste und eine Wand voll von magischen und mystischen Schriften besaß, erklärte mir: »Ich beschäftige mich nur mit jenen Praktiken, die mit Traumreisen und Kristallmagie zusammenhängen und lese all die geschichtlichen Schmöker eigentlich nie. Ich weiß aber und kann es mit Hilfe meiner umfangreichen Bibliothek jedem Freund oder Zweifler beweisen, daß diese Künste immer da waren und in sämtlichen mir bekannten Rassen und Religionen ihre weisen Anhänger hatten. So kann jeder der modernen Weisheitssucher, – zu welcher Rasse seine Vorfahren auch gehört haben mögen – die für seine Zweifel und Fragen notwendigen Bestätigungen finden.

Das Wissen darüber, daß sich Christen, Mohammedaner und Juden zu allen Zeiten mit den esoterischen Wissenschaften und ihren Anwendungen beschäftigt haben, ist geeignet, bei den Menschen der verschiedensten Herkunft und Bildung die inneren Widerstände abzubauen. So muß es sein, weil ihnen sonst der notwendige Glaube fehlen würde, der sie befähigt, überhaupt etwas damit anfangen zu können. Geschichtliche Abhandlungen über die Benützung der magischen Überlieferungen in Altertum und Mittelalter bilden eigentlich schon einen Teil der Praxis.«

Die spannenden deutschen Volksbücher über Doktor Faust und dessen Adlatus Wagner, wie wir sie seit dem 16. Jahrhundert besitzen, sind voll von ziemlich genauen Hinweisen auf die von diesen

Magiern damals so fleißig benützten Lehrbücher. Diese sind nicht etwa Erfindungen der damaligen Dichter und Chronisten, sondern es gab sie, und sie erlebten teilweise bis ins 19. Jahrhundert Neuauflagen. Unter den Heilern und Hexen zur Zeit unserer Ahnen war also das magische Wissen noch vorhanden, wie ihre erhaltenen Bibliotheken beweisen, die fast unverändert den Geist des Mittelalters und der ihm vorangegangenen Zeiten in sich tragen. Agrippa von Nettesheim, während der deutschen Reformation ein Zeitgenosse von Faust, stützte sich bei seinen Schriften über die Kräfte der sieben Gestirne nicht nur auf eine Fülle von Belegen aus Kirchenvätern und mittelalterlichen Kennern der Heiligen Schriften des Christentums, sondern genau wie seine zahlreichen alchimistischen Zeitgenossen aus allen Ständen beschäftigte er sich viel mit der geheimen Gelehrsamkeit des Orients. Wenn er zum Beispiel von den Wirkungen der Planeten und der zu diesen gehörenden Edelsteine redet, benützt er auch die Wissenschaften des Hermes und des Thebit, also der griechisch-ägyptischen wie der islamisch-sabischen Astrologie und Alchimie.

Der in den Volksbüchern als Gewährsmann des Zauberers Faust erwähnte Perser Zoroaster (Zarathustra) kommt auch im Werk des Nettesheimers vor. Neben den mythischen Griechen Orpheus und Pythagoras und dem keltischen Seher Merlin ist er ihm ein mächtiger Kenner »über das gesamte Gebiet der Wahrsagekunst«. Gerade im Zusammenhang mit diesem iranischen Gelehrten der Urzeit glaubte er wohl mit dem Römer Plinius, daß durch ihn die magische Kunst »schon fünftausend Jahre vor dem trojanischen Krieg« voll entwickelt war und »noch heute bei den meisten Völkern in großem Ansehen steht und im Orient Könige beherrscht«.

Agrippa überschreitet sogar, genau wie seine aus dem islamischen Spanien stammende Quelle »Picatrix«, die Grenzen des eigentlichen abendländischen Kulturkreises. Bei jeder Gelegenheit zieht er, um die Übereinstimmung der magischen Überzeugungen auf der ganzen Erde nachzuweisen, Nachrichten von den entferntesten Völkern herbei – nicht zuletzt über die stets wegen ihres Wissens gepriesenen Inder. Zum Beweis für die unermeßliche Kraft Gottes in unserem Geist führt er zum Beispiel den biblischen Propheten Jeremias an: »Von Dir, o Herr, haben wir empfangen, wie die Weiber empfangen von den Männern, und haben den Geist geboren.« Als Bestätigung für diesen überall in der Menschheit tätigen Glauben, ohne den es nach ihm wie nach Paracelsus keine magischen Wirkungen geben kann, weist er sogar schon auf die Lehren Buddhas hin.

Sternenvolk durch alle Zeiten

Die orientalischen (arabischen) und jüdischen Schriften der Gelehrten des Mittelalters enthalten viele Stellen über den Glauben an die sieben sich am Himmel bewegenden Planeten, bezeichnen sich als Teil einer Urreligion, der auch ihre eigenen Vorfahren angehangen hätten. Die griechische, iranische, chaldäische, indische, türkisch-tatarische und ostasiatische Weisheit sei gleichermaßen auf diesen Traditionen aufgebaut, und Anhänger dieser Auffassungen seien noch immer in gewissen Gebieten zu finden. Die Gelehrten und Dichter, die davon erzählen und bei denen man nicht immer genau feststellen kann, in welchem Maße sie selber von diesem Weltbild beeinflußt waren, schildern etwas für uns heute sehr Eigenartiges: eine Religion, die den ganzen Lebensstil durchdrang und von ihren Anhängern als naturwissenschaftliche Erkenntnis angesehen wurde.

Der allmächtige Gott habe, nach den Lehren dieser Sternenvölker, das Weltall, das er durchwirke, sozusagen mit sieben Kräften erfüllt, von denen jede ein Siebentel der Dinge, und somit auch des menschlichen Wesens, »regiere«. Wie uns der Syrer Dimeschqi versichert, hat dieses Weltbild der uralten Sternenvölker, die man meistens unter dem Namen Sabäer kannte, auch dort überlebt, wo später Islam oder Christentum die Vorherrschaft übernahmen. »Von ihnen stammen jene sonderbaren Rituale und Praktiken, denen wir unter anderem die Anfertigung von Talismanen und Amuletten, Zauberbüchern, Wahrsage-Methoden und schließlich die Astrologie verdanken.«

Die Strahlen, die von den sieben Planeten ausgehen, erfüllen demnach auch die besonders mit ihnen verbundenen Gegenstände der gesamten irdischen Schöpfung. Wer also für eine seiner Angelegenheiten, die besonders mit einem der Wandelsterne zu tun hat, mehr Kraft braucht, der könne diese recht leicht beziehen: Er müsse nur Dinge aus dem diesem Planeten durch die Weisen zugeordneten Stoff besitzen und sich diesen vor allem an dem dieser Urkraft zugeordneten Wochentag mit guter Aufnahmebereitschaft nahen. Thabit Ibn Qurra, der sich im 9. Jahrhundert offen zu solchen Weisheiten bekannte, erklärte: »Der edelste Teil der Sternenwissenschaft ist die Wissenschaft von den Talismanen.« Im Zusammenhang damit berief man sich auch auf eine im mittelalterlichen Orient geschätzte Stelle bei Aristoteles: »Am besten wird ein Talisman auf die Wirkung der sieben Planeten angelegt.«

Der große jüdische Gelehrte Rabbi Moses ben Maimonides – er lebte 1139 bis 1208 und wurde im spanischen Cordoba geboren – versicherte, auch Stammvater Abraham sei im Morgenland ganz nach diesem Weltbild erzogen worden. Man habe geglaubt, daß auf die den betreffenden Gestirnen geweihten Dinge der Erde »die geistige Kraft des Himmelskörpers« ströme: »... und mache den Menschen (offenbar den, der daran glaube und sich dem Vermittler der betreffenden Energie nähere; S. G.) zum Propheten und rede ihn im Schlafe an.«

Obwohl die Vertreter dieser magischen Natur- und Seelenwissenschaft, so sehr man im stillen ihre Erfahrungen schätzte, häufig als Heiden und Ketzer unterdrückt wurden, verstanden sie sich als die treuen Erben, Erhalter und Weitergeber der Urreligion. Der syrische Bischof Gregorius Barhebraeus zitiert einen der stolzen Aussprüche des erwähnten Thabit, nach denen »die Edlen und Könige seines Glaubens die Welt kultiviert und die Städte erbaut« hätten: »Für wen anders hat sich die Gottheit offenbart, Orakel erteilt und wen über die Zukunft belehrt? Sie haben die Heilkunst der Seelen ans Licht gefördert und das Heil derselben gelehrt. Sie haben die Heilkunst der Körper bekanntgemacht und die Welt mit den Einrichtungen der Regierung und mit Weisheit – welche das höchste Gut ist – erfüllt.«

Wir haben noch aus der arabischen Kultur des 10. und 11. Jahrhunderts das in seinem Inhalt viel ältere Buch »Picatrix«, das Ibn Chaldun als das Handbuch der Magie schlechthin bezeichnet. König Alfons der Weise von Kastilien ließ sich 1256 eine Übersetzung davon herstellen, und diese gewann eine unglaubliche Bedeutung für die Magie des europäischen Mittelalters. Der Hof- und Leibarzt Johann Hartlieb warnt 1456 davor, genau wie vor den Künsten der einwandernden Zigeuner, in seinem »Buch aller verbotenen Kunst«. Doch die berühmten europäischen Magier wie Pietro d'Albano und Agrippa von Nettesheim stützten sich darauf, und ein Kaiser, Maximilian I., hatte zwei Abschriften in seiner Bibliothek.

Auch auf andern Wegen wie über dieses mit Anspielungen auf die Verehrer der sieben Planeten erfüllte Buch strömten die Nachrichten über die Wissenschaften der Gestirnkräfte, Steine und Träume ins Abendland. Wolfram von Eschenbach, der große Dichter mittelalterlicher Mythen, erwähnt, offenbar als eine Quelle der Mystik und Magie der Ritterzeit, den gleichen Thabit: Genau wie die späteren Magier des 16. Jahrhunderts – Paracelsus, Agrippa und Faust – bekannte sich sicherlich auch er zu der uns erhaltenen Lehre dieses alten Philosophen der Sternenreligion! Ohne dieses ewige Wissen ist nach dem so lange gepriesenen weisen Thabit »die Welt leer und armselig und mit großer Dürftigkeit erfüllt«.

Die Urkräfte im europäischen Norden

Wenn im Altertum Großreiche zusammenbrachen und sich ihre Staatsreligionen auflösten, wurde offensichtlich der Versuch unternommen, für die verschiedenen geistig heimatlosen Stämme einen gemeinsamen Glauben als Lebenshilfe zu finden. Im sich auflösenden Römischen Imperium blühte aus den Wurzeln von Überlieferungen, die man bis nach Iran und Indien zurückverfolgen kann, der Mithraskult auf. In dessen Umkreis wurden die Menschen in das Geheimnis der Entwicklung der menschlichen Seele durch die Reiche der sieben Planeten eingeweiht, wobei diese »Reise« durch die verschiedenen Welten möglicherweise als ein göttliches Traumerlebnis gedacht wurde. Zu beachten ist die Tatsache, daß man im Mithraskult gelegentlich die sieben Sternengötter in der gleichen Reihenfolge abbildete wie bei uns die Wochentage.

Diese Einweihungen waren anscheinend besonders auch in Gebieten verbreitet, in denen sich die Zivilisation der späten Römer mit den Kulturen der noch ursprünglichen nordeuropäischen Stämme überschnitt. Man kann deshalb die Vermutung äußern, daß auch diese viel von ihrem eigenen Glauben in diesen Bräuchen wiedererkannten. Es ist bemerkenswert, daß die römischen Schriftsteller den germanischen Göttern die gleichen Namen gaben wie ihren eigenen Planetengöttern, beispielsweise Mars, Merkur und so weiter. Dies braucht nicht auf der Oberflächlichkeit ihrer Beobachtungen zu beruhen, sondern auf erkannten Gemeinsamkeiten in den alten Religionen des Südens und Nordens.

»Diese besonders durch Tacitus gemeldete Benennung germanischer Gottheiten mit lateinischen Namen ... hat sich bei den lateinisch schreibenden Schriftstellern des Mittelalters fortan aufrechterhalten ...« (Baumstark). So lesen wir bei Paulus Diaconus: »... Wodan, der bei den Römern Merkur genannt und von allen Stämmen Germaniens als Gott verehrt wird.« Auf der Grundlage solcher Angaben finden wir dann im 17. Jahrhundert bei Arnkiel die Darstellung der sieben germanischen Planetengötter, die die Herren der Tage der nordischen Woche gewesen seien. Ganze germanische Mythologien entstanden auf dieser Grundlage. Der romantische Gelehrte Joseph von Görres, offensichtlich dabei stark beeinflußt durch seine Kenntnisse der orientalischen Gestirnreligion, lehrte die germanische Verehrung der sieben Himmelskräfte.

Nach Berichten umstrittener Chronisten glaubte man an ein Heiligtum der Venus in Magdeburg. Auch die slawischen Stämme hätten sie als »Schöne Herrin« (Krasopani) geschätzt und in deren Tempeln ihre »vornehmsten Landestöchter« erzogen. Die Vorstellung von einem nordeuropäischen Saturn geht zumindest bis in das ausgehende Mittelalter zurück (Vergleiche das Kapitel: »Reiche unserer Wünsche« in diesem Buch.) Alte Erforscher der germanischen Religionsbräuche verweisen auf antike Zeugnisse, »daß selbst nach den griechischen Mythologen der Saturn aus dem Norden kam, . . . und daß Dionys von Halikarnas ausdrücklich der Verehrung des Saturns bei den Kelten gedenkt« (Rössig).

Die Sammlung der nordgermanischen Sagen, die Edda, ist im Kern eine Zusammenfassung der Gesichte, die mächtige Seher und Seherinnen in ihren magischen Zuständen empfingen und den Dichtern weiterschenkten. Daß dabei, genau wie in unserem Märchen, vom Edelsteinglanz der Tempel und Paläste der Götterwelt die Rede ist, haben die Gelehrten aus der Zeit der Romantik als die Erinnerungen der europäischen Stämme an die Kulturen ihrer asiatischen Urheimat gedeutet. Schließlich erscheint auch in den russischen Heldensagen (Bylinen) das zu einem Feenland verklärte Indien als in der Nacht wunderbar hell leuchtend durch die Fülle der dortigen Strahlensteine.

Vorstellungen von Seelenreisen durch himmlische Welten haben sich im Norden überhaupt sehr zäh gehalten. In der norwegischen Landschaft Telemarken wurde noch im 19. Jahrhundert eine solche vom Volksmund überlieferte Seelenreise aufgeschrieben und schon mehrfach mit den Gesichten der Seher aus mythischen Zeitaltern verglichen. Olaf Asteson tut in dieser Dichtung »einen starken Schlaf« und erlebt »vieler Träume Inhalt«, der ihn die Wunder der Welten und das göttliche Wesen der Seele erkennen läßt. Man hat diesen Bericht über eine Traumfahrt sogar mit dem »Schlafstein« innerhalb der deutschen Externsteine (in der Nähe des Städtchen Horn) in Verbindung gebracht.

Es ist dies eine in den Felsen gehauene Vertiefung, genau in Form einer liegenden Menschengestalt. Man verwendet diese, wie

Alle früheren Zeitalter entwickelten während ihrer Blütezeiten eine hohe Schmuckkultur: Der »richtige« Sternenstein auf der Stirn sollte nicht nur Schönheit ausstrahlen, sondern auch Begabungen steigern und Lebenskraft schenken.

ich selber 1984 anläßlich einer Tagung zu erleben Gelegenheit hatte, noch immer, um sich in ihr niederzulegen, sich tief zu entspannen und so »im Geist Bilder der Urzeit« wahrzunehmen. Was die Freunde solcher Übungen besonders anregt, ist die Tatsache, daß der Ort so beschaffen ist, daß man wie von selber auf die Idee kommt, sie hier auszuprobieren.

Ebenfalls bei den germanischen Externsteinen fand man am Anfang des 19. Jahrhunderts die Abbildung einer Gestalt mit Hörnern an ihrem Haupt. Ähnlich waren die alten Darstellungen der Mondgöttin, der Frau Luna, die man als Herrin der Nacht und der während dieser aus unseren Seelentiefen aufsteigenden Träume ansah. Sie galt als die silberglänzende Wächterin der Wege, auf denen wir zur Erkenntnis jener Rätsel gelangen können, deren Schlüssel am Tag verborgen sind.

Sehr schön singt über dieses Reich der schöpferischen Nachtruhe das oben erwähnte Lied über die Traumreise des Olaf Asteson: »Der Mond schien hell / Und weithin dehnten sich die Wege . . .«

Quellen von Paracelsus und Agrippa

Das ausgehende Mittelalter erlebte nochmals das großartige Wirken einiger bewußter Menschen, die versuchten, dem drohenden Verfall der magischen Geistes- und Naturwissenchaften vorzubeugen und die uralten Weisheiten zusammenzufassen, sie in eine verständliche Sprache zu bringen. Die großartige Dichtung des Jean de Mandeville, die im 14. Jahrhundert entstand und in verschiedenen (voneinander stark abweichenden) Übersetzungen zu einem der beliebtesten Volksbücher von West-Europa wurde, schildert die märchenhaften Reiche asiatischer Herrscher und ihre überragende Gelehrsamkeit auf dem Gebiet der Magie und namentlich der Edelsteine. Ähnlich sind die Hinweise auf die gleichen tatarischen und indischen Länder beim ungefähr gleichzeitigen Chronisten Jean d'Outremeuse, der offensichtlich noch mehr als der zuerst genannte Schriftsteller der ausklingenden Ritterzeit an die Einheit der mittelalterlichen Kultur glaubte. Die Vertreter der europäischen und asiatischen Geschlechter erkennen sich bei ihm als Kinder der gleichen Überlieferung, als die Nachkommen von Ahnen aus geheimnisvollen alten Heereszügen und Völkerwanderungen. Es ist bezeichnend, daß es von diesen beiden Verfassern, die

Nachrichten aus verschiedenen Ländern und Zeiten verglichen, besondere Bücher über die wunderbaren Kräfte der Edelsteine gibt.

In den Grenzgebieten der Erdteile haben sich stets, zwischen sich bekämpfenden Reichen und Religionen, wichtige Inseln der Tradition erhalten. So vernehmen wir zum Beispiel aus dem noch lange griechische Kultur bewahrenden Norden des Schwarzen Meeres: »Flüchtlinge fanden Schutz auf dem Gebiet von Krim-Gotien (in dem noch bis Endes des Mittelalters germanische Stämme lebten. S. G.), das teilweise gebirgig war.« So bezeugt etwa der Araber Ibn-al Athir, wie die Bewohner der für die Weitergabe der griechischen Kultur wichtigen Krimstadt Theodoro-Mankup sich vor den Eroberern in das bergige, damit für Ortskundige sehr leicht zu verteidigende Hinterland zurückzogen.

Vom großen Gelehrten Theophrastus Paracelsus von Hohenheim (1493–1541) wird versichert, daß er das tatarische Rußland, die Krim und Konstantinopel besuchte, um das Geheimnis des »Steins der Weisen« zu finden. Der Zeitgenosse Cornelius Agrippa von Nettesheim soll auf die Lehre von den sieben Edelsteinen der sieben Ringe des Apollonios von Tyana zurückgegriffen haben, der am Anfang unserer Zeitrechnung auf der Suche nach Weisheit bis nach Indien zog und durch die Kraft der Planeten und ihrer Steine hundertunddreißig Jahre alt geworden sei. Die Überlieferungen der alten Sternenweisen waren zweifellos auch auf zahlreichen Kulturinseln der Renaissance noch sehr lebendig. Schließlich haben wir sogar für das 19. Jahrhundert über das griechisch-türkische Konstantinopel Berichte, nach denen die dortigen Astrologen Anhänger (oder gar Nachkommen) des Sternenvolkes der Sabäer waren.

Fast wörtlich wie diese Sabäer Agrippa: »Durch die sieben Planeten werden von der höchsten Quelle des Guten wie durch Kanäle alle Kräfte und Gaben den Menschen mitgeteilt.« Er ist überzeugt: »Das sind jene sieben Geister, die stets vor dem Angesicht Gottes stehen, denen die Regierung des ganzen himmlischen und des unter der Sphäre des Mondes befindlichen irdischen Reiches überlassen ist.«

Die Kenntnis der Kräfte der Sterne eröffnet nach Agrippa die Schatzkammern unseres Geistes, zumindest den dafür empfänglichen, sich dafür gehörig vorbereitenden Menschen: »In diesen Träumen scheinen wir zu fragen, zu lernen, zu lesen und zu erfinden; auch vieles Zweifelhafte, vieles Unbekannte, Unvermutete und auch niemals Versuchte wird uns in den Träumen offenbar.«

Ähnliche Angaben finden sich an verschiedenen Stellen des Riesenwerkes von Paracelsus: »So sind also auch allen (! S. G.) Künstlern im Schlaf und Traume viele Lehren und Künste zuteil und eröffnet worden, die darauf allezeit zu brennender Begierde im Gemüte entzündet wurden ... Wem nun so geschieht, der soll dann aufstehen, nicht aus seiner Kammer gehen, mit niemandem reden und allein und nüchtern bleiben, so lange bis ihm alles wieder einfällt, und er sich seines Traumes wieder besinnt.«

An einer andern Stelle, wo er ausdrücklich die Liebe zur reinen Lebensweise der Alten erwähnt, um dank ihr in Schlafen und Wachen hohe Gaben zu erhalten, schreibt Paracelsus: »Solche Menschen sind von dem gemeinen Volke wunderbar verehrt worden, als ob sie Götter wären. Denn so hat es vor Zeiten Künstler gegeben, denen ihre Gabe von selbst verliehen wurde, Männer und Frauen ...« – »Desgleichen ist auch in der Arznei vieles auf diese Weise gefunden worden, wodurch viele Kranke erlöst worden sind. So sind auch viele Schätze und andere verborgene und seltsame Dinge gefunden worden ...«

Mehrfach faßte der große Alpenarzt zusammen: »So ist der siderische Leib (also das menschliche, mit den Sternen verbundene Wesen, S. G.) im Schlaf am Werke ... Wenn aber der elementische Leib (also der aus irdischen Stoffen gebildete Körper, S. G.) ruht, dann kommen die Träume, und wie das Gestirn sie bewirkt, so sind auch diese Träume mit ihren Enthüllungen, und so trifft es auch ein.« Nur die, die auf ihren Verstand eingebildet seien, blieben von den Wirkungen des Himmels (Firmaments) und des »Gestirns« abgeriegelt.

Buchwissen und lebendige Überlieferung

Man hat Agrippa von Nettesheim wegen seiner häufigen Hinweise auf griechische, lateinische und christlich-mittelalterliche Gelehrte lange als einen Vertreter der gelehrten Überlieferung angesehen. Das kann man heute kaum mehr aufrechterhalten. So schildert er zum Beispiel ausführlich den Geisterglauben in Norwegen und Schottland und erwähnt auch »desgleichen in Thüringen, wo, wie teils die Fama (also die mündliche Volkstradition, S. G.) sagt, teils glaubwürdige Schriftsteller bestätigen und manche aus Erfahrung wissen, Satyre und Silvane (Waldgeister, Waldkobolde, S. G.) wohnen.«

Unmittelbar nach dieser Stelle, die ebenfalls von reichem Umgang mit Menschen von einheimischer Erfahrung zeugen, stellt Agrippa fest: »In verschiedenen Ländern und Gegenden gibt es noch ähnliche Wunder, und was ich selbst mit eigenen Augen gesehen und mit meinen Händen berührt habe, will ich hier nicht erzählen, um nicht etwa wegen der außerordentlichen Erstaunlichkeit der Sache von Ungläubigen der Lüge beschuldigt zu werden.« Schilderungen aus fremden Ländern wurden offensichtlich nicht zuletzt deshalb angeführt, um nicht eigene ähnliche Erfahrungen, wegen denen man leicht als Hexenmeister und Ketzer hätte verdächtigt werden können, preisgeben zu müssen. Auch betrachtete man Einheimisches als überall noch ziemlich wohlbekannt, so daß man es nicht zu wiederholen brauchte. Man versuchte höchstens, einen Beitrag zu dessen Bestätigung und tieferem Verständnis zu leisten. Dies geschah damals am besten in der Weise, daß man damit übereinstimmende Berichte aus den Schriften der geschätzten Gelehrten des Altertums anführte.

Diese Einstellung der ebenso gelehrten wie volkstümlichen Magier wie Agrippa von Nettesheim oder Paracelsus erklärt uns, warum ihre Werke vom 16. bis 19. Jahrhundert im Volk eine so bedeutende Rolle spielten. Sogar in der keltischen Bretagne, also im äußersten Westen von Europa, wird »Agrippa« in der Volkssage zum Kennwort für ein besonders geheimes Schlüsselbuch aller Magie. »Die Priester erfahren mit seiner Hilfe, ob der Verstorbene selig oder verdammt sei.«

Auch in einer Zürcher Geschichte um die Schatzgräberei, die im 18. Jahrhundert aufgeschrieben wurde, lebte damals der Glaube, im »Cornelius Agrippa« seien »solche Sachen enthalten, durch die der Mensch glücklich werden könne«. Als ich in meiner frühen Jugend einen volkstümlichen Heiler am Thunersee nach dem Sinn mir unverständlicher Zauberbücher fragte, erklärte er mir, sie seien bewußt dunkel geschrieben worden. »Man kann sie aber gut begreifen, wenn man bestimmte Angaben des Paracelsus und des Agrippa miteinander vergleicht. Wenn man diese richtig zu lesen versteht, dann werden einem die seltsamsten Sachen, die in den im Volk umgehenden neueren Rezeptbüchern enthalten sind, sonnenklar.«

Ein deutscher Schriftsteller erwähnt 1784 die Werke des Agrippa und empfiehlt sie uns als sehr wichtige Anreger zu der reichen »okkulten« Gelehrsamkeit und Traumdichtung der Romantik. Man sehe sie allgemein »für einen Schatz von höherer Weisheit und für die Quelle an, woraus alle neueren Weisen geschöpft haben. Noch heutzutage, wo alle (!) zu dieser vielversprechenden Wissenschaft gehörigen Schriften so vielen Beifall finden – ob als Beweis unserer Aufklärung oder unseres Verfalls, will ich nicht untersuchen – werden sie mit der vorzüglichsten Achtung hervorgesucht und gelesen.«

Ein irischer Forscher, der mit seinen Abenteuern unter den Zigeunern von Südfrankreich zu einer Art Vorbild einer neuen europäischen Jugend wurde, die wieder nach den Wurzeln ihrer Überlieferungen sucht, bestätigte mir eine sehr wichtige Tatsache: Eine fahrende Wahrsagerin, die ihm besonders viel über die großen Wanderungen der Rassen und ihre bewahrten Weisheiten erzählte, war nach ihm ebenfalls eine »Anhängerin des Cornelius Agrippa«.

Ähnlich erzählte mir ein Kenner des volkstümlichen Okkultismus in Nordamerika, den ich in New York traf, daß die unter den verschiedenen Minderheiten in den dortigen Slums verbreiteten magischen Bräuche, die man in New Orleans unter der Bezeichnung »Wodoo« zusammenfaßt, auf erstaunlich ähnlichen Grundlagen wie diejenigen in Europa beruhen. Häufig geglaubt ist die moderne Sage: »Als im Abendland des 15. und 16. Jahrhunderts die Hexenverfolgungen richtig losgingen, flüchteten viele der verdächtigen Familien nach den neuen Ländern, dem Wilden Westen, nach Haïti und den übrigen westindischen Staaten. Dort fanden diese gehetzten Menschen bei braunen, roten und schwarzen Stämmen Gastfreundschaft und Zuflucht. Aus ihren alten Handschriften und Büchern übernahm man hier die Beschwörung des weisen Herrn Samstag und der anderen Sternengeister. Was die Weißen heute in solchen Traditionen bei den lange wegen ihres Aberglaubens verachteten Farbigen wiederentdecken, ist im Kern nichts als das lange unterdrückte Wissen, das einst den Lebensstil auch ihrer eigenen Vorfahren beeinflußte.«

Geheimnisse der ägyptischen Freimaurerei

Viele der Versuche, die ursprünglichen Überlieferungen zu erhalten und bis in die Gegenwart nutzbar zu machen, fanden zweifellos in den unzähligen geheimen Gemeinschaften statt. Diese haben stets versichert, Beziehungen zu den alten Ritterbünden zu haben, zu jenen Gruppen, die an die Edelstein-Schale des Grals glaubten, wie auch zu den Kreisen der Alchimisten, die den berühmten »Stein der Weisen« suchten.

Noch Andreas Michael Ramsay, der Anfang des 18. Jahrhunderts viel mit der Gründung der eigentlichen Freimaurerei zu tun hatte, sah unter deren geistigen Vorfahren die »Hüter der heiligen Geheimnisse der Ceres« und andere Gemeinschaften bis in die Urzeit hinein. »Man feierte dort Mysterien, in denen sich mehrere Spuren der alten Religion des Noah und der Patriarchen fanden.« Unter den Begründern der geheimen, die großen Wahrheiten der Welt erforschenden und bewahrenden Gesellschaften des Mittelalters sah auch er »fromme und kriegerische Fürsten, welche die lebendigen Tempel des Höchsten erleuchten, erbauen und schützen wollten«. Er pries darum mit flammenden Worten als leuchtende Vorbilder aller Sucher bis in seine Zeit hinein: »Unsere Vorfahren, die Kreuzfahrer, die sich aus allen Teilen der Christenheit im Heiligen Land zusammengefunden hatten« und sich dort, aus der Erkenntnis der gemeinsamen Wurzel ihrer Überlieferung heraus, als eine einzige Bruderschaft erleben wollten.

Mochte darum das mittelalterliche Rittertum im Sinn eines Wolfram von Eschenbach seinen äußeren Glanz auch nach und nach verlieren, noch lange versuchten viele geheime oder zumindest halbgeheime Gesellschaften, sich ganz in dessen Vorstellungen und Traditionen zu bewegen. Dies gilt, zumindest teilweise, von der im 18. Jahrhundert so verbreiteten Freimaurerei. »Man hatte das Wort ›Gentleman‹, mit dem in England jeder Suchende bezeichnet wurde, durch das französische ›gentil homme‹ übersetzt und dies dann als Bezeichnung für den Adelsstand gedeutet . . . Wie ›Sceau rompu‹ sich ausdrückt, legt der Freimaurer, indem er in die Loge eintritt, seinen bürgerlichen Stand ab, wie man seinen Titel an der Tür zurückläßt, um ganz einander gleich zu sein. Es lag deshalb nahe, jedem Freimaurer die Benennung beizulegen, mit der man jeden Adeligen benannte. Die Benennung ›chevalier‹ (also Ritter, S. G.) wurde in den Logen Frankreichs ebenso gebräuchlich wie die Benennung ›frère‹ (Bruder, S. G.) . . . Sie bezeichnete den Bruder (also jedes eingeweihte Mitglied der Gemeinschaft, S. G.) als einen Adligen.«

Hier scheinen sich tatsächlich echte Reste der großen mittelalterlichen Überlieferung der Gralssage erhalten zu haben, nach der sich eine Gruppe wissender Menchen aus verschiedenen Ländern als Nachkommen und Erben der Schöpfer der gleichen Kultur erkennen können. Um die Wissenschaft der Alten wiederzufinden, beschäftigten sich einige dieser Gesellschaften des 18. und 19.

Jahrhunderts mit Dingen wie »magnetische« Lebenskraft, Sternenmythen, Edelsteinen und Symbolen der Tarot-Karten.

Besonders auffallend betrieb man solche Beschäftigungen in den im 18. Jahrhundert ziemlich umstrittenen Logen der »Ägyptischen Freimaurerei« des Grafen Cagliostro. Er lehrte in seinen Kreisen die geistige und körperliche Wiedergeburt mittels der sieben Urkräfte. Aufgrund der erhaltenen Angaben ist man heute geneigt anzunehmen, daß Cagliostro ein phantasievoller Neufinder von echten Sinnbildern und Bräuchen gewesen ist.

Hilfsmittel der alten Magie, wie Anhauchen, Anblasen, Räuchern, Bedampfen und dergleichen sollten jeden, der seine Einweihung wünschte, in die richtige Gemütsverfassung bringen. Stufenweise sollte er dann die »Kraft« kennenlernen und in sich wecken, »die dem Menschen vor dem ersten Sündenfall eigen war, und besonders in der Fähigkeit bestand, den reinen Geistern zu befehlen. Diese Geister – es sind sieben – umgeben den Thron Gottes und sind der Regierung der sieben Planeten vorgesetzt: Anael für die Sonne, Michael für den Mond, Raphael für den Mars, Gabriel für den Merkur, Uriel für den Jupiter, Zobiachel für die Venus und Anachiel für den Saturn.«

Entsprechend diesen Versuchen, mit den sieben dem Urmenschen bekannten Urkräften wieder Freundschaft zu schließen, waren die heiligen Räume dieser mystischen Richtung der Freimaurerei eingerichtet. Von den Gemächern, die der Einweihung der Frauen dienten, vernehmen wir: »Die Loge ist himmelblau tapeziert, mit silbernen Sternen; der Thron auf sieben Stufen ist mit einem Dach aus weißer Seide mit silbernen Lilien überhängt.« Durch »mystische Übungen«, die in den erhaltenen Aufzeichnungen selbstverständlich sehr dunkel, widersprüchlich und von den Gegnern des Cagliostro sogar sehr spöttisch geschildert werden, sollte der Mensch seine Wiedergeburt erleben: »Man erlangte dadurch die Fähigkeit, mit den sieben Erzengeln zu verhandeln, und wurde begabt mit einem Geiste voll göttlichen Feuers, mit Verstand ohne Grenzen und unermeßlicher Macht . . .«

Magie bei Volk und Adel

Neben dem Kult der sieben Sternenkräfte in den aristokratischen Kreisen und Logen um die okkulten Lehrer wie Cagliostro oder Graf St. Germain gab es selbstverständlich eine Unzahl von andern Brücken der Überlieferung: Es gab kaum eine Bibliothek im Besitz

»Zu jeder Stunde wird man dadurch daran erinnert, daß unsere ganze Welt ein Kunstwerk Gottes ist!« Dies sagte mir ein Älpler über die Wirkung des »Herrgotts-Winkels« in seinem Alltag.

der angesehenen Geschlechter, die nicht als besonderen Schatz die Handbücher aus den Schulen des Agrippa von Nettesheim oder des Paracelsus beinhaltete, meist noch von irgendeinem abenteuerlichen Vorfahren mit ein paar zusätzlichen persönlichen Hinweisen versehen, die sich auf die richtige Anwendung der magischen Rituale bezogen. Noch in den fünfziger Jahren unseres Jahrhunderts wurde mir von Bibliothekaren in der Schweiz, in Österreich, Bayern, Savoyen und der Provence mehrfach erzählt, daß man noch im 18. und 19. Jahrhundert im Volke häufig der festen Überzeugung war, daß das besonders rege Geistesleben gewisser Familien wie auch ihr äußerer Wohlstand aus den von ihnen »schon durch viele Geschlechter wohlgehüteten Künsten« stamme.

Alte Klöster, ebenso die ersten öffentlichen Büchereien und selbstverständlich die Sippen-Bibliotheken der Herrensitze waren tatsächlich voll von Sammlungen von Werken dieser Art. Die oft mit viel Druckfehlern und abergläubischen Anmerkungen durchsetzten Veröffentlichungen der »alten« Schriften sollen von solchen Orten stammen, an denen man ihre Vorlagen durch Jahrhunderte sorgfältig bewahrt und vorsichtig benutzt habe. Die berühmten im 19. Jahrhundert im Volk verbreiteten Rezepte des Albertus Magnus sollen beispielsweise aus einer deutschsprachigen Handschrift stammen, die man in einem während der französischen Revolution zerstörten Schloß in Frankreich gefunden hatte.

Eine der berühmtesten, noch heute in den Kreisen der Geheimwissenschaftler angesehenen Schriften dieser Art ist die »Magia Divina«, die ebenfalls aus dem Besitz eines Edelmanns kommen und im Jahr 1745 zuerst veröffentlicht worden sein soll. Wie bei einer Reihe ähnlicher Bücher stammen offensichtlich die neueren Nachdrucke und Abschriften aus der bewundernswerten Sammlertätigkeit des romantischen Herausgebers J. Scheible. Die Kunst der Herstellung der Bilder der sieben Planeten aus den richtigen Stoffen und die Beschäftigung mit ihnen an den entsprechenden Tagen ähnelt nach dieser Quelle ziemlich genau den Hinweisen auf die Kulte der alten Verehrer der Sternenkräfte.

Wichtig scheint uns aber gerade in dieser Schrift die Überzeugung des Verfassers, daß diese Wissenschaft, wenn sie nicht mißbraucht und »in der Furcht des Herrn und zur Verherrlichung seines Namens«, also zum Guten verwendet werde, zur »Ergötzlichkeit des Menschen« diene. Die Erkenntnis der himmlischen Wunderkräfte würde, im erfreulichen Sinn verwendet, nicht nur dem Menschen in seinem Lebenskreis viel Glück und Gesundheit schenken, sondern sei die beste Schutzmauer gegen die Zunahme des Materialismus und damit der gesellschaftlichen Entartung des 18. Jahrhunderts: »Und was würde die jetzige naseweise und verkehrte Art der Menschen, die alle Kraft Gottes und der Natur dem Teufel und seinem Anhang zuschreiben, davon urteilen?«

Ausdrücklich wird auch hier versichert: »Es werden noch hin und wieder dergleichen Magische Bilder (der sieben Planetenkräfte, S. G.) gefunden ...« Wir vernehmen sogar, daß derartige, hier natürlich recht vorsichtig und darum dunkel vorgestellte Planetenbilder »... auch anjetzo von einigen, allein sehr wenigen Menschen in der Stille und Furcht des Herrn verfertigt und gebraucht werden.« Während also die Ketzerverfolger gegen jede überlieferte Nachricht, die sich auf die der Masse unbekannten Kräfte im menschlichen Wesen und in der Umwelt bezog, als Ausdruck des Hexenwesens inquisitorisch vorgingen, herrschte in verborgenen Kreisen ihnen gegenüber eine geradezu fromme Auffassung. Die Kräfte wären demnach Geschenke Gottes an die alten Kulturen, könnten aber, ohne die entsprechende Vorbildung und in eigennütziger Gesinnung benutzt, Übel erzeugen.

Der Franzose Alphonse Louis Constant (1810–1875) hatte die Ausbildung eines katholischen Priesters, schrieb aber sehr viel über die magische Tradition unter dem Namen Eliphas Lévi. Während der kurz vorangegangenen Französischen Revolution hatten deren Gelehrte die herrschende Religion durch den Nachweis zu widerlegen versucht, daß sie in ihren Sinnbildern und Bräuchen ebenso die Hinweise auf die Sternenkräfte verwende wie die sogenannten »heidnischen« Völker. Nach mehreren Jahren des Vergleichens und der Prüfung vieler Zauberbücher und magischer Rituale hat Constant diese Überlegungen bezüglich der alten Lehre über die »Siebenheit« umgedreht. Er glaubt fest an die Wirklichkeit der sieben Grundkräfte in der menschlichen Seele und in der Natur. Die Tatsache, daß die verschiedenen Religionen und Zeitalter fast gleichermaßen diese Siebenheit erkannten und verehrten, war ihm ein guter Beweis dafür, daß die Welt und sämtliche Kulturen das Kunstwerk eines einzigen Schöpfers sind.

Zu neuen Erkenntnissen

Die Vorstellung von »Glücksbringern« und der Möglichkeit für den Menschen, durch überlieferte Seelentechniken »seine verschiedenen Kräfte zu vermehren und zu ergänzen«, erhalten durch das moderne wissenschaftliche Denken eine gewisse Bestätigung. Dies ist wahrscheinlich einer der Hauptgründe, warum in den letzten Jahren die Zahl ihrer Anhänger gerade unter der gebildeten Bevölkerung so rasch zunahm.

Bei einer großen Tagung in Oerlikon (bei Zürich) ging es zum Beispiel 1984 speziell um die Frage, wie sehr die noch vorhandenen magischen Überlieferungen und die Ergebnisse der neuesten Forschungen sich gegenseitig nähern. Besonders aufsehenerregend wirkten hier die Ausführungen des schweizerischen Naturwissenschaftlers Albert Hofmann, der die äußere Welt als einen gewaltigen Sender erklärte, dessen (materielle und energetische) Signale der Empfänger, also das Einzelwesen, aufnimmt. In dessen Bewußtsein werden sie dann zu seinem inneren Bild der Wirklichkeit verarbeitet.

Entscheidend wichtig ist an Hofmanns Auffassung, daß es eine zahllose Menge Empfänger gibt, von denen jeder aus der Fülle der durch seine Sinne wahrgenommenen Strahlen, Wellen und Farben das aufnimmt, woraus er »seine« Welt formt. »Das bedeutet, daß es keine gemeinsame Wirklichkeit gibt, keinen gemeinsamen, für alle sichtbaren Bildschirm, sondern daß das Bild der Wirklichkeit in jedem einzelnen Menschen produziert wird. Jeder Mensch schafft sich seine eigene Wirklichkeit.«

Daraus kommt der Schluß für unsere weitere Entwicklung: »Da Wirklichkeit allein im einzelnen Individuum entsteht, kann diese Wirklichkeit, die Welt, nur im einzelnen Menschen verändert werden. Das heißt, daß jeder von uns versuchen muß, sich selbst als Empfänger zu vervollkommnen, um dadurch die Welt zu verändern und neu zu gestalten, was ja dringend nötig ist.«

Hier nähern wir uns der Auffassung der überlieferten Bücher, die den Menschen als Sammler und Ausstrahler der »Sternen-Kräfte« bezeichnen. Häufig sehen wir in solchen Büchern Zauberkreise oder wunderbare »Siegel« abgebildet, in denen der Sucher nach dem alten Wissen das wahre Wesen der Welt erkannte. (Mit diesen Worten hat es mir ein Zigeuner-Heiler vom Schwarzen Meer erklärt, auf dessen handschriftlichem Rezeptbuch ein Symbol des »Magier-Königs Salomo des Großen« prangte.)

In der Mitte dieser Kreise, die häufig mit den Namen der Planeten-Geister oder ihren ausgeschmückten Sinnbildern versehen sind, sehen wir manchmal eine fast zu einem Dreieck stilisierte Gestalt, gelegentlich mit erhobenen Armen. Ähnlich zeichnete man, wie schon 1903 der Kenner der Zauberbücher, Aleister Crowley, vermerkte, den Menschen auf den Denkmälern der Urkulturen, im Mittelmeerraum wie bei den Germanen. Bereits bei diesen Stämmen bildete man neben der Gestalt Sonne, Mond und Sterne ab und zeigte damit, daß jeder von uns von ihren Einflüssen umgeben ist.

Es ist nun die Überzeugung der großen Überlieferung, daß man als Einzelwesen zwar von der Fülle der Sternenkräfte umhüllt ist, daß man aber für ausgesuchte Zwecke bestimmte von ihnen besonders »anrufen« kann, um bewußt die Empfangsintensität zu steigern. Die Geister, die man beschwor, waren somit »schlafende« Eigenschaften im eigenen Geist. Die Edelsteine und die farbigen Lichter, die man noch zusätzlich gebrauchte, waren Hilfsmittel für die eigene Phantasie, aus der Tiefe des eigenen Wesens alle entsprechenden Gedanken, Ideen und Instinkte hervorzurufen.

Der rote Karfunkel oder Rubin, der fleischfarbige Karneol weckten im Unterbewußtsein alle Erinnerungen an blutige Jagden und den Kampf um Beute zum glücklichen Überleben durch die Millionen Jahre der menschlichen Urgeschichte. Er aktivierte damit in demjenigen, der über ihn meditierte, eine Fülle der in ihm noch vorhandenen Selbsterhaltungstriebe. Diese, die ihn nun vermehrt beeinflußten, ließen ihn nun auch in seiner Außenwelt besser alles beachten, was er brauchte, um sich gegen sämtliche Widerstände durchzusetzen.

Ähnlich erinnern die venusischen blauen Steine, Lapislazuli oder Aquamarin, an den tiefen Himmel oder auch an den Spiegel der See mit reinem Wasser, der wiederum eine wolkenlose, heitere Luftwelt wiedergibt. Dieser Glanz bewegt uns verständlicherweise, an alle glücklichen, harmonischen Stimmungen zu denken, denen wir uns im Wachen und Traum nähern durften. Alles, was mit diesen Gefühlen in unserer Umwelt wesensverwandt ist, erleben wir jetzt bewußter und kommen damit immer mehr in jene Verfassung, die wir ebenso für echte Liebe wie für schöpferische Kunst brauchen.

Im Licht der neuen Erkenntnisse rückt die Sternmagie der Sabäer aus dem Halbdunkel des Aberglaubens: Die Meditationen über Kraftsteine werden zu Mitteln, die Fülle unseres Wesens zu erforschen, nach und nach zu erkennen und dadurch immer besser benützen zu können.

Praxis des Juwelen-Yoga

Wofür man die Steinkräfte verwendet

Schmuck oder Schutz?

Den Edelsteinen und den Edelmetallen wird in den übereinstimmenden Mythen der Völker eine fast grenzenlose Bedeutung zugeschrieben. Wenn die Sagen die Pracht des Paradieses, dieses Ursprungslandes der großen Stämme, darstellen wollen, dann lassen sie es von Juwelen erfüllt sein. Gott und die Engel, die es erschufen, hätten diese Wunder zur Lust der ersten Menschen gebildet und unseren Ahnen deren Geheimnisse offenbart.

Das fahrende Volk von Rußland und auch in Westeuropa hat Erinnerungen, nach denen seine Vorfahren noch viel von diesem Wissen besaßen. Edelsteine waren für solche Sippen, die die Geheimnisse der Glücks- und Kraftsteine kannten, sozusagen Erinnerungen an die Pracht märchenhafter Reiche und Zeitalter. Wenn der Mensch dessen würdig ist, sind sie ihm getreue Schlüssel zu wunderbaren seelischen Zuständen, zu Traumreisen in diese erhabenen Landschaften.

In solchen Geschichten mischten sich zweifellos auch Berichte über die Benützung der Juwelen während der Blütezeiten europäischer und asiatischer Hochkulturen. Wir verweisen nur auf die Schilderungen der Augenzeugen über die Bekleidung der Damen im Reich der indisch-tatarischen Mogulen: »Gewöhnlich haben sie auch drei bis fünf Perlenketten vom Hals bis zur unteren Magengegend hängen. Auf dem Scheitel ist ein Perlenbüschel, das bis in die Mitte der Stirn herabhängt, mit einem wertvollen Schmuck von seltenen Steinen in der Form der Sonne oder des Mondes oder der Sterne ... Dies steht ihnen außerordentlich gut. In ihren Ohren sind kostbare Steine, um den Nacken große Perlen und wertvolle Steine und über diesen ein kostbarer Schmuck, der in der Mitte einen großen Diamanten oder Rubin oder Smaragd oder Saphir hat, eingefaßt von dicken Perlen ... An ihren Handgelenken sind reichverzierte Reifen oder Perlenbänder, die meist acht- bis neunmal um den Arm gehen ... An ihren Fingern befinden sich schöne Ringe; am rechten Daumen ist immer ein Ring, in dem anstelle des

Steins ein Spiegel eingelassen ist, von Perlen umgeben . . . Außerdem haben sie eine Art Gürtel von Gold, zwei Finger breit, über und über mit Edelsteinen besetzt . . .«

Ähnlich berichtet ein gewisser Marquis von Custine über die Pracht der russischen Fürsten des 19. Jahrhunderts, wobei er dauernd seine Überzeugung ausdrückt, daß hier in Osteuropa noch immer die Einflüsse aus asiatischen Reichen der Vergangenheit ihre Macht bewahrt hatten. »Die Vergoldung der Täfelungen, die die Strahlen einer glühenden Sonne wiedergab, ließen um die Häupter der Herrscher und ihrer Kinder einen Lichtschein entstehen. Das Geschmeide und die Diamanten der Frauen verbreiteten, umgeben von allen asiatischen Schätzen, einen magischen Glanz um sich . . .«

In den Jahrhunderten des Barock während der mitteleuropäischen Kulturblüten war es nicht viel anders. Einen Auftritt des Herzogs Friedrich von Württemberg (1605) schildert ein Augenzeuge: Er habe großartig ausgesehen: Seine Gewänder seien »über und über« mit Edelsteinen besetzt gewesen, »die in herrlichen Farben schillerten«.

Ziemlich alle vergleichbaren Berichte aus unserem Kulturkreis scheinen zu verraten, daß die Benützung der strahlenden Steine in jedem Fall eine Bedeutung besaß, die weit über die verständliche Freude an ihren Farben und Lichtwirkungen hinausging. Die erwähnten indischen Mogulen gingen (nach der Überlieferung) in ihrer Liebe zu den Sternenweisheiten so weit, daß sie an jedem der sieben Wochentage die Art ihrer Beschäftigung entsprechend der herrschenden Planetenkraft änderten.

Ähnlich sollen sich die russischen Fürsten fast bis in die Gegenwart nicht gescheut haben, zu naturverbundenen Nomaden als Schüler zu gehen, um sich deren Wissen um die »Kräfte der Mutter Erde« anzueigenen. Die Liebe zu Edelsteinen in der Familie der Fürsten von Württemberg wird neuerdings aus deren Umgang mit Kreisen erklärt, die sich im 16. und 17. Jahrhundert mit den magischen und mystischen Traditionen beschäftigten und die in erhaltenen Aufzeichnungen meistens als »Alchimisten und Rosenkreuzer« bezeichnet werden.

Der Glanz der Höfe bei den Festen wurde vom Volk der Umgebung keineswegs mit Neid angesehen. Auch das erzählten mir russische Zigeuner. Man war überzeugt, daß Edelsteine, zu heiligen Zeiten und in ebensfalls für heilig angesehenen Mittelpunkten des Landes zur Schau gestellt, sozusagen über die ganze Umgebung »gute Kraft« verbreiteten. »Nicht nur wegen der Schönheit gab

In indischen Mythen, die in den Sagen der europäischen Nomaden anklingen, ist Gott Vishnu-Krishna der »Herr der sieben Urenergien« – diese hier als Schlange mit sieben Häuptern dargestellt. (Man vergleiche auf solchen Bildern auch den über den Chakrapunkten des Körpers hängenden Kraft-Schmuck!)

man dem Schmuck häufig das Aussehen von Sonne, Mond und Sternen. Er sollte den Menschen helfen, zu erkennen, daß die Energien des Himmels auch auf der Erde sind und uns auf unseren Wegen Glück und Gesundheit bringen.«

Hilfe während Schwangerschaft und Geburt

Der Edelsteinschmuck oder auch einzelne »Kraftsteine« galten seit jeher als Mittel für eine »gute Geburt«. Dies verstand man früher nicht nur in dem heute wiederentdeckten Sinn, daß eine seelisch-körperlich entspannte Mutter schmerzloser gebären kann als eine, die unter innerem Druck steht. Man war überzeugt, daß durch solche Übungen und Bräuche das Kind sich schon im Mutterleib günstig entwickelt und die von den Eltern erträumten Eigenschaften vermehrt besitzt.

Die Zigeuner erzählen, daß die Zeugung eines Kindes früher bei Stämmen, »zumindest bei denen, die noch von den Weisheiten der großen Reiche der Vergangenheit wußten«, keine Angelegenheit des Zufalls war. Man überlegte sich, wie »der Stern über der Geburt des Kindes sein sollte« und wählte nach solchen Überlegungen die Zeit der dazu führenden Verbindung von Mann und Frau. (Es ist bezeichnend, daß bei verschiedenen Zigeunerstämmen die Kenntnisse der Astrologie gerade bei den Frauen verbreitet waren, die gleichzeitig auch als Beraterinnen in Liebesdingen und sogar als Hebammen wirkten.)

Die Schwangerschaftszeit wurde als das Zehnfache des Mondmonats von 28 Tagen, zusammen 280 Tage, berechnet. Ich erwähne die alte Zählung, weil sie, wie man mir erzählte, ermöglichte, daß auch Menschen, »die nicht rechnen und zählen gelernt hatten«, die wahrscheinlichen Tage der Geburt ausrechnen konnten. Vom zunehmenden Mond oder dem Vollmond, die man für die Zeugung bevorzugte, konnte man einfach »an den Fingern der beiden Hände abzählen«, wann ungefähr die Schwangerschaft zu Ende sein mußte. »Einfach dann, wenn der Mond zehnmal seinen ganzen Wechsel vollkommen durchlaufen hat und dann wieder genau gleich aussieht.«

Glaubten sie, das gewünschte Kind – bei den alten Stämmen waren fast ihre sämtlichen Nachkommen Wunschkinder – komme in den Saturnmonaten Steinbock oder Wassermann zur Welt, dann trug die Mutter Saturnsteine, »damit es die Gabe der Weisheit mitbekomme«. Erwartete man das Kind in Marsmonaten (Widder, Skorpion), dann trug die Schwangere einen Marsschmuck von vorwiegend roten Steinen, »damit in ihm die Durchsetzungskraft, Lebenslust und auch Körperstärke« entwickelt werde.

Eine Kette von entsprechenden Steinen hängte man, kaum daß sich das Kind deutlich angekündigt hatte, auch an die Wiege oder sonstige Schlafstelle, die man für den neuen Erdenbewohner schon früh einrichtete. Dieser Schmuck glänzte an einem festen Faden, und man behauptete, daß dann das Neugeborene mit ihm besonders gern spiele oder ihn zumindest gern anblicke. Die farbigen Steine behielt dann in der Regel das Kind, auch wenn es heranwuchs, und ließ sie später häufig zu einer Kette oder zu Ringen verarbeiten, die es im späteren Leben trug.

Selbstverständlich hüteten sich Mütter, die von Geschlecht zu Geschlecht diese Bräuche um Glückssteine weitergaben, vor jeder Einseitigkeit. Erstens wußten sie, daß es verfrühte und verspätete Geburten geben könne, so daß das Kind »im Monate eines anderen Sternen-Steins geboren werden könnte als in dem, den man berechnet hatte«. Auch war man überzeugt, daß jeder Mensch zwar die Kräfte eines der sieben Planeten in sich besonders vorzüglich entwickelt habe, daß er aber für sein künftiges Lebensglück auch die Eigenschaften der andern kennen und besitzen müsse. Also wurde mir anläßlich dieser Erzählung über das Spielen der Schwangeren »mit dem Stein-Schmuck des Planeten des wahrscheinlichen Geburtsmonats« versichert, daß sie auch »an den richtigen Tagen« Schmuck der andern Sterne trugen. »In einer Sippe, die von den Steinen wußte, gab es schließlich Ketten von jeder Art und Farbe. Man könne also bei verwandten Frauen jeden Schmuck auswählen, den man nur wünschte. Das beste an diesen Leihgaben war außerdem, daß sie von Schwangeren schon seit hundert Jahren und länger getragen worden waren und daß diese alle überzeugt gewesen waren, daß sie ihnen und ihrem Kind genützt hätten.« Auch diese Überlieferung bestätigt die alte Lehre, daß man vermehrt an die gute Kraft in einem Brauch glaubt und damit Sicherheit gewinnt, wenn man die Gewißheit hat, daß viele Menschen mit ihm bereits die besten Erfahrungen gemacht haben.

Auch von den Seelenreisen und Meditationen mit Edelsteinen, wie ich sie zu den Grundlagen dieses Buches nahm, wurde mir mehrfach versichert, daß sie besonders nützlich für Schwangere seien, »damit sie ihre völlige innere Ruhe hätten und damit nach menschlichem Ermessen und mit Gottes Hilfe alles gut komme«.

Glückliche Träume durch das Treten durch »Kristallpforten« oder das Denken an die entsprechenden Sternenkräfte am Morgen des richtigen Tages waren offensichtlich bei Stämmen von Eurasien bis Amerika bekannt und gehen zweifellos auf Urerfahrungen der menschlichen Rassen zurück.

Ob aber die Frauen aus solchen Kulturen während der Zeit ihrer Erwartung traditionsreichen Familien- oder Sippenschmuck trugen oder ob sie sich am Abend und Morgen regelmäßig mit Kraftsteinen entspannten, in jedem Fall gelten die Worte eines alten Juweliers von Odessa am Schwarzen Meer: »Edelsteine sind Verkörperungen der Farben, auf denen alle Schönheit und Freude der sichtbaren Welt beruht. Wenn eine künftige Mutter sie bewundert, dann wird das Kind in ihrem Leib vermehrt die Fähigkeit haben, die Pracht der Welt zu erkennen und zu genießen.«

Freude und Seelenkraft während Seuchenzeiten

Verfallszeiten des Altertums und des Mittelalters brachten jedesmal den schwarzen Siegeszug mörderischer, anscheinend vorher durch Jahrhunderte unbekannter Seuchen. Die Sagen, wie man sie etwa im Alpenraum über die Pest des ausgehenden Mittelalters erzählt, behaupten, daß während dieses Massenunheils bestimmte Volksgruppen von »der himmlischen Strafe für vorangegangene Sünden« verschont blieben. Genannt wurden mir vor allen die seelenruhig für die Kranken sorgenden Mönche bestimmter Orden, die Edelleute und ihr Gesinde in abgelegenen Herrensitzen, »die der Hexenkunst ergebenen Weiber«, die Minderheiten der Zigeuner und Juden.

Es ist überliefert, daß die aufgehetzte Menge diese Sicherheit vor Ansteckung daraus erklärte, daß diese seuchenfesten Menschen mit nur ihnen bekannten Giften ihre Nachbarn angesteckt hätten. Wie man tatsächlich nachweisen kann, mußten deshalb verschonte Gruppen während der Krisen und Krankheiten oft die Rolle von Sündenböcken übernehmen, wurden öffentlich verdächtigt, ja sogar ermordet oder zumindest zur Auswanderung gezwungen.

Eine sachliche Forschung der Gegenwart hat Veranlassung, solche schwer faßbaren Geschichten auf ihren Wahrheitsgehalt hin zu prüfen und sich zu überlegen, ob es nicht in gewissen Lebensverhältnissen der Vergangenheit Erfahrungen gab, die darauf schließen lassen, daß bestimmte Menschengruppen gesünder waren und blieben als andere. Im Fall der Seuchen des ausgehenden Mittelalters vermutete zum Beispiel Georg Lakhovsky, daß Sippen, die die nach ihm besondere Strahlungskräfte enthaltenden Zwiebeln regelmäßig genossen, dadurch gerettet wurden.

Verschiedene Volks- und Gesellschaftsgruppen, die nach dem Volksglauben von den Seuchen verschont blieben, sind nun auffallend diejenigen, die nach Meinung ihrer Umwelt (und nach ihren heute noch fortlebenden Traditionen) besondere Kenntnisse der »Kraft-Steine« besaßen. Gerade bei zigeunerischen und jüdischen Flüchtlingen aus Rußland, die beide zweifellos sehr urtümliche Kenntnisse ihrer Stämme bewahrten, hörte ich mehrfach von altem Familienschmuck, daß keiner der Vorfahren, der ihn besaß, »je einer der großen Seuchen verfiel, die sonst die Leute massenweise hinwegrafften.« Mein Vater erzählte mir auch die Behauptung eines Heilers unter den islamischen Krim-Tataren, nach dem die Sage über die muhammedanischen Himmel aus verschiedenfarbigem Edelstein »den Menschen sagen soll, daß sie durch Edelsteine vor aller Not sicher leben könnten, genauso wie die Seligen im Himmel«.

Der Glaube an die Schutzkraft der Edelsteine lebte in den Pestzeiten der Vergangenheit aber nicht nur im Umkreis von Kultur-Minderheiten auf, sondern wir finden ihn ebenfalls in den Werken der bedeutendsten Gelehrten und Ärzte ihrer Zeit, wie etwa bei Cardanus oder van Helmont. Man benutzte, um sich vor Seuchen zu schützen, Juwelen von ganz verschiedener Farbe, wie Diamant, Karfunkel, Saphir, Topas, Jaspis, Hyazinth: »Besonders die schwangeren Frauen sollen allerhand edles Gestein an Hals und Händen tragen« (nach J. Nohl).

Die der Alchimie und Astrologie verschriebenen Heilkünstler des Mittelalters und des Barock erklärten die nach ihnen offensichtliche Wirkung der benützten Edelsteine sozusagen aus dem Kampf von guten wider schlechte Strahlen. Die »astralen Kräfte« ihrer mit den Sternen verbundenen Juwelen sollten die »giftige Luft« vertreiben, die die Menschen krank machte. Erstaunlich ähnlich unserer Auffassung ist die alte Lehre, daß der farbige Schmuck »den menschlichen Geist erfreut und stärkt«. Durch diese gute Gemütsverfassung werde der Fluß der Lebenskraft im Leib gesteigert und verbessert und erleichtere den Widerstand der Abwehrkräfte gegen die Tücken der Seuche.

Erstaunlich ist das Aufkommen der gleichen Gedankengänge

seit dem Beginn der achtziger Jahre unseres Jahrhunderts und dem Auftauchen von »neuen Seuchen«, die vor allem in den Großstädten mörderischen Einzug halten. Gerade unter den Betroffenen mehren sich die Behauptungen, daß es in erster Linie die Anstrengungen einer unnatürlichen Lebensweise und des gesteigerten seelischen Drucks sind, die die Fähigkeit des Körpers zur Abwehr lähmen. Angeschuldigt wurden (im Fall der Seuche AIDS, S. G.) unter anderem »der Mißbrauch gefäßwirksamer Amylnitritpräparate zur Verschönerung des Orgasmus, Drogenkonsum, permanenter Schlafentzug, Dauerbräunung durch Solarien, unzureichende Ernährung und gewaltsame Abmagerungskuren« (Der Spiegel).

Nordamerikanische Untersuchungen haben bestätigt, daß im für uns »gewöhnlichen« Streß der inneren Belastung durch Examensängste die Tätigkeit der Widerstandszellen unseres Körpers abnimmt und ihn vermehrt der Ansteckungsgefahr aussetzt. Es kann kein Zufall sein, daß gerade verschiedene AIDS-Kranke überzeugt sind, daß sie in der Zeit der größten Überanstrengung, des gesteigerten geistigen Drucks, bei Anfällen von Daseinsangst, Depressionen, Trübsinn und ähnlichem angesteckt wurden.

Selbstverständlich können hier die überlieferten Mittel nicht die medizinische Hilfe ersetzen und noch weniger die Notwendigkeit einer allgemeinen gesunden Lebensweise. Immer klüger erscheinen mir die Worte des nach Paris geflüchteten Ikonenmalers, der in einem Wohnblock von Paris die ursprünglichen seelischen Heilkünste des Ostens lehrte: »Alles, was uns hetzt und ängstlich macht, schwächt den Körper und macht ihn für jede Krankheit anfällig. Alles, was uns ruhig und heiter werden läßt, gibt uns Stärke im Daseinskampf.« Die Übungen mit den Steinen schenken uns die Entspannung und, wie ich schon als Kind erlebte, helfen uns damit, durch vermehrte Lebensfreude unsere Gesundheit besser zu bewahren – oder wiederzugewinnen.

Bringer sinnlicher Energie

Immer wieder, fast täglich, wie man mir mehrfach sagte, werden Menschen, die mit farbigen Steinen arbeiten, nach Mitteln für »Liebeszauber« gefragt. Im Mittelalter und noch heute beim fahrenden Volk wird zum Beispiel der rote und marsische Rubin als

Mittel empfohlen, das dem Menschen helfen soll, »seine feurige Tatkraft« wiederzufinden.

Bernhard Karle schrieb über diesen heute so stark wiedererwachten Glauben an Aphrodisiaka, also irgendwelche aus den Naturreichen gewählten Hilfen, um die Fähigkeit zum Liebesgenuß zu erhalten und sogar zu steigern: »Der Glaube an die liebeerzeugende Kraft gewisser Stoffe stammt vermutlich aus dem Orient, wo bei dem aufs äußerste gesteigerten Geschlechtsleben sich der Wunsch entwickeln mußte, Stoffe in der Natur zu finden, die die Liebe erregen und befördern können.«

Ich hörte selber in meiner Kindheit und frühen Jugend, wie Zigeuner und andere Flüchtlinge aus Osteuropa immer wieder befragt und sogar in Verbindung mit lockenden Geldangeboten aufgefordert wurden, die entsprechenden Künste ihrer Vorfahren zu verraten. Noch heute wirkt also beim Menschen unserer Zeit die Vorstellung nach, daß bei ursprünglicheren Stämmen ein tiefes Wissen um Seelen- und Körperkräfte geheim weiterlebe.

Gegenüber solchen Auffassungen, die natürlich in dieser Form nur noch ein kindischer Aberglauben sind, glauben die klügeren Träger der Überlieferung in bezug auf die Edelsteine selber nie daran, daß es ein einfaches »Liebesmittel« gibt. »Rotes Licht und auch die rot funkelnden Steine regen uns an, lassen unser Blut aufwallen, wenn wir sie richtig benützen, und vermitteln uns aufreizende Bilder im Wachen und Träumen.« Das wurde mir erzählt – und das deckt sich ziemlich genau mit dem, was man über verschiedene »Steine wie Feuerflammen« in den Büchern nachlesen kann. Aber davor, sie allein als Mittel zur Steigerung der sinnlichen Energie zu verwenden, warnt die gleiche Tradition ausdrücklich.

Es leuchtete mir ein, daß ein vorzügliches Hilfsmittel für rein materiell verstandenen Lustgewinn den Menschen niemals in der Liebe glücklich machen, sondern höchstens einseitig erschöpfen, damit geistig und auch leiblich nach und nach schädigen würde. Im Gegensatz zu einer kurpfuschenden materialistischen Pseudowissenschaft des 18. und 19. Jahrhunderts sehen volkstümliche Heiler, mit denen ich sprach, die Fähigkeit zum Lieben nicht etwa in der angeregten Tätigkeit irgendwelcher Drüsen, sondern als eigentliche Erfüllung unseres Wesens. »Wir sind dazu fähig, wenn alle unsere Kräfte im Gleichgewicht stehen. Die körperliche Liebe ist, zumindest wenn sie einigermaßen dauerhaft und glücklich sein soll, abhängig von unserem allgemeinen, vor allem geistigen Wohlbefinden.«

Bezeichnenderweise empfahl man mir für »richtiges« Liebesglück die Beschäftigung mit grünen Steinen, die in uns Gefühle und Gedanken wecken sollen, dank denen wir unsere ganze Umwelt «fröhlich« erleben können. Nach vielen mündlichen und schriftlichen Quellen wird solcher Schmuck bezeichnenderweise mit dem »hochgemuten«, fröhlich-gemütlichen (jovialen) Jupiter in Verbindung gebracht, gelegentlich natürlich auch mit der Liebesgöttin Venus, seiner Beraterin.

Die grünen Steine erinnern uns eben, wie wir schon mehrfach sahen, an das frische, gesunde, stets mit neuer Kraft wiederkehrende Wachstum im Frühling und an einen schönen Morgen. Wie mir ein Turkmene erklärte, ist gerade im Gegensatz zu den heißen Wüstengebieten des Orients die grüne Farbe der Oasen ein Hinweis auf das hohe Labsal jeder Erholung in einer fruchtbaren Landschaft. »Man erzählt, daß gerade die Heiligkeit des Grüns, dieser Farbe der Oasen, im Westen erst nach den zahllosen Kriegen mit den islamischen Türken und Tataren mit deren grünen Fahnen stark verdrängt wurde.« Dafür, daß der hochentwickelte Mensch nie einseitig gewisse Fähigkeiten durch Zaubermittel aufzupeitschen versuchte, gilt den Vertretern der Geheimlehren der griechische Weise Apollonius von Tyana als Beispiel. Von ihm, der in den magischen Naturwissenschaften des Morgenlandes bis heute als Fachmann für Kraftschmuck gilt, schreibt sein Biograph Philostratos: »Ein indischer Gelehrter, den er auf seiner Weltreise und auf seiner Suche nach verlorenen Wissenschaften der Urzeit besuchte, habe ihm sieben Ringe gegeben, die die Namen der sieben Planeten trugen und die Apollonius der Reihe nach entsprechend den Namen der Wochentage getragen habe.«

Diese Anerkennung aller Kräfte, die die Natur und auch den Menschen beeinflussen, sehen noch heute die Freunde der »Sternen-Steine« als Voraussetzung an, um ohne besondere Beschwerden ein hohes Lebensalter zu erreichen. Vom sehr alt gewordenen Apollonios schrieb der gleiche Philostratos: »Ein Greis am ganzen Leibe, aber ohne Schwächen und anmutiger als die Jugend.«

Lebenskraft bis ins hohe Alter

Auch in den Alpenländern lebt die Sage von besonders langlebigen Menschengruppen. Nicht zuletzt sollen »Tugenden des Bodens« die Ursachen zu einer solchen wunderbaren Gesundheit sein. Gewisse Erdschätze, deren genaue Stellen empfindsame Menschen zu »erfühlen« vermögen, können, so heißt es, ihre ganze Umgebung mit günstigen Kräften durchstrahlen. Bezeichnenderweise erzählt man sich in diesen Gegenden Geschichten von geheimnisvollen »Bergleuten«, Elementargeistern oder Gnomen, die ihren menschlichen Schützlingen aus nur ihnen bekannten Tiefen Kristalle oder andere Glückssteine bringen und ihnen damit Lebensenergie und Gesundheit bis ins höchste Alter schenken.

Dies ist nicht nur Volksglaube, aus dem heraus sich Sagen und Märchen gebildet haben, sondern man kann jeden der hier erwähnten Gedankengänge bis zu den Paracelsus-Anhängern, Alchimisten und Rosenkreuzern des 16. und 17. Jahrhunderts zurückverfolgen, die auch in dieser Beziehung zweifellos Erben der mittelalterlichen Überlieferungen waren. Johann Baptist van Helmont (1577–1644) ist überzeugt, daß in etlichen Landschaften »alle Dinge besser wachsen.« – »Wiewohl, wenn wir den Historien glauben sollen, es noch heutigen Tages Örter gibt, da die Leute dreihundert Jahre alt werden.«

Der stark von Paracelsus beeinflußte Arzt schrieb ferner: »Dannehero nun dienen ziemlich zum langen Leben diejenigen Berg-Orte . . . weil daselbst gar ein gütiger Einfluß der Sterne sein kann und gar reine und gesunde Luft dadurch verursacht wird.« Van Helmont, der überzeugt war, daß es solche von bestimmten Strahlungen begünstigte Plätze gibt, wandte sich freilich sehr vernünftig gegen die Auffassung, allein durch Edelsteine könne dem Menschen ein langes Leben geschenkt werden: »Woraus (also aus entsprechenden Forschungen, S. G.) ich gelernt, daß die Edelsteine, da sie gleich mit einer heilenden (arztneienden) Kraft begabt sind, zwar zu einem gesunden Leben dienen . . .«

Ähnliche Anspielungen enthalten die ebenfalls aus dem 17. Jahrhundert stammenden Schriften des Paracelsisten William Maxwell. Er lehrte, daß »von jedem Körper körperliche (wenn auch für unsere Sinne in der Regel nicht wahrnehmbare! S. G.) Strahlen ausströmen«, und daß der menschliche Geist Wege finden kann, die ihn umflutenden Kräfte zu seiner Erneuerung und damit Heilung zu verwenden. »Wer dieses Mittel anderswo sucht als auf dem Gipfel der höchsten Berge, der wird als Lohn für seine Mühe nur Schmerz und Schaden finden. Die Philosophen, die behaupten, man müsse es in den Höhlen der Erde suchen, verstehen darunter die Erde der Lebendigen.« (»Die Erde der Lebendigen«, dies erklärte mir ein Heiler, der viele Anregungen aus der deutschen Maxwell-Ausgabe von 1855 zog, »das ist einfach die Umwelt jener

Menschen, die selber so lebendig sind, daß sie in allen Dingen Lebenskräfte spüren und mit diesen auch zu arbeiten vermögen.«)

Die urtümliche Naturwissenschaft um das Gestein gewisser Gegenden und dessen Wirkungen ist allerdings nur dunkel aus solchen Belegstellen, die man endlos vermehren könnte, zu erkennen. Immerhin fiel es bereits Erich Bischoff auf, daß die einstigen Alchimisten, die nach dem (angeblich lebensverlängernden) »Stein der Weisen« suchten, sehr häufig nach Böhmen reisten, offensichtlich weil man glaubte, daß gerade in den Schätzen der dortigen Bergwerke wunderbare Eigenschaften verborgen seien.

Ähnlich erklärte mir ein ebenfalls nach dem Westen ausgewanderter Kaukasier aus Daghestan die Langlebigkeit vieler seiner Landsleute und die eigene Zähigkeit im schwersten Daseinskampf »aus wunderbaren Schätzen in unserem Bergboden. Diese Gunst der Natur, ein Geschenk Allahs, wird verschwinden, wenn man das Gold und die Edelsteine der Gebirge nur darum hervorholt, um sie in Geld umzusetzen.«

Gleichermaßen wußte ein östlicher Zigeuner aus dem Kreis der Pariser Flüchtlinge, »daß die Stämme in den fernen Grenzbergen Rußlands (er meinte offensichtlich den Pamir oder andere Ausläufe des Himalaja) Steine voll von Kraft aus den Höhlen hervorholen. Weil sie diese Gegenstände, die älter sind als die Sintflut, als Schmuck so sehr bewundern und verehren, überträgt sich auf sie auch selber ein wenig von deren Stärke und Alter.«

Die moderne Forschung scheint solche Sagen zumindest in dem Sinn zu bestätigen, als sie tatsächlich zuverlässige Berichte von überdurchschnittlich langlebigen Menschen in Gebirgsgebieten des Kaukasus und des Himalaja vorliegen hat. Auch heute werden vermehrt Vermutungen geäußert, daß es sich hier um die Einflüsse von noch nicht näher bestimmbaren Strahlungen handeln könne.

Uns leuchtet zu diesen Künsten, »wie man steinalt wird«, zumindest eins ein: Der Mensch naturverbundener Kulturen konnte sich entspannt dem Gefühl des Stroms der Lebenskräfte um sich und in sich hingeben. Sein Schmuck und die damit verbundenen Bräuche gaben ihm die feste Glaubensgrundlage, mit Sternen-Energien in Verbindung zu stehen – und dadurch bis ins hohe Alter im Besitz seiner Lust am Dasein und Beweglichkeit zu bleiben.

Erfindergabe und Erfolg

Während meiner Jahre in der »Bohème« von Paris kam ich nach und nach zu einer für mich wichtigen weltanschaulichen Entdekkung, die mir später die Heiler des Alpenlandes bestätigten: Ich sah gewissermaßen die lange totgeschwiegenen Hinter- und Untergründe der Gegenwart und erkannte, wie magisch in Wirklichkeit ein Aspekt unserer angeblich so aufgeklärten Zeit ist.

Verschiedene der Wahrsager, bei denen ich viele der Bräuche um Traumreisen, Kartenbilder und Kristalle kennenlernen durfte, versicherten mir schon in den vierziger und fünfziger Jahren, daß sie zwei Arten von Kunden hatten: Einmal eher ältere Leute, unter noch in der Kultur der Vergangenheit verwurzelten Mitmenschen lebend, die sich gern in die Welt der Ahnen zurückversetzen ließen. (»Das ist schöner, gibt mehr als Radio und Kino«, sagten solche Zeitgenossen, deren unmittelbare Vorfahren meistens noch in der Ruhe ursprünglicher Dörfer lebten.)

Dann rühmte sich jeder dieser Kenner der »alten Künste«, unter seinen treuesten Kunden auch einige Vertreter der aktivsten, in der Öffentlichkeit bekannten Prominenten zu haben: Geschäftsleute, Politiker, höhere Militärs, Diplomaten, anerkannte Künstler und Wissenschaftler. Selbstverständlich konnte ich solche Angaben meistens nicht nachprüfen, nicht zuletzt, weil sich die Heiler meistens gegenüber ihren Kunden durch eine strenge Schweigepflicht gebunden fühlen. Immerhin konnte ich mit einigen dieser Besucher von gesellschaftlichem Rang über die Gründe ihrer Konsultationen von Magiern und Lebensberatern offen reden und kam dadurch zu erstaunlichen Erkenntnissen.

Am besten versteht man die Zusammenhänge, wenn man sich vergegenwärtigt, was eine hübsche Geschichte von einem berühmten deutschen Physiker als Tatsache berichtet. Über seinem Laboratorium, aus dem weltverändernde Erfindungen hervorgingen, habe er ganz offen ein Hufeisen als Glücksbringer hängen lassen. Hie und da habe ihn nun ein Besucher gefragt, ob er denn selber auf einen solchen Volksaberglauben seine Hoffnung setze. »Nein«, sagte dann jedesmal der Physiker ganz bestimmt, »selbstverständlich nicht, schließlich bin ich ein völlig neuzeitlicher Mensch. Aber meine Großmutter hat mir nun einmal beigebracht, daß solche Dinge auch dann wirken, wenn man nicht an sie glaubt.«

Dieser Naturwissenschaftler glaubte vielleicht tatsächlich in keiner Weise daran, daß die Kraft eines Hufeisens ihm bei seiner Tätigkeit helfen könne. Aber er glaubte an seine Großmutter, also an die Vorfahren, von denen er seine Begabungen, seine Phantasie, seinen Fleiß, seinen Willen und Unternehmungsgeist geerbt zu haben überzeugt war. Das Hufeisen erinnerte ihn an diese guten und zuverlässigen Kräfte in sich, in seiner Seele, und weckte in ihm dadurch das entsprechende Vertrauen zu sich selber.

Ähnliches erzählten mir recht bedeutende Persönlichkeiten der ersten Jahrhunderthälfte, die vorurteilslos die Ablehnung von allem, was nach Aberglauben aussieht – wiederum als einen »besonders dummen Aberglauben der Massen« verachteten! Sie besuchten seßhafte und fahrende Schamanen und schützten sie sogar in materialistischen Staaten vor blöden Verfolgungen, weil sie selber immer die Wege zu den schöpferischen Kräften in ihrer Seele suchten. In allen erhaltenen Bräuchen suchten sie stets mit scharfen Sinnen nach Hinweisen auf praktische Möglichkeiten, sich mit deren Hilfe in bessere Stimmungen bringen zu können, »auch wenn man die Methoden heute noch nicht erklären kann.«

Fast alle diese hervorragenden Persönlichkeiten versicherten mir als ihre Erfahrung, daß sie auf ihren Fachgebieten die wichtigsten Entscheidungen, die ausschlaggebend waren und ihren Ruf begründeten, kaum je völlig verstandesmäßig trafen. Selbst wenn sie einen Entschluß nachträglich, um ihn für Außenstehende einleuchtend zu machen, ausführlich logisch begründeten, hätte ihnen schon vorher ihr »guter Instinkt«, gelegentlich auch ein gutes Gefühl im Traum, »die Pforte zur richtigen Lösung eröffnet«.

Durch die New Age-Geistesströmungen, also die seit den siebziger Jahren in der Öffentlichkeit von West-Europa aus sich ausbreitenden Philosophien und Psychologien, wurden solche Erkenntnisse fast zum Allgemeingut der Gebildeten. Es begann vor einigen Jahren mit einer Sensations-Nachricht, die auf dem ganzen Erdball Wissenschaftler und Führungsleute aufhorchen ließ. Der Ingenieur J. Mihalasky und der Parapsychologe E. Douglas Dean hatten bei ihren Forschungen am bekannten Technologie-Institut von New Jersey herausgefunden, daß mehr als 80 Prozent (!) der Topmanager, die innerhalb von fünf Jahren den Gewinn ihrer Firmen verdoppelt hatten, überdurchschnittliche präkognitive (hellseherische) Fähigkeiten besaßen.

Ich kann solche Sensations-Nachrichten nicht nachprüfen, darf aber von mir bekannten erfolgreichen Leuten, die Träger überlieferter Seelentechniken konsultieren, nur eins feststellen: Fast jeder von ihnen besaß, und das bis heute, seinen »Weg«, von dem er fest glaubt, »daß er ihm zumindest noch nie geschadet hat«. Einige dieser Hilfsmittel, wie die Autosuggestionen mit Unterstützung durch eine Kette mit Steinen, habe ich bereits erwähnt. Überhaupt fand ich unter solchen Mitteln »das Vertrauen auf die Wirkung bestimmter Schmuckstücke« an einer der ersten Stellen.

Sehr verbreitet fand ich hier die schon für das Mittelalter nachweisbare Auffassung: »Die bunten Steine stärken unser Selbstvertrauen und wecken Gefühle der Sicherheit. Sie haben aber auch einen Nachteil: Sie geben uns keine Energie, wenn wir etwas tun, was zu dem eigenen Gewissen in Widerspruch steht. Das hat mit äußerer Moral oder der Beachtung von geschriebenen Gesetzen nichts zu tun.« Oder wie man es mir ein andermal erklärte: »Übt man Bräuche, in die schon die Großmütter Vertrauen setzten, dann muß man einige der sittlichen Grundsätze beachten, die für diese unabdingbar waren – sonst gerät man nur in peinliche Widersprüche und bekommt keine Hilfe.«

Glückskette der Energie

Mehrfach erlebte ich die Übung mit der »Glückskette mit den richtigen Steinen«. Man vereinigt eine große Zahl von farbigen Steinen, die der Volksglaube mit der Richtung eines bestimmten Lieblingswunsches in Zusammenhang bringt, an einer festen Schnur. Man hält sie während des Einschlafens »am richtigen Abend« in der Hand, denkt sich einen einfachen Satz (etwa »das Glück kommt näher und näher«) und läßt dabei Stein um Stein durch die Finger gleiten – bis man ins Reich der Träume »verreist« ist.

Was nun stattfindet, erklärte das Volk entwaffnend naiv aus seinem Glauben heraus, den ich bei seßhaften Menschen »echtrussischer« Herkunft ebenso fand wie bei östlichen Zigeunern: »Der Wunsch während des Einschlafens erfüllt unsere Seele ganz. Wenn sie nicht mehr mit dem Alltag beschäftigt ist, schwebt sie im Traum in den Himmel und erzählt dort von unsrem Wollen. Ist nun der Wunsch erfüllenswert und nicht gegen andere Wesen gerichtet, dann ist es möglich, daß die Himmlischen uns helfen, daß wir am Morgen die Energie haben, unserem Ziel einen Schritt näherzukommen.«

Auch hier, genau wie bei den »Heiligen Ecken« oder »Herrgottswinkeln«, über die wir noch reden müssen, fand ich eine ähnliche Vorstellung auch im Alpenraum, was für mich ein Beweis für das Alter des Brauchs ist. Ein schweizerischer Psychologe versicherte mir, daß genau gleiche Ketten aus Edelsteinen beim Einschlafen »mit der – unter Ausschaltung aller andern Nebengedanken – wiederholten Bitte um mehr Kraft« benützt wurden. In der Regel dachte man sich hier jedesmal den Satz »Es geht mir besser und besser«.

Diese Formel stammt aus dem Wortschatz der modernen Autosuggestion, aber, wie mir der erwähnte Psychologe bestätigte, wurde ihm, zumindest in einem Fall, zuverlässig versichert, daß dieses »Spielen« mit den Kugeln der Lieblingskette vor dem Eintritt ins Traumreich schon früher von den Mädchen im Emmental und Oberland verwendet worden sei, »um ihr Lebensglück zu finden«. Im Gebrauch der richtigen Steine – gelegentlich habe man freilich farbige Glaskugeln verwendet – seien sie von den noch im 19. Jahrhundert zahlreichen ländlichen Heilern unterrichtet worden.« Auf der Grundlage dieser Geschichten war auch mein Gewährsmann überzeugt, daß nicht etwa die neueren Lehren vom Einfluß der Autosuggestion beim Einschlafen den Volksglauben, sondern umgekehrt dieser die moderne Seelenheilkunde beeinflußt habe. Der Gebrauch von Ketten mit Kugeln oder auch Schnüren mit Knoten, die man heute verwendet, um mit seinen Gedanken bis ins tiefste Unterbewußtsein vorzudringen, hängen zweifellos mit den verschiedenen volkstümlichen Verwendungsarten des sogenannten »Rosenkranzes« zusammen.

Diese teilweise wahren Kunstwerke werden ebenso von Hindus, Buddhisten und Mohammedanern gebraucht und sind, wie ich es von Zigeunern hörte, »Erbstücke aus dem Schatz der ältesten Stämme«. Für die Inder bedeutet jede der 108 Kugeln ihrer Kette (Mala) unter anderem das Wissen von der endlosen Zahl der Welten und der aufeinanderfolgenden Kulturen, die trotz aller Verschiedenheiten eine Gemeinsamkeit haben: In allen habe sich die hilfreiche Kraft der Gottheit offenbart und denen, die auf sie vertrauten, weitergeholfen.

Brasch, ein christlicher Theologe und Orientalist, faßt zusammen: »Die Perlen des Rosenkranzes helfen dem Andächtigen bei seinem Meditieren. Wenn die glatten Kugeln durch seine Finger gleiten, entspannt und besänftigt sich sein Geist. Seine geistige Kraft wächst, und seine Seele öffnet sich dem Göttlichen . . . Sie (die orientalischen Mystiker) sind der Überzeugung, mit jeder Perle, die durch ihre Finger wandert, Gott einen Schritt näherzukommen.« So beten die indischen Sikhs: »Du bist die Schnur, Du bist die Perlen des Kranzes, Du bist seine Knoten, Du bist die Hauptperle. Du bist Gott.«

Mit jeder von sieben farbigen Ketten, so vernahm ich als einen Grundsatz der Astro-Gemmologie, kann man sich einem Bereich seiner Wünsche nähern. Nehmen wir ein Beispiel. Weil ich von den Glücksketten zuerst von einem osteuropäischen Theatermann erfuhr, stellen wir uns einen Schauspieler vor, der den Wunsch hat, auf der Bühne die Leute zu erfreuen. Wie uns die meisten Hinweise in den volkstümlichen »Zauber-, Planeten- oder Zigeunerbüchern« belehren, ist dies die Angelegenheit des Planeten Venus, des Sterns der Phantasie, also des Freitags. Wir lesen da etwa: »Willst du Späße vollbringen, Possen treiben, lustige und komische Hoffnungen erfüllen, Burlesken und heitere Schelmenstücke darbieten, so wähle zu der Beschwörung (des Venusgeistes) die erste Stunde vom Freitag . . .«

Man nahm also beim Einschlafen in der Nacht auf den Freitag eine Kette von blauen Steinen in die Hand und wiederholte lautlos, bis man fest einschlief, die gleichen zuversichtlichen Worte. Den Schmuck, den man auf diese Art zur Festigung seiner Zuversicht benutzt hatte, trug man auch während der Unternehmungen, deren glückliches Gelingen man erhoffte. (Welche Wünsche zu welchen Planetenkräften gehören, kann man in unserem Schlußteil, »Grundlagen der Astro-Gemmologie«, nachlesen.)

Vielfach wird dieser Brauch als eine Art magische Beschwörung verstanden, dank der einer der sieben Planetengeister angeregt werde, in unser Schicksal günstig einzugreifen. Wir verstehen aber die Übung vor allem als Hilfe zu unserer seelisch-leiblichen Entspannung. Sie ist eine Unterstützung, um unnütze und verworrene Gedanken beim Einschlafen zu vertreiben und uns ganz auf den schöpferischen Teil unseres Wesens zu sammeln, den wir zum Erreichen spezieller Wünsche besonders aktivieren wollen.

Jugend und Amulette

Die Kenner des überlieferten Heilwissens, ob sie nun aus dem russisch-sibirischen (skythischen) Raum stammten oder aus den mitteleuropäischen Alpenländern, hatten es zur Zeit meiner Kindheit zweifellos schwer. Sie stießen an eine kalte Mauer von Vorurteilen und Spott über ihren »Aberglauben« und konnten höchstens im Kreis ihrer nächsten Angehörigen und Vertrauten wirken, die sich nur dank ihrer uralten Künste sozusagen in einer geistigen Heimat fühlten. Aufgrund der Erkenntnis, daß jede »Begründung« des materialistischen Weltbildes unsachlich, dogmatisch und unwissenschaftlich sei und angesichts des Neubeginns der Suche der Jugend nach den Wurzeln der wahren Kultur kommen heute immer mehr Menschen unserer Zivilisation erwartungsvoll auf alte Bräuche zurück, die ihnen Pforten zu ihren eigenen seelischen Kräften eröffnen können.

Mein erster größerer Versuch ethnomythologischer Art zu einer Erforschung des Fortwirkens zeitloser Vorstellungen im Alltag der Völker unserer Gegenwart fand 1960–63 statt. Vor allem in Kreisen der jungen Künstler der Schweiz, aber auch der angrenzenden Alpenländer wie Bayern und Österreich, sammelte ich Berichte über den modernen »Magie-Glauben«. Ich stellte fest, daß trotz (oder eigentlich gerade wegen) der rasch zunehmenden Verstädterung und Industrialisierung der Glaube an den Schmuck als Träger glückbringender Kräfte in deutlicher Zunahme begriffen war.

Mein Buch darüber wurde damals fast wie eine »Ketzerei« gegen einen sehr unduldsamen vergötzten »Fortschritt« abgelehnt. Man stritt fanatisch ab, daß die Kreise, mit deren Verhalten in Festtagszeiten und im Alltag ich mich beschäftigte, irgendwie für unsere Zeit repräsentativ seien. Solche Leute seien eben Außenseiter, »Bohémiens«, Stadt-Zigeuner, Flüchtlinge aus rückständigen Kulturen des Ostens, die, wie die letzten großen Waldtiere, am Rande unserer »Entwicklung« langsam aussterben würden.

So unvollständig auch naturgemäß mein damaliges Sammeln von Tatsachen war, so erwies es sich doch sehr bald als nicht mehr bestreitbar, daß die von mir beobachtete Geistesrichtung immer breitere Volksschichten ergriff. In den darauffolgenden Jahren hate ich Gelegenheit, mehrfach mit Fachleuten bei Volksbefragungen gerade in der seit dem 19. Jahrhundert so gründlich »zivilisierten« Schweiz zu reden, die mir bestätigten, daß die von mir beobachtete Neigung zum Benutzen von »Kraft-Steinen« und ähnlichen magischen Dingen andauere und sich sogar ausbreite.

So stellte das Meinungsforschungs-Institut »Scope«, das 1980 im Kanton Bern eine Befragung durchführte, eine erstaunliche Tatsache fest: 14 Prozent der Befragten geben an, einen oder mehrere Glücksbringer oder Maskottchen zu besitzen. (Immerhin – 5 weitere Prozent wollten sich zu dieser Frage nicht näher äußern.) Interessant ist, daß 21 Prozent der Personen zwischen 15 und 34 Jahren einen solchen Glücksbringer besitzen, während die älteren Generationen einen deutlich geringeren Hang zum Besitz von Glücksbringern zeigen.

Während in meiner Kindheit vor allem alte Menschen, die kaum noch junge Leute als Zuhörer oder gar Schüler ihres ererbten Wissens hatten, von der magischen Überlieferung erzählen konnten, sind es heute vor allem die Teile der Jugend, die man als wachbewußt bezeichnen könnte, die nach ihr suchen. Hörte damals höchstens das Volk abgelegener Gegenden auf die Lehren der »Heiler und Hexen«, so findet man heute einen Hauptteil ihrer Anhänger unter gebildeten Städtern.

Nach dem Institut für Marktforschung (Zürich), das 1985 ebenso in der deutschen wie in der französischen Schweiz arbeitete, glaubt hier ungefähr die Hälfte der Erwachsenen an die Wirklichkeit noch unerforschter Natur- und Seelenkräfte. Insgesamt 43,9 Prozent erklärten ihre Überzeugung, daß die Pflanzen unserer Umgebung auf unsere Gefühle »reagieren«, sie wahrnehmen können. Deutlich steigt diese Zahl bei den jüngeren Jahrgängen der Befragten und sinkt bei den älteren, die noch in einer Zeit aufwuchsen, als ein solcher Glaube völlig verfemt war.

Vor den siebziger Jahren, als nachwirkende Folge der sadistischen Massenverfolgungen der Hexen im 15. bis 18. Jahrhundert und des anschließenden Materialismus, verdrängte der Europäer alle Vorstellungen von »magischen« Einflüssen der ihn umgebenden Natur. Heute entwickelt sich dagegen eine Auffassung, die eine solche Einstellung als eine Einengung unseres Gefühlslebens ansieht. Von Jahr zu Jahr breitet sich die Bereitschaft aus, sich offen und wach mit den erhaltenen Überlieferungen auseinanderzusetzen.

Wie man zu seinen Kraftsteinen kommt

Die Steine müssen echt sein

Ein Dasein ganz ohne Steine galt für viele Stämme geradezu als undenkbar. Für Menschen, die noch in dieser Überlieferung aufwuchsen, ist es unverständlich, ja beinahe absurd, daß aus Laboratorien hervorgegangene »künstliche« Juwelen heute gesuchter sein können als einfache, nicht besonders auffallende, aber zweifellos echte Steine. Mag der Schmuck aus der Fabrik eine noch so schöne Form haben, groß sein und prächtig glänzen, es fehlt ihm nach der magischen Tradition das Wesentliche, was seinen wahren Wert ausmacht.

Chroniken aus dem Alpenkanton Appenzell berichten aus der Zeit des ausgehenden Mittelalters (1418) über die einwandernden Zigeunersippen: »Sie trugen Schmuck und Silber, Gold und Edelsteine bei sich, waren aber schlecht gekleidet.« Der Besitz von Gegenständen voller Kraft, die gleichzeitig sehr häufig Erinnerungen an große Ahnen waren, von denen sie stammten, erschien den Menschen aus ursprünglichen Kulturen als eine Notwendigkeit des Daseins: Sie waren ihnen wichtiger als Kleider, mit denen man unter zivilisierten Zeitgenossen Eindruck zu gewinnen oder sich auch nur gegen eine schlechte Witterung zu schützen vermochte.

Solche Berichte überlebten ganze Zeitalter. Noch im ausgehenden Jahrhundert wird von Zigeunern über Graubünden und die angrenzenden Gebirgsgebiete bezeugt, daß die Menschen auch im äußeren Elend durch ihren Schmuck auffielen und sich von ihm offensichtlich in keinem Fall trennten. Die Dinge, die sie trugen, galten ihnen kaum als nur schön, sondern vor allem als magisch. Es ist unbestritten, daß diese Auffassung, zumindest noch teilweise, von der seßhaften Bevölkerung ihrer Umgebung geteilt wurde. Sie bewunderte die Fahrenden ob deren trotz ihrer sonstigen Armut kaum bestreitbaren Lebenskraft und Gesundheit und suchte sie darum häufig in eigenen Nöten mit der Bitte um guten Rat auf.

Dieser Standpunkt der ursprünglichen Stämme, die durch ihre Wanderungen bis in die Gegenwart die Grenzgebiete von Asien mit den Herzgebieten von Europa verbanden, ist ein Ausdruck ihrer grundsätzlichen gefühlsmäßigen Verehrung der Lebenskräfte der Natur. Der große Musiker Franz Liszt, der besonders den Zigeuner seiner ungarischen Heimat erlebt hatte, erzählt: »Für ihn heißt Leben, mit allen Poren seiner Haut die Ausströmungen der Welt schlürfen.« Auch von fahrenden Wahrsagern vernahm ich, wie sie meist ergebnislose Bemühungen unternahmen, um für ihr Hellsehen mit Kristallkugeln »echten« Bergkristall zu bekommen, obwohl ihre Kunden sicherlich keinen Unterschied zwischen Glaskugeln und solchen aus echtem Gestein bemerkt hätten.

Die Nachfahren aus alten Familien des Ostens sah ich jeden andern Ausweg wählen, niemals aber daran denken, in der erniedrigendsten Flüchtlingsnot aufbewahrte geerbte Edelsteine, sogar mit viel Gewinn, zu veräußern. In Gebieten der indischen Kultur, Rajastan und Kaschmir zum Beispiel, wehrt man sich in abgelegenen Gegenden bis auf den heutigen Tag, sogar trotz Hungers, Juwelen, Gold und Silber zu verkaufen. Der Besitz von Erdschätzen gilt noch immer als beste Gewähr dafür, daß nach Zeiten noch so schwerer Prüfungen wieder ein Aufstieg kommt.

Die Edelsteine und Edelmetalle gelten hier nicht als Luxus für die Reichen, sondern geradezu als Dinge des alltäglichen Gebrauchs. »Die Goldene Zeit, von der die Sagen berichten«, erzählte mir ein Zigeuner, »war damals, als dies alle wußten. Man versteckte seine Schätze nicht, sondern benutzte sie. Man wußte von der Kunst, mit ihnen länger jung, schön, weise, kräftig und glücklich zu sein.«

Der gleiche Zigeuner, der aus einer Musikerfamilie stammte, hatte an zahlreichen südfranzösischen Festen teilgenommen, bei denen viele Vertreter der modernen Elite, auch Filmschaffende, dabei waren. Die vielen Steine am Körper der Frauen hätten nur so geleuchtet; aber nichts davon war echt! Die Juwelen glänzten zwar im Licht der Lampen, aber es ging von ihnen keine Wärme aus, jene Wärme, die von dem bescheidenen Schmuck ausstrahlt, den Nomaden-Frauen in der Camargue und in Andalusien tragen: »Ich habe es auch von den Dienern der reichen Leute vernommen, daß alle scheinbar diamantenbesetzten Halsketten und Broschen aus Ersatzstoffen bestehen, nur Nachahmungen sind. Den echten Schmuck haben sie, weil sie sich immer vor Dieben fürchten müssen, in ihren Tresorfächern liegen.«

Viele Nachahmungen sehen heutzutage tatsächlich so echt aus, daß sie auch ein Fachmann nur mittels komplizierter Prüfmethoden von ihren natürlichen Vorbildern unterscheiden kann. Diejenigen aber, die über das Wesen und Wirken der Traum- und Glückssteine Bescheid wissen, raten, nur mit völlig echten Steinen zu arbeiten. Selbst wenn einer nicht besonders an die Wirkung von Schmucksteinen glaubt, beflügelt das Bewußtsein, mit Gewachsenem aus der Natur in Verbindung zu stehen, seine schöpferische Phantasie.

Die wahren Schätze der Heimat

Bei der Wahl der »richtigen« Steine fand ich bei den Kennern der traditionellen Volksheilkunde häufig die Auffassung, daß sie »einheimisch« sein müßten. In der Schweiz, wo man von den meisten Gegenden aus die Alpen erblickt, fand ich zum Beispiel eine besondere Hochschätzung »des in unseren Bergen gewachsenen Kristalls«. »Der Stein hat für einen Menschen am meisten Kraft«, sagte mir ein Bekannter aus einer alten Fahrenden Sippe, »wenn wir wissen und sogar sehen, von wo er kommt. Auch in den Städten des Alpenlandes nützen und wirken jene Steine am besten, die aus Gebirgen kommen, die wir zumindest in der Ferne sehen und deren Wasser, die aus den Höhen herabströmen, wir jeden Tag trinken.«

Die Kristalle und andere Alpensteine wären demnach mit den Menschen der gleichen Gegenden sozusagen »verwandt« oder »verbrüdert«: »Beide sind dank derselben Naturgesetze aus der Erde hervorgewachsen. Beide sind auch aus den gleichen Stoffen gebildet. Denn die Flüsse tragen schließlich schon seit Jahrmillionen das Geröll der Gebirge, aus denen sie strömen, in die Täler. Aus diesen Steinen, die von den Wassern zerkleinert werden, wachsen dann die Kräuter; diese fressen die Kühe, und deren Milch trinken wiederum die Menschen. In den Steinen der Gebirge und in den dort wohnenden Menschen sind also die gleichen Elemente, und wenn uns etwas fehlt, weil wir nicht mehr natürlich leben, können uns die Steine aus den Bergen helfen. Durch sie haben wir Kontakt mit den ursprünglichen Kräften und können diese auf magische Weise ersetzen, wenn wir sie verloren haben.«

Der Glaube an die ursprünglichen »strahlenden« Energien, die uns beschützen, fand ich im Volk in erstaunlichen Ausmaßen noch lebendig. Ein Kenner der einheimischen Traditionen, dessen Wissen mir in etlichen Fällen weiterhalf, hatte in Burgdorf beim

Alpenfluß Emme seine Holzhütte. Wie eine Zeitung eine für die suchende Jugend wichtige Ausstellung über sein Leben kommentierte, wohnte er in dieser Hütte, »umgeben von einem Wald (hier vielleicht Druckfehler für das Wort Wall? S. G.) von gesammelten Emmensteinen. Viele hatten seltsame Umrisse, waren teilweise eigenartig beschriftet oder durch Farben in Drachen- und Dämonenköpfe verwandelt. Seltsamer Kunstgeschmack oder uralter Schutzzauber der Fahrenden?« Der Mann, der auch aus Büchern und mündlicher Überlieferung über die Wirkung »echter« Edelsteine – Türkis, Smaragd, Jaspis und natürlich Bergkristall – Bescheid wußte, antwortete mir auf meine Fragen: »Die Sagen erzählen, daß die Erdleutlein (›Härdlütli‹, also Gnomen, Zwerge; S. G.) im Umkreis der Emme oft ihre Schätze ›sonnen‹. Man sieht es dann aufleuchten, findet aber, wenn man näherkommt, meist nur unscheinbare Steine. Die Abergläubischen behaupten aber, hier seien Diamanten zu finden, die der Teufel, ›um die Menschen zu plagen‹, dauernd aufblinken lasse und dann wieder in billiges Geröll verwandle. Die Alten wußten aber, daß gewisse Steine, wenn man sie etwa naß macht oder in richtiges Licht hält, viel schöner sein können als die teuersten Diamanten aus fernen Ländern. Sie gebrauchten die einfachen Steine als Glückssteine und schmückten mit ihnen ihre Hütten. Wenn sie die Steine konzentriert ansahen, hatten sie ihre Freude an der göttlichen Schöpfung, und ihre Laune wurde so gut, daß alle schlechten Gedanken und Sorgen verschwanden.« Einige dieser »gewöhnlichen« Flußsteine, die der erwähnte Mann als schmückende Talismane und Amulette in seiner Hütte verwendet hatte, werden, wie ich hörte, nach seinem Tode (1965) noch immer im Volke als Glücks- und Traumsteine weiterverwendet.

Die Lehre von der Wichtigkeit jener Dinge, die aus dem gleichen Lebensraum stammen, ist zweifellos uralt. Überall bestehen auch nach Agrippa von Nettesheim Beziehungen zwischen dem Menschen und der ihn umgebenden Natur: »Unter ihnen (den Engeln, S. G.) gibt es solche, die den kleinsten Kräutern und Steinchen und allen untern Dingen (also den Gegenständen der materiellen Welt, S. G.) ihre Kraft verleihen.« Diese Kräfte bezeichnete der Magier als »Wächter«, die zum Wohle des Menschen nach dem Rechten schauen und die zwischen dem Gott des Alls und seinen Geschöpfen sozusagen vermitteln.

Auch nach Carrichter, einem kaiserlichen Leibarzt, der lesenswerte Angaben über die »sieben Planeten« schrieb, hat »Gott der Herr seinen Arzneikasten in der ganzen Welt ausgespannt« – niemand sei von ihm benachteiligt worden. Er hat »also einem jeglichen Menschen, auf den Gebirgen, in den Tälern und auf den Ebenen« in seiner nächsten Umgebung das entstehen lassen, was zu seinem Glück nötig ist.

In der Vorrede zu seinem einst berühmten »Horn des Heyls menschlicher Blödigkeit« versicherte Carrichter als eine Lehre der Urväter »vor etlichen tausend Jahren«: Gott habe Steinen und Metallen darum »große, edle, kräftige, wirkliche Tugenden und Arzneien eingegossen, weil sie die allerbesten guten und festen Krüge und Behälter für das menschliche Heil seien. Er war davon fest überzeugt: »Denn die Arzneien, die unter dem Gestirn, darunter ein jeglicher selbst geboren und auferzogen, wachsen, sind ihm ... am allerköstlichsten und nützlichsten.«

Geschenkte und gekaufte Kraftsteine

Zu einer großen »Tagung für die neue Kultur«, die für etwa tausend Menschen in Interlaken 1985 stattfand, kam auch der Dalai Lama, das geistliche Oberhaupt der tibetanischen Buddhisten. Als erstes erhielt er zum Geschenk einen großen Bergkristall aus den Alpen. Dieser Kristall war bei all den zahlreichen Ritualen und Gesprächen der eine ganze Woche dauernden Veranstaltung dabeigewesen, und die Teilnehmer hatten die feste Überzeugung gewonnen, daß mit ihm nun die geistigen Kräfte der Anwesenden sich verbunden hatten. Ein tibetanischer Mönch, mit dem ich anschließend kurz redete, war erstaunt darüber, daß der Glaube an die Kraft der Bergkristalle und der anderen Steine im Alpengebiet ebenso lebendig sei wie bei ihm daheim im Himalaja.

Ich konnte ihm im Gespräch noch den einheimischen Volksglauben mitteilen, nach dem ein Edelstein, der mit Wohlwollen und sogar Liebe geschenkt wird, auf jeden Fall von schlechten Einflüssen frei und somit glückbringend ist. Auf keinen Fall muß er noch zusätzlich von schlechten Einflüssen gereinigt werden. Sogar wenn derjenige, der ihn als Gabe bringt, ihn aus zweifelhaften Händen bekam, sind seine guten Kräfte nun durch die selbstlose Tat des freudigen Weiterschenkens, von den allerbesten Wünschen begleitet, wiederhergestellt.«

Solche geschenkten Steine dürfen dann allerdings nach weit verbreitetem Glauben auf keinen Fall weitergegeben oder gar für

ergius Golowin

Edelsteine – Kristallpforten zur Seele

raumreisen und Meditationen mit Edelsteinen

BAUER

einen noch so hohen Preis weiterverkauft werden. Oft Generationen hindurch gelten sie als geheime Glücksbringer der betreffenden Familien. Die Behälter, in denen man sie aufbewahrt, haben dann oft den vielfachen Wert, den der »Gegenstand der Kraft« an sich auf dem Markt bringen würde. Ich bin auf dies nur darum nochmals eingegangen, weil ich bei Vorträgen in den siebziger Jahren, besonders auch in Geschäften mit esoterischen Büchern, Tarot-Karten und magischem Schmuck, auf einen etwas peinlichen »modernen« Aberglauben stieß: Gewisse Kunden hatten allerlei nach ihrer Ansicht glückbringende Dinge ohne Bezahlung mitgehen lassen. Wurde der Diebstahl entdeckt, brachten die Täter die seltsame Entschuldigung vor: Sie hätten gehört, daß solche magischen Gegenstände nur wirksam seien, wenn man sie nicht durch Kauf erstehe.

An diesem Beispiel können wir erkennen, wozu dummer Aberglaube verleiten kann. Es handelt sich hier um falsch verstandene Reste einer auf Erfahrung beruhenden Überzeugung, daß Kristalle und andere Steine, die man auf dem Markt ersteht, weniger wirken als die, die man selber findet. Am glückbringendsten sind sie aber, wenn man sie als Geschenk bekommt. Selbstverständlich ist es am besten, wenn derjenige, der sie uns bringt, uns wohl will, uns aus tiefem Herzen Glück wünscht.

Von russischen Auswanderern sowie aus der Schweiz hörte ich sehr übereinstimmend von »Liebes-Steinen«. Ein Mädchen oder ein junger Mann hat den schönen Stein, den er dem andern zum Geburtstag oder einem anderen Fest schenken will, eine Woche oder länger bei sich zu tragen. Sie oder er nehmen ihn am Abend und Morgen in die Hände, blicken auf die glänzende Oberfläche und denken dabei an den geliebten Menschen. Wenn dieser dann den Stein endlich erhält, sind beide, der Schenker und der Beschenkte, gleichermaßen überzeugt, daß nun die gute Energie des Steins geweckt und damit gesteigert ist.

Was den Kauf von »magischen Gegenständen«, besonders der farbigen Kraftsteine betrifft, so gibt es diesbezüglich eine Fülle von wiedererwachten Vorstellungen. Einige von ihnen, die besonders verbreitet sind, wollen wir hier kurz behandeln. Auch sie scheinen eine tiefe Kenntnis der seelischen Gesetzmäßigkeiten zu verraten, die in ihren Erfindern lebendig waren, später aber zu mißverständlichem Aberglauben entarteten.

Häufig begegnete ich der Vorstellung, daß man den Preis dieser Gegenstände, wenn ihn der Händler einmal genannt hat, auf keinen Fall herunterhandeln dürfe. Ein fahrender Heiler erklärte mir diese verbreitete Vorstellung recht vernünftig und für den Verstand völlig einleuchtend: »Sagen wir, daß ein Ding, das wir brauchen, um mit geistigen Kräften zu arbeiten, weniger wert sei als das von uns verlangte Geld, dann müssen wir das während des Feilschens selber fest glauben, sonst können wir den Händler gar nicht überreden. Damit haben wir aber verständlicherweise auch uns selber, unseren Geist beeinflußt. Denn wenn ein Stein oder Kristall nicht viel kosten darf, wie können wir davon überzeugt sein, daß er auf uns einen magischen Einfluß ausüben kann?«

Man merke: Auch wenn wir für den benötigten Gegenstand mehr zahlen müssen, als wir ursprünglich wollten, müssen wir das nach dieser Auffassung annehmen und gegenüber dem Händler noch unsere Dankbarkeit ausdrücken. Nur wenn wir den gekauften farbigen Stein als für uns von hohem Wert ansehen, können wir von ihm die erhofften Wirkungen für unser Seelenleben erwarten. Je höher wir ihn schätzen, seinen Preis schon beim Erwerb nicht geringschätzig herunterhandeln, ihn dann sorgfältig (vielleicht in einem Seidentuch) heimtragen und in einem schmucken Kästchen aufbewahren – um so mehr wird er auf unser Unterbewußtsein günstige Einflüsse ausüben, uns schöne innere Erlebnisse schenken. Erst durch eine solche Einstellung wird er für uns zu einem Gegenstand der Kraft, »den man mit Geld gar nicht mehr bezahlen kann«.

Magischer Schmuck von berühmten Vorbesitzern

Zu der Vorstellung, man müsse als Glücks- und Kraftsteine nach bester Möglichkeit »nur reine Geschenke der Erde« benützen, bildet ein anderer Glaube scheinbar einen Widerspruch. Es ist dies die Auffasssung, daß ein Schmuck, der aus möglichst altem Besitz geachteter Familien stammt, auch seinem neuen Inhaber etwas von deren vorzüglichen geistigen Eigenschaften, auf alle Fälle etwas von deren »zu Sieg führenden Energien« bringt.

Von adeligen Sippen des russisch-asiatischen Raumes, die zumindest im geheimen stolz darauf waren, von Häuptlingsgeschlechtern tatarischer, buddhistisch-kalmückischer, kasachischer und ähnlicher Nomadenstämme abzustammen, hat man mir schon als Kind einen eigenartigen Brauch erzählt: An einem »guten Ort« hatten sie eine kleine Truhe mit bunten Edelsteinen, von denen sie überzeugt waren, »daß sie Kraft nicht nur besaßen und abgaben, sondern sie auch aufnehmen und treu bewahren konnten«. War nun ein Angehöriger der Familie in einem Zustand der Anspannung, der drohenden Not oder auch einer seligen Lust, dann griff er in diese Truhe und hielt eine Handvoll der Steine einige Augenblicke fest.

Da jede Generation es als ihre Pflicht ansah, den Inhalt des Behälters durch besonders schöne und darum wirksame Steine zu vermehren, wußte natürlich niemand, wie lange die einzelnen Steine, die er in den Händen hielt, schon zum Familienschatz gehörten. Mit andern Worten: Wenn er nach einigen der bunten Stücke griff, dann hatte er das Gefühl, zu seiner Unterstützung nicht nur die magische Kraft der Juwelen in sich aufzunehmen, sondern etwas von den Kräften, die sich mit denen all seiner Ahnen aus Jahrhunderten verbunden hatten. Unter den Steinen, natürlich unbestimmbar, welcher es genau war – sollte sich auch der »erste« von ihnen befinden, der vom fast vergötterten Stammvater kam, auf den man das ganze Geschlecht und seine Bedeutung zurückführte.

Als außergewöhnliche Gabe einer solchen Familie von Uradel an Gefährten, die man besonders auszeichnen wollte, galt nun, wenn das Familienoberhaupt zur Truhe ging, ohne zu wählen hineingriff und einen der in ihr enthaltenen »Dinge der Kraft« dem Empfänger schenkte. Dadurch wurde der Beschenkte besonders geehrt und, wie er glaubte, eines Stroms der Energien teilhaftig, die die Sippe durch verschiedene Zeitalter entwickelt hatte. Es ist selbstverständlich, daß der Stein mit viel Liebe verbunden und mit den besten Wünschen weitergereicht werden mußte. Wurde er etwa gestohlen, verkehrten sich seine Wirkungen ins Gegenteil.

Es ist bezeichnend, daß aus diesem Grunde die alten Geschlechter, trotz zahlreicher und sogar oft wechselnder Dienstboten, ihre bunten Steine in gewissen Gegenden bis ins 19. Jahrhundert hinein kaum bewachen mußten. Wie man mir erzählte, soll hier erst der neuere Materialismus die Bevölkerung der Umgebung gelehrt haben, in den Juwelen nur Geldanlagen zu sehen, nicht mehr geheimnisvolle Sammler glückbringender, schützender Kräfte. Ein Statthalter im Gebiet von Kazan hat deshalb 1905, als die Wellen der Revolution und des Verbrechens die Grenzgebiete zwischen Europa und Asien überfluteten, die Besitzer solcher Steine gewarnt. Sie sollten sie nicht mehr in der Nähe der heiligen Winkel aufbewahren, weil die Einbrecher zuerst in diesen nach leichter Beute suchten.

Selbstverständlich leben solche Auffassungen auch in traditionsbewußten Kreisen von West- und Mitteleuropa. Kluge Antiquare, namentlich solche, die aus fahrenden Geschlechtern stammen, versichern, daß viele Leute Edelsteine aus dem früheren Besitz berühmter Geschlechter schon darum schätzen, weil sie glauben, mit ihnen etwas von deren Jahrhunderte hindurch währendem Glück »mitzuerben«. Selbstverständlich ist Schwindel auf diesem vom magischen Weltbild stark beeinflußten Gebiet des Handels überdurchschnittlich häufig. (Ein Verkäufer von solchen Altertümern versicherte mir freilich, daß keiner seiner Vorfahren je einen Schmuck mit falschen Angaben der Herkunft weiterverkauft habe, »weil Schwindel mit magischen Kräften mit der Zeit für alle Beteiligten Unglück bringe«.)

Kenner volkstümlicher Zauberbücher, aber auch moderne Parapsychologen, versuchten sogar, die »Psychometrie« als Erklärungsversuch heranzuziehen. Erworbene Schmuckstücke mit langer Geschichte sollen ihren neuen Besitzern Träume und Ideen bringen, von denen es sich oft nachträglich herausstellt, daß sie aus anderen Jahrhunderten, aus dem Lebenskreis ihrer früheren Besitzer stammen.

Wie mir gesagt wurde, ist es aber zu empfehlen, selbst solche Steine, so verehrenswürdig ihre Herkunft auch sein mag, zu reinigen. Tue man das genau nach den alten (bei uns anschließend geschilderten) Verfahren und mit den besten Absichten, dann könne man anschließend völlig ruhig sein. Selbst wenn deren frühere Träger und Benützer am Ende Unglück hatten, vielleicht verfolgt wurden und ihre Familien ausstarben, dann »klebe nichts mehr daran«. Man übernehme nur »das Allerbeste« von den einstigen Inhabern, also die Energie, die sie an ihrem schöpferischen Anfang beseelte und ihnen darum einen glänzenden Aufstieg ermöglichte – die Kraft, die ihnen einen bewundernswürdigen Lebensstil verschaffte, der schließlich bewirkte, daß man ihren Namen noch heute kennt und daß in den Erinnerungen an sie das Gute im Vergleich zu den stets vorhandenen Schattenseiten ihres Daseins überwiegt.

Vom »verfluchten« Schmuck

Als Kehrseite der verbreiteten Vorstellung, nach der man die glückbringenden Kraftsteine »nur von den richtigen Menschen bekommen darf«, haben wir noch einen andern Glauben: »Man darf für seine Übungen, wenn sie wirklich Glück bringen sollen, keine Gegenstände benützen, an denen Leid, Unglück, Flüche kleben.« Dies ist zweifellos eine recht verbreitete und alte Vorstellung, die man mir als in Europa ebenso bekannt schilderte wie in Nordafrika und in den verschiedenen Gegenden Asiens. Ich hörte in Bern die Sage von der berühmten Schlacht von Murten (1476), in der die schweizerischen Alpenhirten sich der Schätze des von ihnen besiegten Herzogs Karl des Kühnen bemächtigten – und dann ziemlich achtlos teure Edelsteine verschenkten oder zu Spottpreisen veräußerten. Während man in der Regel die Geschichte erzählt, um die damals noch kindliche Stufe und Ungebildetheit dieser »primitiven« Krieger zu kennzeichnen, hörte ich einmal diese Erzählung ganz anders: Die Berghirten betrachteten den fremden Herrscher als einen schlechten Menschen, der vor allem durch Mißbrauch, Laster, Verrat und verwerfliche Listen zu seiner Macht gekommen war. Seine Schätze waren deshalb für sie in ihrer Gesamtheit unrechtes Gut. Seine Niederlage betrachteten sie als ein göttliches Strafgericht und wollten deshalb mit Dingen, die aus seinem Besitz stammten, möglichst nichts zu tun haben. Es wurden früher sogar Geschichten erzählt von Kaufleuten, die sich über diesen Aberglauben des einfachen Volkes erhaben fühlten und sich mit diesen allgemein verschmähten und darum billigen Edelsteinen bereichern wollten, nach deren Erwerb im Hause jedoch nur noch schwarzes Unheil erlebten.

Ähnliches erzählte man im Orient: wie die ursprünglichen Krieger von Zentralasien, die Tataren und Mongolen, als sie die ebenso traumhaft reiche wie verderbte Großstadt Bagdad eroberten, Diamanten und andere Schmuckstücke von unschätzbarem Wert in die Flammen warfen oder mit den Hufen ihrer wilden Steppenrosse zermalmten. Auch sie seien überzeugt gewesen, daß an den Steinen der Menschen aus einer von ihnen verabscheuten Zivilisation »alles Schlechte«, also das Unglück, klebe. Später hätten sich aber ihre Nachkommen, die die damalige Welt vom Orient bis nach China erobert hatten, nicht gescheut, als Verzierungen ihrer Throne, der eigenen Kleider und der ihrer schönen Gattinnen die Juwelen ihrer besiegten Vorgänger zu zeigen.

Dies taten sie trotz der dauernden Warnungen ihrer weisen Berater, die noch den ursprünglichen Vorstellungen ihrer Stämme anhingen und ihnen versicherten, daß sie mit der äußeren Pracht ihrer einstigen Feinde auch deren Unglück übernehmen würden. Wie uns die morgenländischen Sagen – zumindest teilweise von den Berichten der Chroniken bestätigt – versichern, kam es in der Regel genauso: Der Unglücksstein, den der tatarische Fürst in der Schatzkammer seines in der Schlacht getöteten Vorgängers gefunden hatte, so berichtete noch ein iranischer Erzähler in der Mitte unseres Jahrhunderts, der trank schon bald sein eigenes rotes Blut, als er, verweichlicht, nach einem Festmahl von Meuchelmördern erdolcht wurde.

Diese Vorstellungen aus den großen Völkerwanderungen und Kriegen der Vergangenheit erlebte ich noch während meiner Kindheit und Jugend mit neuer Kraft auferstehen. Die Trödler- und Antiquitätenläden von Westeuropa waren nach der russischen Revolution und allen nachfolgenden Flüchtlingsströmen voll von wertvollem Schmuck, dessen Besitzer ermordet worden waren oder ihn abgeben mußten, um mit ihren Angehörigen nicht zu verhungern.

Nun konnte man sehen, wie alte Menschen, die noch aus den entsprechenden Glaubenswelten stammten, um Geschäfte mit Heiligenbildern oder auch weltlichem Schmuck, deren rechtmäßige Besitzer diese Dinge nicht freiwillig abgetreten hatten, einen weiten Bogen machten. Man erzählte mir sogar in Marseille von einem jungen nordamerikanischen Offizier, der offensichtlich aus Beute stammende Edelsteine nicht kaufen wollte. »Das bringt Unglück; dies weiß ich noch von meiner indianischen Großmutter.« (Ein ähnliches Mißtrauen bestand anscheinend auch unter der ursprünglichen Bevölkerung von Nepal, als man dort nach 1960 billig reich geschmückte Götterbilder verkaufte, die aus den Religionsverfolgungen in Tibet und China stammten.)

Hierher gehört auch der europäische Volksglaube, daß man Edelsteine, die Glück bringen sollen, lieber nicht aus Pfandleihen, zwangsweisen Versteigerungen und bei ähnlichen »Gelegenheiten« erstehen darf, da sie sehr wahrscheinlich mit dem Elend von Mitmenschen verbunden sind. Zumindest soll man sie, wenn sie eine solche Herkunft haben, fachgerecht reinigen.

Auch für unsere Betrachtungen sind solche überlieferten Vorstellungen beachtenswert. Selbst wenn wir den Volksglauben nicht teilen, daß die natürliche »gute Kraft« eines Steins durch das Unglück von dessen erstem Besitzer völlig verschwinden muß, kann uns bei unseren Übungen das Gefühl stören, daß der von uns verwendete Gegenstand schon so viel Verzweiflung und Trauer erlebt hat.

Ein farbiger Stein, von dem wir »Glück«, also nur gute Stimmungen in Wachen und Traum erwarten, muß eben für unser Unterbewußtsein völlig von jeder Gedankenverbindung an Qualen von lebendigen Wesen frei sein.

Beseitigung störender Einflüsse

Edelsteine, die man für Übungen der Seelenreisen, eigenen Schmuck oder glückbringende Geschenke verwenden will, werden vor ihrer Benützung nach den Vertretern der magischen Überlieferungen von fremden Einflüssen befreit. Wir ziehen in diesem Zusammenhang den Ausdruck »fremd« in jedem Fall den Worten »schlecht« und »böse« vor, wie sie leider in verschiedenen modernen Zauberbüchern verwendet werden. Mir wurden solche Gedankengänge von einem Altwarenhändler und Okkultisten russisch-griechischer Herkunft folgendermaßen nahegebracht: »Abergläubische Menschen, die von den großen Traditionen der Altvorderen nur noch mißverständliche Bruchstücke kennen, sehen überall den Einfluß ›schwarzmagischer‹, darum gefährlicher Kräfte. Sie wollen sich vor ihnen stets schützen, jagen sich damit immer stärker in negative Suggestionen hinein, ziehen das Unglück durch ihre blinde Furcht direkt an und werden zum Spielball von allerlei Kurpfuschern. Die Welt ist aber nur von Einflüssen erfüllt, die uns nicht unbedingt gut tun, weil sie uns fremd sind und die wir aus Gründen der Nützlichkeit besser durch uns verwandte ersetzen sollten. Alle Wesen sind eben verschieden. Es ist wie mit den Krankheitskeimen in der Medizin, die dem einen schwer schaden, für den andern aber völlig harmlos sind.«

Für die »Glücksbringer«, die dieser Mann für seinen Kundenkreis herstellte, pflegte er die dazu gebrauchten Steine von anhaftenden, vielleicht von früheren Besitzern stammenden Strahlen sorgfältig zu befreien, ähnlich wie es uns in den Schriften der magischen Naturkunde des 18. bis 20. Jahrhunderts empfohlen wird. Er versetzte sich zu diesem Zweck in einen ruhigen, entspannten Zustand, in dem er sich einige Minuten mit dem Gefühl des Wohlwollens gegenüber seinem Auftraggeber erfüllte. Dann nahm er den Stein in seine Hände, die er vorher sorgfältig gereinigt und »ausgeschüttelt« hatte. Man hält ihn so lange, bis der Körper und der Gegenstand aus dem Erdreich die gleiche Wärme haben und man das Gefühl hat, daß durch beide der gleiche Pulsschlag geht. Dann lege man den nun reinen Stein in ein Seidentuch und wasche sich wiederum die Hände.

Wie vor Jahrtausenden kennt also die magische Überlieferung der Gegenwart die wunderbar reinigende Bedeutung des Wassers. Der mittelalterliche Schmuck Osteuropas, der auf den schöpferischen Geist der alten skythischen, die Hochkulturen miteinander verbindenden Stämme zurückging, war ein Zeugnis für den festen Glauben der Künstler an die Kräfte der Elementargeister. Wie die Darstellungen an Armbändern beweisen, war er verbunden mit den rituellen Tänzen zu Ehren der Russalken, der gütigen Gottheiten des Fruchtbarkeit bringenden Wassers. Diese Feen des Lebens, so wurde es mir als Kind geschildert, kommen im Frühling aus den sich erwärmenden Seen, Bächen und Flüssen heraus, tanzen durch den ergrünenden Wald und befestigen ihre Schaukeln bis zur Mitte des Sommers zum fröhlichen Spiel an den Ästen der Bäume. Besonders die auf dem Land wohnenden Mädchen liebten es, sich ähnlich aufzuführen, die Bräuche der Wasserfrauen nachzuahmen, um das Glück in der Liebe zu finden.

Aus dem Russalken-Glauben entwickelten sich bei der Herstellung magischen Schmuckes im europäischen Osten eine Unzahl von Verzierungen, die auf den ersten Blick für den Nichtkenner der Traditionen unverständlich erscheinen: verflochtene Drähte, Wellenmuster, Schlangenköpfe, alles deutlich Sinnbilder des ewigen, für das Bestehen des Lebens notwendigen Strömens. Übrigens nahmen noch die Rosenkreuzer und Alchimisten des 18. Jahrhunderts das berühmte »Goldene Vlies«, dieses Sinnbild der burgundischen Ritter des ausgehenden Mittelalters, als einen Hinweis auf deren Wissen um das Geheimnis des ewigen, die ganze Schöpfung erhaltenden Fließens.

In diesem Sinn vernahm ich von Kennern der alten Bräuche im schweizerischen Alpengebiet wie auch von französischen Okkultisten, »daß nichts besser zum Reinigen von Glückssteinen dient als das lebendige Wasser«. Lebendiges Wasser ist solches, das noch möglichst ungebraucht und durch keinerlei Chemikalien verunreinigt, aus dem Boden kommt – also von Quellen, die noch im letzten Jahrhundert vom frommen Volk geradezu als heilig, von Feen, Engeln oder der Gottesmutter Maria selber gehütet angesehen wurden.

Die Säuberung der Edelsteine von allen ungünstigen Einflüssen unternahm man am liebsten in der Frühlingszeit, »wenn die Wasser der Erde das neue Blühen bringen«. Selbstverständlich – zumindest in zwei Fällen wurde mir dies ausdrücklich gelehrt – tat man dies bei jedem Stein am Morgen des zu ihm gehörenden Tages, also zum Beispiel beim Rubin am Marstag, beim Lapislazuli am Freitag und so weiter.

Hatte man ein Schmuckstück im Verdacht, es habe bereits einen unglücklichen Vorbesitzer gehabt, dann vergrub man es am Abend vor dem zu ihm gehörenden Tag in den Erdboden und hob es in der Morgenfrühe wieder ans Sonnenlicht. »Erde macht rein, namentlich wo sie, wie etwa in Bergwäldern, vor jeder Bearbeitung durch Menschenhand jungfräulich geblieben ist. Nimmt man einen Edelstein dann wieder aus dem Boden, ist er sozusagen wieder neu, als hätten ihn die Bergleute zum erstenmal in seiner Mutterhöhle gefunden.«

Behandlung von Glücksbringern

Die Benutzung der richtigen Steine, um in sich die entsprechenden Kräfte zu wecken, wird in den magischen Schriften mit einer Fülle von Bedingungen umgeben. Agrippa von Nettesheim erinnert zum Beispiel daran, daß man die Glücksbringer der entsprechenden Planeten gern an Fäden von der ihnen zugeordneten Farbe befestigte: Man nahm beispielsweise eine goldene oder gelbseidene Schnur für den Anhänger der Sonne, eine dunkle für den Saturn und so weiter.

Eliphas Lévi, auf dessen Schriften sich viele Okkultisten unseres Jahrhunderts berufen, ging als großer Kenner der alten Schriften noch weiter: »Man kann auch Edelsteine zu Amuletten und Talismanen verwenden. Aber alle Gegenstände dieser Art, Metalle oder Edelsteine, müssen sorgfältig in Seidensäckchen von der dem Geist dieses Planeten entsprechenden Farbe gehüllt und vor den Blicken Fremder und jeder unreinen Berührung bewahrt werden.«

So dürfen zum Beispiel die Glücksanhänger der Sonne von keinen mißgestalteten oder unsittlichen Menschen »weder gesehen noch berührt werden«. Diese Überlegung, die ebenfalls aus den alten Zauberbüchern unseres Kulturkreises stammen soll, enthält wiederum den tiefen Gedanken, ohne den die ganze Edelsteinmagie der Planetenkräfte nicht wirksam wäre. Man muß eben bei allen diesbezüglichen Vorbereitungen immer darüber nachdenken, was man von dem Stern, an den man sich wendet, für ein Geschenk erhalten – oder in welchen unglücklichen Zustand man, wenn man dessen besondere Energie verliert, geraten kann. Die Sonne bringt nach der sabäischen Überlieferung die äußere Vollkommenheit, die gleichzeitig Ausdruck der inneren Sittlichkeit, Reinheit und Stärke ist. Die Abwesenheit der Sonnenkraft in einem Menschen äußert sich nach den Lehren der Alten in Form des inneren Zerfalls, also der Neigung zu schmutzigen Handlungen und gleichzeitig in der Auflösung der äußeren Form, dem Verlieren der Schönheit von Gesicht und Gestalt, die den Menschen als edelste Schöpfung und Ebenbild der Gottheit ausweist.

Dieser Hinweis, daß der Edelstein der Sonne, damit er seine volle, stets wachsende Wirkung bewahre, von allem Häßlichen und Schmutzigen geschützt werden müsse, wurde von mir auch mündlich recht häufig vernommen. Die Mitteilungen, vor was man nach der magischen Tradition die anderen Steine schützen müsse, verdanke ich freilich nur den Werken des Eliphas Lévi: »Die des Mondes werden durch die Blicke oder Hände wollüstiger Männer oder Frauen während der Regel entweiht; die des Merkur verlieren ihre Kraft, wenn sie von bezahlten Priestern gesehen oder berührt werden; die des Mars müssen Feiglingen verborgen bleiben; die der Venus Verderbten oder solchen, die das Gelübde des Zölibats abgelegt haben; die des Jupiter den Unfrommen, die des Saturn Jungfrauen und Kindern.«

Im Fall des Saturn hat Constant-Lévi noch einen wichtigen Hinweis: »Nicht daß Blicke oder Berührungen dieser letzteren (der Jungfrauen und Kinder, S. G.) jemals unrein sein könnten, aber weil der Talisman ihnen (durch seine ihrem reinen Wesen entgegengesetzte Strahlung, S. G.) Unglück bringen und so seine ganze Kraft verlieren würde.« (Auch hier schimmert die Überlieferung durch, nach der jede Benützung eines Steins zu schlechten Zwekken dessen Energie vermindert oder ganz zerstört.)

Wie mir die Fahrenden Leute meiner Jugend und Kindheit erzählten, ist selbstverständlich die sture Benützung solcher Regeln der magischen Edelsteinkunde und der Traumreisen oft ziemlich lächerlich. Die Beachtung von Bräuchen, die man allein aus den magischen Astrologiebüchern hundertfach zusammenstellen könnte, bringt den menschlichen Geist nur in Verwirrung. Der betreffende »Zauberlehrling« berechnet etwa mühsam nach den widersprüchlichen Angaben die angeblich unbedingt erforderlichen

Stoffe und Gestirnstunden, um seinen Glücksstein an den Faden zu bringen. Doch durch die Beachtung dieser Nebensächlichkeiten wird oft vergessen, um was es nach Paracelsus und Agrippa eigentlich geht: um die konzentrierte Sammlung der Phantasiekräfte, die Voraussetzung dafür sind, daß die gewünschte Wirkung erzielt werden kann. Das allein ist das Wesentliche der ganzen Angelegenheit.

»Die vielen Angaben in den alten Zauberbüchern«, sagte mir einer der Pariser Flüchtlinge, »sollen unsere Seele nicht verunsichern, sondern Hilfsmittel sein, die Einbildungskraft auf einen Punkt zu lenken. Man sollte nicht darüber streiten, welche Angaben richtig oder falsch sind, sondern einfach die von ihnen wählen, die einen besonders anregen. Dann sind sie mächtige Mittel, die helfen, den Geist einige Zeit auf einen Punkt zu konzentrieren. Unsere Gedanken haben nun einmal die Eigenschaft, leicht durcheinander zu geraten, sich sehr leicht verwirren zu lassen. Beherzigt man aber zur Vorbereitung vor dem Einschlafen den alten Brauch, das heißt beschäftigt man sich während dieser Zeit ganz ausschließlich mit dem gewünschten Ziel, wird der Erfolg nicht auf sich warten lassen.

Wunder im Stein – eine wichtige Vorübung

Mit dem Stein, den man für seine Entspannungsübungen und zur Steigerung der Lebenskraft verwenden will, soll man nach gutem Brauch vorher Freundschaft schließen. Man setzt sich dazu in bequemer Haltung hin, legt ihn in diesem Fall aber nicht auf die Stirn (wie als Vorbereitung für Traumreisen oder Morgen-Meditationen), sondern hält (oder legt) ihn so, daß man »in ihn hineinblicken kann«.

Dafür am besten geeignet und zumindest in den Alpenländern seit jeher am beliebtesten ist der oft glasklare, gelegentlich bei entsprechendem Einfall der Lichtstrahlen in allen Farben des Regenbogens aufleuchtende Bergkristall. Man schaut ihn als Vorbereitung für die weiteren Maßnahmen zuerst von allen Seiten an und stellt sich dann ruhig vor, man sei »in ihm drinnen« und betrachte sich von dort aus alle die wunderbaren Bildungen und Schatten, die in ihm sind. Mit der Zeit gelingt es, sich vorzustellen, daß man in einem kristallenen Schloß der uralten Feenmärchen sei, durch

Spiegelsäle wandere und aus ihnen heraus durch Diamantfenster in andere Sternenreiche blicke.

Ich konnte feststellen, daß diese Vorübung gerade jenen Menschen besonders gut gelingt, die schon in ihrer Kindheit, also von den Vorfahren, viele Geschichten über die »Kristallburgen im Berg« hörten, die je nach Gegend von Erdleuten (Härdlütli), Holden oder Elfen bewohnt sein sollen. Diese urtümlichen Auffassungen scheinen bei allen Stämmen des eigentlichen Alpenraums gut bewahrt. Von alten Familien, die von hier nach Amerika oder Rußland auswanderten, wurde mir zuverlässig erzählt, daß sie aus der Heimat Bergkristalle mitnahmen. Noch ein Jahrhundert später fühlten sie in der Fremde, wenn sie in die Kristalle hineinblickten, sich mit der Heimat verbunden, sozusagen für Augenblicke in deren Herz versetzt.

Ich selber erlebte noch in den vierziger Jahren in der Schweiz einen Brauch, der mir ebenfalls bewies, wie von den Erwachsenen unbeobachtete Kinder völlig in einer für sie wirklichen Märchenwelt leben können. Sie versetzten sich im Geiste in einen schönen Kristall, glaubten, mit guten Zwergen in Verbindung zu kommen und waren überzeugt, daß sich diese wie durch ein Telefon angesprochen fühlten. »Sie schicken einem dann Kraft und helfen, wenn man zum Beispiel in Examensangst völlig entmutigt ist und durchzudrehen droht.«

Leute, die aus Kindheitsträumen oder Geschichten der Großeltern Beziehungen zu diesem Brauch haben, können es zuerst mit einem Kristall versuchen, der größer ist als jener, den sie später für ihre Seelenübungen auf die Stirn legen wollen. Wie gesagt: Sie müssen sich dazu immer Zeit lassen, innerlich völlige Ruhe herstellen und sich ohne jeden Nebengedanken in ihre Schau vertiefen. Nach und nach wird ihnen verständlich werden, warum zum Beispiel viele Wahrsager des Alpengebiets, aber auch Zigeuner (die diese Kunst aus dem Osten mitgebracht haben) gerade auf das Kristall-Schauen schwören.

In der Regel haben diese Leute einen besonders schönen, meist schon von ihren Vorfahren verwendeten Stein, in den sie hineinblicken. Je nachdem, wie ihnen »in diesem Schloß von Glas und Glanz« gewisse Zeichen und Sinnbilder auftauchen und von allen Seiten Gedanken zuströmen, erzählen sie ihren staunenden Kunden diese Visionen, die deren Vergangenheit und Zukunft betreffen.

In Paris berichtete mir ein surrealistischer russischer Kunstmaler von einer weiteren Anwendungsweise der Kristallmagie. Er und andere seiner Gefährten versetzten sich im Geist in Edelsteine, und ihre daraufhin hergestellten Gemälde – phantastische Landschaften mit bizarren Gebäuden und abstrakten Symbolen – entstanden aus für sie sehr wirklichen Beobachtungen bei diesen »Reisen ohne Verlassen der Wohnung«.

Wenn man sich Feenpaläste im Kristall plastisch vorstellen will, ist die vorherige Betrachtung von sagenumwobenen Höhlen, in denen unsere Altvorderen ihre heiligen Bräuche durchführten, empfehlenswert. Ich erinnere mich, wie ich als Kind die Beatushöhlen am Thunersee besuchte, dieses Wunder der zahllosen Tropfsteine, in denen das Volk noch heute Erdleutlein hausen läßt. Nach einer frommen Legende soll der heilige Beatus, ein irischer Fürstensohn, von diesen Höhlen aus als einer der ersten in den Alpen das Christentum verbreitet haben. (Selbstverständlich kann man sich auch künstliche Grotten anschauen. Ich erinnere an diejenige, in der sich der bayerische König Ludwig II. mit Hilfe von Farbspielen in die Sagenwelt seiner mittelalterlichen Vorfahren zurückverzaubern wollte.)

Hat man das geistige Spiel vom Eintreten in den Kristall einigermaßen befriedigend und für sein Denken beglückend erlernt, dann muß man es mit anderen Steinen versuchen, die weniger durchsichtig sind. Man wähle am besten schon bei dieser vorbereitenden Übung die Tage, die den farbigen »Toren für die Seele« entsprechen. Also für die Übung mit dem blauen Lapislazuli den Freitag, die mit dem dunklen Onyx den saturnischen Samstag und so weiter. Schon hier werden wir viele der Zusammenhänge verstehen, die der Tatsache zugrunde liegen, daß bereits der Mensch vorgeschichtlicher Zeiten aus bestimmten Edelsteinen immer die gleichen Kräfte strömen fühlte. Nach der Vorstellung, im Rubin, also »im roten Schloßzimmer«, gewesen zu sein, werden uns ganz andere Stimmungen und Einfälle begegnen, als wenn wir uns in einen dunkel-veilchenblauen Amethyst »hineingedacht« haben.

Grundlagen für Meditationen und Seelenflüge

Der Magier in uns

Schon in den Volksbüchern über die wunderbaren Abenteuer des Doktor Faust, diesem beliebtesten Lesestoff des 16. bis 18. Jahrhunderts in deutscher Sprache, der bis heute Anreger der modernen phantastischen Literatur geblieben ist, vernehmen wir als eine der Erkenntnisse des großen Magiers: Er habe aus »allgemeiner Erfahrung« gewußt, daß die Begabungen unter den Sterblichen ungleich verteilt seien. Als er beschloß, die in seiner Seele verborgenen Fähigkeiten zu entwickeln, war es darum sein Wille, zuerst herauszufinden, ob er überhaupt die nötigen Anlagen in genügendem Maße besitze.

Also habe er in den Büchern der vorangegangenen Zeitalter, des Mittelalters und des Altertums, zu suchen begonnen, um herauszufinden, wie man seine eigene Natur, sein eigentliches Wesen genau zu erkennen vermag. Sogar die Werke des Orients, darunter die des Persers Zoroaster (Zarathustra) habe er gründlich durchforscht. Diese Auffassung des sagenhaften deutschen Magiers lebt im Volke, das seinen Traditionen die Treue bewahrt, noch immer. »Du kannst von weisen Meistern und ihren Büchern sehr viel lernen«, sagte mir schon in meiner Kindheit ein Fahrender aus dem Österreichischen, »aber sie alle können dir nur das beibringen, was schon in deiner Seele steckt, sie wecken nur deine Gaben, sind Geburtshelfer deines noch schlafenden Geistes.«

Sowjetrussische Forscher, die über die Schamanen der stolzen eurasischen Rassen in ihrem Umkreis schreiben, zeigen uns, daß sich deren Anlagen fast immer bereits in ihren ersten bewußten Lebensjahren zeigen. Sie haben etwa Träume, in denen sie von ihren Ahnen das Wissen aus der Urzeit zu erhalten glauben und empfinden auch im Wachen die Natur von märchenhaftem Leben erfüllt. Sie stammen dazu fast regelmäßig aus Familien, in denen solche einst vielbewunderte Gaben fast in jeder Generation aufgetreten sein sollen. Verfemt, verhöhnt, unterdrückt die Umwelt solche Veranlagungen, stört sie die Weiterentwicklung des jungen Menschen, in dem sie erwachen wollen. Werden sie aber mit Verständnis beobachtet und durch eine weise Erziehung gefördert, dann entfalten sie sich und fördern das Gedeihen ihres Besitzers.

Auch der große Paracelsus (1493–1541) lehrte, wenn er vom nächtlichen »Fliegen« und andern Fähigkeiten der blutig verfolgten Hexen seiner Zeit redet, daß sie dies aufgrund ihres Ascendenten täten. Ascendent (von scendere = klimmen, steigen) bedeutet in der Astrologie der Himmelspunkt, der im Moment der Geburt eines Menschen am Osthorizont aufsteigt. Es gab in der Sternkunde unserer Vorfahren verschiedene Regeln, nach denen mit Hilfe eines genauen Horoskops schon beim Neugeborenen das anlagemäßige Vorhandensein magischer Fähigkeiten feststellbar war.

Ascendent bedeutet aber auch: »Verwandte (aufsteigend), Vorfahren, Vorväter, Voreltern, Vorgeschlecht, Ahnen, Altvordern, Vorwelt.« Heutige Frauen, die sich in der Krisenzeit der Gegenwart wieder der Überlieferung der Hexen zuzuwenden versuchen, nehmen darum an: »Die Ascendenten sind die Zusammenfassung für Eltern, Großeltern, Urgroßeltern, Vorfahren.« Dieser »Familien-Geist«, die Gesamtheit der aus ihm stammenden, in jedem Kind jedesmal neu »entstehenden« Fähigkeiten ist demnach die Grundlage, aus der heraus es sein späteres Dasein zu gestalten vermag. Nach dieser Erkenntnis nannte auch Paracelsus die irdische Mutter »Planet und Stern« des Neugeborenen, also dessen Himmel, der ihm sein künftiges Schicksal schenke.

Agrippa von Nettesheim, dieser Zeitgenosse von Paracelsus und Faust, hielt nicht viel von den Geburtshoroskopen, um mit ihrer Hilfe die latenten Gaben herauszufinden. Der Mensch selber müsste nach ihm durch Selbstbeobachtung herausfinden, welche himmlischen Fähigkeiten in ihm vorhanden seien, die Pflege und Förderung verdienen. Er empfahl: ». . . so werden wir viel leichter aus uns selbst die Natur unseres Genius entziffern, wenn wir genau auf das acht geben, was im ersten, noch unbefleckten (also von äußeren Einflüssen und falschen Erziehungsversuchen reinen, S. G.) Jugendalter, oder was sich in uns regt, wenn wir frei von eiteln Sorgen und Leidenschaften sind, die Seele uns eingibt, der Instinkt der Natur diktiert, und wozu der Himmel uns geneigt macht. Dies sind dann ohne Zweifel die Ratschläge des Genius, der einem jeden von seiner Natur eingegeben ist und der uns dahin leitet und uns dazu aufmuntert, wozu sein Gestirn uns Neigung verleiht.«

Schon die ernsthafte Neigung zu einem bestimmten Gebiet war nach Agrippa, dem großen Erforscher unserer im Traum sich äußernden Fähigkeiten, eine Anregung unseres »Genius«. Heute würde man wohl eher sagen: unseres inneren, aus dem eigenen Unterbewußtsein aufsteigenden Gefühls. Ohne einen solchen »Instinkt der Natur« ist es nach der Überlieferung unmöglich, die nötige Entschlußkraft und den Willen aufzubringen, um es Schritt für Schritt auf einem schwierigen Gebiet der Erkenntnis weiterzubringen.

»Wir können etwas nur ganz erfassen«, sagte mir ein sehr gut traumdeutender ukrainischer Tatare (1946), »wenn wir bei dessen Studium das deutliche Gefühl haben, daß wir nur unser Wissen auffrischen. Wenn wir darüber lesen oder hören, ist es uns dann, als würden wir nur an Vergessenes wiedererinnert.«

Der Glaube als Schlüssel

Wie kann man im Wachen und Traum am besten mit den »Sterngeistern« in Beziehung treten, um von ihnen guten Rat und Kraft für das Glück zu bekommen? Diese Frage beschäftigt unausgesetzt die Zauberbücher, wie sie in erstaunlich großer Zahl noch im bayerischen, österreichischen oder schweizerischen Alpenland in verschlossenen Truhen von Bauernhäusern oder Zigeunerwagen verborgen sind. Als den eigentlichen »Diamantschlüssel zur Wissenschaft der großen Ahnen« nennen diese fast immer: einen festen Glauben oder, wie es mir ein alter Kräuterarzt vom Thunersee in einem widersprüchlichen Satz zu erklären versuchte: »Etwas kann sich nur dann ereignen, wenn wir vorher vollkommen davon überzeugt sind, daß es möglich ist.«

In einer volkstümlichen Abhandlung über die »sieben olympischen Planeten-Geister«, die die sieben Wochentage regieren, wird spätgriechische, orientalische und mittelalterlich-einheimische Magie verschmolzen: »Es mag einer bitten um einen Engel, was er für einen will, aber ernstlich und mit großer Bewegung im Gemüte, im Glauben und in Beständigkeit. Dieser Glaube übertrifft alle Siegel und unterwirft die Geister dem Willen des Menschen . . .« Hier ist eigentlich schon das Hauptgeheimnis der »Geistschule«.

Es sei dies der heilige Weg zum Glück, der »vor Zeiten bei den Sibyllen und Hohenpriestern gebräuchlich gewesen, aber in unserer Zeit (im 19. Jahrhundert – S. G.) durch Ungottseligkeit und Unkundigkeit gänzlich verloren worden. Was aber noch vorhanden, ist durch Aberglauben und unzählige Lügen verderbet worden. Das menschliche Gemüt ist ein wirklicher Ausrichter der wunderbaren Werke, also daß es sich mag gesellen zu welchem Geist es will. So es sich zugesellet hat, tut es Wunder wie es will.«

Die heutige Wiedergeburt des Glaubens an die Macht des Glaubens, der Überzeugung von der Wirkung des »positiven Denkens«, seit den siebziger Jahren so stark im Abendland verbreitet, ist im Wesen verwandt mit der Lebensphilosophie, die die volkstümlichen Bücher unserer Heiler der unmittelbaren Vergangenheit lehren. Wenn zum Beispiel Frau Dr. Ponder in der Unity-Church das Wecken und die Entfaltung von »Kosmischen Zentren« im menschlichen Körper durch gute, schöpferische Gedanken lehrt, dann bezieht auch sie sich ausdrücklich auf die Chakras der europäisch-asiatischen Geheimwissenschaften: »Die Mysterien des Orients offenbarten den Wahrheitssuchern in symbolhaften und geheimen Formeln einiges von diesen Lehren ... Ebenso der deutsche Arzt Paracelsus, wenn er von ›Energiekernen‹ sprach.«

Ähnliches erzählt in seinen Erfolgsbüchern der Amerikaner Joseph Murphy: »Es gibt nur ein Heilprinzip, und das ist der Glaube. Es gibt nur eine Heilkraft, und deren Quelle ist das Unterbewußtsein ... Sie dürfen des Erfolges völlig gewiß sein – Sie müssen nur fest daran glauben!« Auch er führt an dieser Stelle Paracelsus an, dessen Angaben über die wunderbaren Wirkungen der Seele, wie sie sich in den Träumen äußert, im Volke die Jahrhunderte überdauerte. »Er sprach eine heute wohlbekannte und gesicherte wissenschaftliche Erkenntnis aus.«

Diese Schlüsselerkenntnis faßt Murphy in den Worten des großens Arztes zusammen: »Ob der Inhalt deines Glaubens nun falsch oder richtig ist, die Wirkung ist die gleiche. Glaube ich irrigerweise an eine bloße Statue des heiligen Petrus, wie ich an den Apostel selbst geglaubt hätte, so würde dies – Glaube oder Aberglaube – in beiden Fällen die gleichen Früchte tragen. Der Glaube selbst ist es, der die echten Wunder wirkt. Und zwar wird er in jedem Fall dieselben Wunder wirken, mag es nun der wahre Glaube oder ein Irrglaube sein.«

Teilweise aus dem Geist der Werke der alten Paracelsus-Anhänger heraus suchen im Umkreis neuer Lebensphilosophien zahlreiche Psychologen nach Bestätigungen für diese Behauptung. Wenn wir schöpferische Kräfte in uns in Bewegung zu bringen wünschen, müssen wir zuerst an die entsprechende Möglichkeit glauben. Zweifeln wir daran, sind wir während des praktischen Versuchs unsicher und spöttisch, so verstricken wir uns in hindernde

Widersprüche. Wir wollen etwas und sind gleichzeitig überzeugt, daß dies Unsinn ist.

»Mit anderen Worten: Wir spielen gegen uns selber Schach, stellen uns selber Fallen und Schwierigkeiten in den Weg.« So sagte es mir ein alter Heiler, der mit den Kräften der Edelsteine arbeitete: »Lacht einer über meine Kunst, wenn er zu mir kommt, so schicke ich ihn sofort weg. Ich kann nur den Weg zeigen, sage ich ihm. Du selber mußt aber mit deinem ganzen Glauben auf ihm weiter gehen, wenn du für dich auch nur den geringsten Erfolg haben willst.«

Feierliche Erwartung

In sämtlichen alten Lehrbüchern über die Beschwörung der Sterngeister, die Begegnung mit ihren heilenden Kräften durch Nachsinnen über ihr Wesen und durch Träume, wird dem Schüler dieser Kunst zu einer tugendhaften Haltung geraten. Sei man in den Tagen, die den ersten eigenen magischen Handlungen vorausgehen, nicht fähig, gut zu denken und auf seine Umwelt zu wirken, werde man demnach nur zu einem lächerlichen Spielball peinlicher Selbsttäuschungen. »Das gute Gewissen ist das beste Ruhekissen.« Das ist auch nach den volkstümlichen Heilern und Traumdeutern eine Urweisheit, in der das Geheimnis des ersten Schritts zu der Entdeckung der Schätze in der eigenen Seele liegt.

In einer in der Wiener Hofbibliothek wiedergefundenen, Paracelsus zugeschriebenen alchimistischen Schrift lesen wir in diesem Geist: »Erstens enthalte dich vor aller Vermessenheit, sei keusch und rein.« Man solle sich »reine und feine Kleider und Räucherungen« gönnen und besonders auf seinen Umgang achten. Daß du, der du dich mit Hurerei, Ehebruch, groben Reden, Verleumdungen, Weiber böser Gesellschaft und anderen Dingen beladen hast, dich drei Monate vorher enthaltsam gibst und dergestalt mit dir Zwiesprache hältst, daß du den festen Vorsatz faßt, weder mit Gedanken, noch mit Worten und Werken wiederum zu sündigen.« Dann kommt noch als die Voraussetzung für den Beginn magischer Rituale: »Wenn nun die drei Monate vorüber sind und die Sonne bald in das Zeichen eintritt, worin du geboren bist, so bereite für den nächsten Wochentag, der unter deinem Planeten steht, einen stillen Ort vor, worin niemals Unkeuschheit, Unzucht oder andere böse Sachen geschehen sind, noch unsaubere Sachen hingelegt werden.«

Erst nach dem Erfüllen solcher Voraussetzungen darf man die Gottheit darum bitten, den Menschen ihre »hohen Gaben« zu offenbaren: Dann lege man sich nach vielen der weiteren, hier nur vage geschilderten Maßnahmen am guten Ort zur Ruhe. Ein Geistwesen werde einen dann wecken, und man könne nun zu großen Weisheiten gelangen. Ein zigeunerischer Traumdeuter versicherte mir: »Wenn man im Bett zu erwachen glaubt, ohne aber leiblich aufzuwachen, dann kommen in der Regel Bilder von besonderer Bedeutung, die das Wissen des Betreffenden erweitern.«

Agrippa ergänzt: »Wer zur höchsten Stufe der Seele zu gelangen und Orakel zu erhalten wünscht, der muß wohl vorbereitet mit reinem und keuschem Herzen sich nahen; seine Seele darf von keinem Makel befleckt sein, er darf keine Sündennarben in seiner Brust tragen.« Er muß sich, »soweit es die Natur gestattet, von jeder Krankheit, Schwäche, Bosheit und derartigen Gebrechen sowie von allem unvernünftigen Wesen, das der Seele anhängt wie der Rost dem Eisen, gehörig reinigen und allem demjenigen nachstreben, was zur Ruhe des Geistes beiträgt. Denn auf solche Weise wird er wahrhaftigere und bedeutungsvollere Antworten erhalten.«

Er fährt weiter fort: »Wenn nun die menschliche Seele gehörig gereinigt und geheiligt ist, so tritt sie von allen störenden Einflüssen ungehindert in freier Bewegung hervor, erhebt sich nach oben, erkennt das Göttliche und unterrichtet sich sogar selbst . . . David (der biblische König, S. G.) erlernte die Wissenschaften nicht, wurde dennoch aus einem Hirten ein Prophet und war sehr erfahren in göttlichen Dingen. Salomo erlangte im Traum einer Nacht eine alles Obere und Untere umfassende Weisheit.« Agrippa führt auch ähnliche Berichte über griechische Hirten und Könige an, die nach den Sagen von Göttern wie Jupiter und schönen Nymphen besucht und durch diese geheime Schulung echte Dichter und Gelehrte wurden. »Eine so hohe Stufe in einem Augenblick zu erreichen, ist gewiß nur einer von der Gottheit begeisterten Seele möglich, einer Seele, der Gott, der alles wirkt, innewohnt.«

Agrippa fand eine Übereinstimmung in den uralten Philosophien von Hermes, Pythagoras und Plato und verglich diese noch mit den Auffassungen der indischen Brahmanen. Er warnte vor bösen Begierden, Neid, Ungerechtigkeit, Müßiggang und Schwelgerei, »denn eine durch Trägheit und sinnliche Lust gefesselte Seele kann nichts Himmlisches vorhersehen«. Sind wir aber fähig, wie die klugen Häupter der alten Rassen rieten, unser Bewußtsein von allem Niederen zu reinigen, dann ist es nach Paracelsus, Agrippa und ihren Jüngern bis in die Gegenwart hinein möglich, im Wahrtraum und verwandten Zuständen hohe Gedanken zu empfangen. Die Reinheit seines Gott ergebenen Herzens macht nach diesen Weisen unserer Kultur den ganzen Menschen zu einem immerwährenden und immer bereiten Tempel Gottes.

»Reiselektüre« als Vorbereitung

Als wichtige und gleichzeitig genußreiche Vorbereitung für »magische Handlungen« nannte man mir das Lesen von einschlägigen Büchern, die uns nach und nach in eine angenehme Stimmung der Erwartung versetzen. Sie reißen uns, wenn wir dieser Tätigkeit einige Tage hindurch nicht übertrieben, aber gezielt nachgehen, aus dem täglichen Kleinkram und dessen Sorgen heraus. Sie helfen uns damit in eine Grundstimmung zu kommen, die zur Begegnung mit den magischen Kräften in uns notwendig ist – mit denen wir uns dann ja gerade gegen Kleinkram und Sorgen besser durchsetzen können.

In den Bibliotheken von Leuten, die an solche Überlieferungen glaubten, gab es neben den der reinen Unterhaltung dienenden Abenteuerromanen über Ritter und Feen auch die ernsthaften Werke zur mystischen Seelen- und Naturwissenschaft von Albertus Magnus, Paracelsus, Agrippa bis Eckartshausen. Wir lesen in einem Buch aus dem 18. Jahrhundert: »In der Bibliothek unseres Schlosses befinden sich, neben den vielen Bänden jener von mir schon vier- bis fünfmal gelesenen Romane und Feengeschichten, auch eine ziemliche Anzahl magischer Schriften. Jetzt, da ich von meiner Mutter gehört habe, daß es eine Wissenschaft gebe, die den Menschen lehre, durch die verborgenen Kräfte der Natur zu wirken, und von einigen unserer Bedienten vernahm, daß mein seliger Papa auch in dieser Wissenschaft gearbeitet hatte, fing ich an, jene Schriften zu lesen.«

Märchendichtungen und die Werke der alten Gelehrten ergänzten und bestätigten sich einst gegenseitig. Feensagen, aus allen Zeiten gesammelt und dann ausgeschmückt, wurden so für das Bewußtsein der Leser nach und nach zu Bestandteilen einer immer farbigeren Wirklichkeit. In einem Roman, den wir soeben lasen, schreibt die Heldin von sich: »Ich lebte in einer Feenwelt und hoffte immer, daß mir über kurz oder lang selbst eine wohltätige Fee erscheinen möge.«

»Da glaubt ich grüne Zwerge
Mit diamantnem Speer,
Und vom Magneten-Berge
Die grauenvolle Mär.«

Die mystischen Bücher, die in diesen Bibliotheken – wahren Laboratorien für die Kräfte in uns – standen, gaben den Spielen der Phantasie in allen Jahrhunderten eine durchaus ernsthafte Grundlage. Sie lehrten den Lesern die Möglichkeit, einen feineren, subtileren Leib zu entwickeln und damit zu Wahrnehmungen zu kommen, von denen die morgenländischen und einheimischen Märchendichtungen nur Erinnerungen oder blasse Ahnungen seien. Der Roman aus dem 18. Jahrhundert, aus dem wir hier einige Hinweise entnehmen, verweist übrigens schon in seinem Titel auf das »mohrische«, also aus dem Orient stammende »Großmütterchen« der in Märchenträumen schwelgenden Heldin, und im Untertitel wird sogar das ganze »Eine Zigeunergeschichte« genannt. Die unterhaltenden oder auch gelehrten Phantasien galten eben damals noch häufig als Tore zur Geisteswelt der Ahnen, die man dank geheimnisvoller Völkerwanderungen mit den ursprünglichen Ländern im Osten verbunden glaubte.

In den damals so beliebten, im Mittelalter die Ritterdichtung stark beeinflussenden Märchen des Morgenlandes wird das All beherrscht von geistigen Kräften, die uns im Traum und in stillen Stunden des Wachens beeinflussen: »Dschinnistan (ein Name der Feenwelt bei den islamischen Völkern, etwa dem Deva-Loka der Inder entsprechend, S. G.) ist ein weit von uns entferntes Reich. Gleichwohl umgibt es uns von allen Seiten. Es besteht aus so weiten Räumen, daß diese mit dem engen Raum, den wir (also die sterblichen Menschen, S. G.) einnehmen, nicht zu vergleichen sind.« Die persisch-türkische Überlieferung, die ebenfalls die Kunst und Forschung der Romantik begeisterte, erklärt sogar Glanz und Glück früherer Zeitalter aus der Verbindung großer Fürsten von einst mit diesen Feenwelten. »Peris (das iranische Wort für die Feenwesen, S. G.), die reinen Geister, schweben über seinem Haupte in luftiger Gestalt.« Ausführlich wird uns dazu erklärt: »Denn aus Duft gebildet, zarter, durchsichtiger Gestalt, leben die Peris nur von Wohlgerüchen und schweben, wie unsere ihnen nahverwandten Elfen, in luftigem Reigen über Blumen dahin.«

Der große Dichter und Philosoph Friedrich von Hardenberg (Novalis) war fest überzeugt: »Wie kann ein Mensch Sinn für etwas haben, wenn er nicht den Keim davon in sich trägt?« Ähnlich lehrte auch der ihm geistverwandte Otto Heinrich von Loeben (1786–1825), ebenfalls ein großer Freund der Feenmärchen und ein Jugendfreund des Dichters Joseph von Eichendorff: »Es kann nichts aus dem Menschen gebildet werden, was nicht in ihm lebt.« Solche zeitlosen Gedankengänge lassen uns verstehen, warum heute, wie in den Zeiten der romantischen Wissenschaften, wieder Märchendichtungen als die beste »Reiselektüre« für Menschen gelten, die sich auf Seelenreisen und Meditationen über die schöpferischen Kräfte in sich vorbereiten wollen.

Bücher dieser Art, die schon die Vorfahren lasen, wurden in unserem Jahrhundert von Flüchtlingen – genau wie Glückssteine der Familie – aus dem Elend von Kriegen und Revolutionen fast als einziges Gut gerettet. Dies nicht etwa, weil sie einen Seltenheitswert darstellen, sondern weil man an ihre mannigfaltigen Wirkungen glaubt. Ich vernahm: »Wenn man weiß, wie solche Bücher einst in den Kreisen von Wahrheitssuchern entstanden und was sie ihren Lesern unter unseren Vorfahren bedeuteten, wird einem klar, warum ihr Inhalt uns noch immer hilft. Ein solches Büchlein auf dem Nachtschränkchen neben dem Bett liegend, kann das Gefühl stärken, als hätte man die Ahnen, die es einst lasen, als treue Berater und Beschützer zur Seite.«

Anregungen aus Traumromanen

Zur Vorbereitung »der richtigen Stimmung« für die Seelenreisen gibt es auch neuere Bücher, die man als »Traumromane« bezeichnen könnte. Mehrfach sah ich bei deutschen Freunden der »Seelenfahrten« den Roman »Der Goldene Topf« von E. T. A. Hoffmann, den dieser große Romantiker wohl für seine wichtigste Schöpfung ansah.

Der Held liebt hier ein Mädchen, das sich spielend in eine Schlange verwandeln kann, zum Feenreich gehört und auch ihrem Geliebten die Pforte zu den Kräften anderer Welten eröffnet. Die Anregungen von Paracelsus und aus den mystischen Schriften des 16. bis 18. Jahrhunderts sind hier offensichtlich. Mit diesen Schriften hat sich Hoffmann unbestritten beschäftigt, vielleicht in der

Absicht, wie zahllose Magier und Mystiker seiner Zeit, den Beweis für die Existenz des Lebensmagnetismus, also einer »Strahlenwelt«, zu finden. Das Magnetisieren war damals (also zur Zeit der Haupttätigkeit des großen Romantikers, S. G.) schon fast zu einem Gesellschaftsspiel geworden. In Journalen und Salons wurden die Heilerfolge heftig diskutiert, ebenso die im magnetischen Schlaf gemachten Weissagungen. In den Geheimbünden und ähnlichen Gruppen vermutete man magnetische Praktiken. Hoffmann hat, ähnlich wie andere wesensverwandte Dichter und Forscher seiner Zeit, meisterhaft gezeigt, wie man gleichzeitig in der Wirklichkeit und in zeitlosen Traumbildern leben kann.

Deutsche und russische Theosophen der Jahrhundertwende, die sich in der Schweiz, in Bayern oder der Provence auf abgelegenen Herrensitzen trafen, haben mir erzählt, daß Hoffmanns einzigartiges Werk bei ihnen als Schlüsselwerk vorgelesen und besprochen wurde. Zwei schweizerische Forscher, die mich in meiner Jugend bei der Suche nach dem Sinn alter Sagen unterstützten, stellten fest, daß sie selber bei ihren parapsychologischen Arbeiten in den Geschichten um die Schlangenfee Bestätigungen fanden. Auch ein Psychologe, der noch mit Freud und C. G. Jung in Verbindung gestanden hatte, erzählte mir, wie sehr die Gespräche über den »Goldenen Topf« in den Künstler- und Mystikerkreisen von Ascona die neuere Seelenkunde anregten: »Man kann freilich Hoffmanns Gesichte kaum durch Freud und Jung erklären«, sagte er zu uns lachend, »eher noch Freud und Jung durch Hoffmann.«

Als 1966 bis 1973 die Jugendbewegung der Hippies Nordamerika und West-Europa erschütterte, traf man kaum einen von deren Anhängern, der nicht von den englischen Traumromanen beeinflußt worden war, einer der Hauptgründe, warum man diese Versuche einer Revolution des Lebensstils auch in Kalifornien, wo sie zuerst besonders beachtet wurde, als »hauptsächlich europäisch« bezeichnete. Wichtig waren für die meist jungen Künstler und Studenten vor allem die Bücher von Alices Traumreisen oder auch Barries Seelenfahrten der Kinder in die Feenreiche des Peter Pan.

Die Welt der Feenvölker befindet sich in diesen beiden Geschichten für große und kleine Kinder nicht in andern Regionen oder Sphären, sondern, genau wie bei E. T. A. Hoffmann und den andern Romantikern, in unserer irdischen Welt, kann aber nur mit den innern Sinnen geschaut werden. »Es hat wenig Sinn, nach den Häusern der Elfen auszuschauen, weil sie das gerade Gegenteil von unsern Häusern sind. Unsere Häuser sieht man am Tag, die ihrigen bei Nacht ... Damit will ich aber nicht sagen, daß sie schwarz sind, denn die Nacht hat ihre Farben so gut wie der Tag, nur um einige Töne heller. Das Blau und Rot und Grün der Nacht sind wie unsere Farben, nur mit einem Licht dahinter.«

Um die Dichtungen der Alice-Träume von Lewis Carroll, die viele der Hippies fast auswendig konnten, zu erklären, gibt es verschiedene Versuche. Man verwies etwa auf die märchenhafte Kindheit des Dichters. Besonders soll er seinerzeit Schlangen und Kröten geliebt haben. Oder man sagt, er habe ständig Hanfdrogen zu sich genommen. Unbestreitbar beschäftigte er sich nicht nur mit Büchern über Hexenwesen, Magie und Magnetismus, sondern auch mit den entsprechenden englischen Forschungen in dieser Richtung. Er schrieb (1882): »Alles scheint das Bestehen einer Naturkraft zu bestätigen, verwandt mit Elektrizität und Nerven-Kraft, durch die ein Hirn auf das andere einwirken kann.« Daß hier noch nicht richtig geforscht werden könne, war nach ihm auf die Vorurteile der damaligen materialistischen, jede echte Entwicklung verhindernden Pseudo-Wissenschaft zurückzuführen.

Solche Dichtungen, die auf das Suchen der modernen Jugend mit einwirkten und sie bestätigten, gibt es natürlich noch eine ganze Reihe. Wir erinnern an die Kinderromane von P. L. Travers, geboren 1906 in Australien von Eltern irisch-schottischer Herkunft. Die geheimnisvolle »Mary Poppins« bewegt sich in ihnen durch die Spießbürgerwelt, weiß aber durch ihre Magie die dafür empfänglichen Buben und Mädchen in zeitlose Märchenwelten zu entführen. So erscheint sie einmal als Kusine der großen Schlange, »der Herrscherin unserer Welt«, die im Traum zeigen kann, daß alle Wesen »eins« sind.

Solche Bücher richteten sich im 19. und 20. Jahrhundert bewußt gegen die materialistische Schulweisheit. Sie sind noch immer die beste Vorbereitung, wenn wir erkennen wollen, wie sehr das Wissen um die Seelengesetze bis in die jüngste Vergangenheit lebendig geblieben ist.

Freundschaft mit der Natur

Deutlich schildern die volkstümlichen Zauberbücher die Notwendigkeit, die ersten magischen Versuche in einer möglichst ursprünglichen Umgebung auszuführen. Doch schon in der ägyptisch-orientalischen Magie des Abramelin, die seit dem 18. Jahrhundert auch in deutscher Sprache verbreitet ist, wird versichert, dies sei »jedoch heute nur sehr selten möglich«: »Heute müssen wir uns alle behelfen an dem Platz, wo wir leben, müssen daher einen Weg suchen, unseren Plan zu verwirklichen.«

Die »Einsamkeit und Einöde«, die nach den antiken Anweisungen bei der Ausführung der Rituale für besonders wichtig gehalten wurde, muß eben auch nach dem Abramelin-Buch der Seelen- und Traumforscher um sich selber erschaffen. Wie man dies tun kann, erlebte ich in Paris unter Flüchtlingen, die ihre Kindheit noch in abgelegenen Dörfern und Herrenhöfen in der wunderbarsten Waldeinsamkeit verbracht hatten. Jetzt lebten sie zwangsläufig in einer Großstadt, in der es schon schwer war, einen staubigen und von Menschen überfüllten Park aufzusuchen und wo »Natur« eine längere Zugfahrt bedeutete. (Während meiner Besuche in diesen Kreisen erschien in ihnen der Besitz eines Autos fast als undenkbarer Luxus.)

In dieser Umwelt von Asphalt und Beton bemerkte ich in den Hinterhöfen und den Slum-Wohnblöcken der Flüchtlinge eine Vielfalt von Seelentechniken, die benutzt wurden, um die Beziehung zur »grünen Welt« (k miru zeljonomu) nicht ganz zu verlieren: »Sonst verdurstet das Herz in der Steinwüste.« Ich fand hier ziemlich verbreitet die Auffassung, daß das ganze Dasein in den Städten, »groß und trostlos wie das biblische Babylon«, eine Art Prüfung sei. Eine russisch-baltische Dame, die sich mit den theosophischen Lehren über Astralreisen beschäftigte, erklärte mir um 1950 sehr streng: »Die Edelleute aus all den alten Geschlechtern haben ihren Sturz in der Revolution von 1917 letztlich selbst verursacht. Mit den Familien aus den großen Völkerwanderungen der Vergangenheit, die noch in Ost-Deutschland, Rumänien, Polen, Ungarn oder Böhmen lebten, kam es bald ähnlich. Sie hatten Wälder und Gärten, aber sie verkauften sie an Spekulanten oder übergaben sie korrupten Verwaltern, um, von der westlichen Zivilisation bezaubert, ihr ererbtes und durch Verdienste ihrer Ahnen erworbenes Gut in Spielhöllen des Westens zu verlieren. Heute suchen ihre Nachkommen die verlorene Natur in ein paar Töpfen mit Zimmerpflanzen und bei ein paar verkrüppelten Bäumchen an der Mauer von Abbruchhäusern. Doch finden wir die heile Umwelt wieder, werden unsere Seelen von neuem gesund; dann wendet sich die Geschichte, wir haben die Wüstenwanderung beendet, und unsere Kinder haben wieder einen Platz in grünen Ländern.«

Ganz ähnlich erklärte es mir in den gleichen Jahren, in den ausgehenden Vierzigern, ein russischer Lautari, also Zigeunermusiker: »Ein Handwerker in der Großstadt, der mit Liebe seine Zimmerpflanzen am Fenster pflegt, findet die Natur wieder. Ein Bauer, der seinen Boden nur noch als Quelle des Geldgewinns ansieht und landwirtschaftliche Maschinen vergötzt, der ist daran, seine Beziehung zur Natur zu verlieren, aber auch, was noch viel schlimmer ist, das natürliche Empfinden in seinem Herzen.«

Gerade im Umkreis der Theosophie und ähnlicher Bewegungen, die Versuche unternahmen, das »ewige Wesen« des Menschen während der Entwicklungen unseres Jahrhunderts zu pflegen, lehrte man, daß es immer einen Weg gebe, Kraft von der Natur zu erhalten. Vor dem Ersten Weltkrieg und erst recht zwischen den beiden Weltkriegen, so erzählten mir in Paris, Ascona und New York die Flüchtlinge oder ihre Nachkommen, pflegte man Zimmerpflanzen, »als wären es Freunde oder Verwandte«. Gelegentlich wählte man dafür Blumen, die schon in der verlorenen Heimat eine besondere Bedeutung besaßen, oder man mischte in ihren Topf etwas von der »heiligen Heimaterde«, die man beim zwangsweisen Verlassen seines Landes mitgenommen hatte.

Mehrfach hörte ich in diesen Kreisen erzählen, daß man in seinen Träumen oder im Halbschlaf um solche geliebten Pflanzen einen »in ihnen lebenden« Kobold oder eine schöne Elfe gesehen habe, die den sie pflegenden Menschen freundlich begrüßt hätten. »Ich weiß nicht, ob dies eine mystische Wahrnehmung war oder ›nur‹ ein Traum«, meinte eine Frau, »ich weiß aber, daß etwas Gutes außerhalb von mir oder in mir so zu mir spricht. Es ist ein Zeichen, daß in mir Kräfte sind, die mir ermöglichen, die Welt um mich schön, positiv, märchenhaft, zu sehen. Wenn es aber so ist, dann habe ich sicher auch künftig genug Energie, mich gut weiterzuentwickeln.«

Im Sinn solcher Vorgänger aus der ersten Hälfte unseres Jahrhunderts suchen auch die meisten der heutigen »Seelenfahrer«, die ich kennenlernen durfte, für ihr inneres Gleichgewicht zumindest eine bescheidene, aber liebevolle Beziehung zur »grünen Umwelt«.

Gleichgesinnte in aller Welt

Als sehr wichtige Voraussetzung ihrer Übungen mit den sieben Welt- und Seelenkräften betrachten viele ihrer Anhänger »die Entwicklung des festen Bewußtseins, dabei nicht allein zu sein«. Ein Erforscher und Anhänger der alpinen Volksheilkunde, der in einer

Berghütte wohnte und viele der alten Rezeptbücher des Volkes kannte, erklärte mir seinerzeit: »Wenn ich am Samstag, nach dem Sonnenuntergang, schon an den kommenden Sonntag denke und dann nach dem Schlaf beim Sonnenaufgang die Sonne begrüße, weiß ich, daß ich mit vielen Menschen eine Gemeinschaft bilde. Ich weiß aus Alpensagen, daß dies früher die Vorfahren auf grünen Höhen oder auch bei mächtigen Steinen, die besonders in Richtung der Morgenröte zeigen, taten und auf diesen Brauch ihr ganzes Vertrauen setzten. Ich weiß, daß dies in den fernsten Ländern die Leute noch immer tun, um im Trubel der Welt wenigstens in ihrem Umkreis die innere Ruhe, die Harmonie, das glückliche Gefühl, von einer göttlichen Ordnung geschützt zu sein, wiederzufinden.«

Derselbe Mann wußte übrigens ebenfalls von der Beziehung der sieben Wochentage zu den sieben Grundkräften des uralten Sternenglaubens und hatte zumindest noch die den Mond betreffenden Überlieferungen ausprobiert. »Es ist gut, bei Sonnenuntergang des Sonntags an seine Gesundheit zu denken, besonders wenn man sich gut fühlt; dann ist man die ganze kommende Woche gegen jede Krankheitsansteckung gefeit. Ich ging früher jedesmal, genau in dieser Zeit und auch während des darauffolgenden Sonnenaufgangs des Montags mit nackten Füßen über das Moos des Waldbodens. Ich ging zu einer Quelle, in der ich mich wusch ... Daß ich heute, fast ein halbes Jahrhundert später, kaum Altersbeschwerden habe, führe ich auf diese Gewohnheit zurück, zu der ich schon in meiner frühen Jugend bekehrt wurde.«

Unter dem Kennwort »Aberglauben« fand ich ähnliche Bräuche, die mit den andern der sieben Gestirne verknüpft sind, hundertfach in den volkstümlichen Zauberbüchern und den wissenschaftlichen Sammlungen der Volksbräuche, die ich daraufhin durchsah. Glückliche Zufälle ließen mich mein ganzes Leben hindurch mit Zeitgenossen offene Gespräche führen, die zumindest auf einen bestimmten, für sie wichtigen Tag ihr Vertrauen setzten. Sie waren von ganz verschiedener Bildungsstufe und gesellschaftlicher Herkunft und folgten der für sie vertrauenswürdigen Überlieferung, ohne viel über deren Begründung nachzudenken. Sie sagten etwa: »Ich weiß nicht, warum es klappt, wenn man so handelt, aber es klappt eben meistens.« Oder auch: »Ich mache es, weil es schon meine Vorfahren immer so gemacht haben, und auf deren bewährte Erfahrungen kann ich mich mehr verlassen als auf die Narren, die nicht daran glauben.«

Nach meinen Vorträgen hörte ich von Frauen russich-tatarischer, polnischer, deutscher (badischer und bayerischer), provenzalischer, keltisch-bretonischer, englischer und belgisch-flämischer Herkunft über die Beziehung des »venusischen« Freitags zur Liebe folgendes: »Briefe an den Freund sind, am Abend vor dem Freitag geschrieben, besonders wirksam.« Denkt man gleichzeitig besonders fest an ihn, »sieht er die Geliebte in den Träumen«. »Wäscht sich ein Mädchen regelmäßig während des Freitag-Sonnenaufgangs, wird sie sicher eine glückliche Ehe führen.«

Mit den Formen des Glaubens an die Planetenkräfte der anderen Wochentage könnte man ganze Bände füllen. Von einem Zuhälter in einer großen Schweizer Stadt, der bei jeder handgreiflichen Auseinandersetzung in den Wirtschaften siegreich hervorging, wurde behauptet, »daß er jeden Dienstagmorgen (also am Marstag – S. G.) sein Klappmesser aus der Tasche ziehe und dreimal liebevoll mit der Hand über dessen Klinge streiche«. Ein baltischer Söldner, der in den letzten unruhigen Jahrzehnten allerlei arabischen und schwarzafrikanischen Fürsten und Präsidenten gedient hatte, war überzeugt, daß ihn ein verwandtes Verfahren vor Verletzungen durch feindliche Kugeln geschützt habe. Dieser Mann, der in der Jugend eine gute Bildung erhalten hatte, verband im übrigen bewußt alten Volksglauben mit griechisch-römischer Mythologie: »Um den Hals habe ich einen Glücksbringer, einen kleinen blutroten Rubin, der schon meinem Großvater gehört hat. Er ist in Metall gefaßt, das zum größten Teil vom Hufeisen meines ersten Rosses stammt, das ich noch als Kind besaß. Jeden Dienstagmorgen greife ich mit meiner ersten bewußten Bewegung nach dem Glücksbringer und denke an den Kriegsgott Mars, wie er auf einem Bild in meinem alten Geschichtenbuch mit seinem unzerstörbaren Schild die Krieger vor Troja gegen den dichten Pfeilhagel beschützt.«

Unter den Okkultisten, die ich kennenlernte, vernahm ich mehrfach, daß in geheimen asiatischen Gebirgstälern noch immer die »Heiligtümer der großen Sternenkräfte« weiter bestehen. »Wenn wir eine von ihnen zu unserer Hilfe wünschen und sie mit reiner Seele anrufen, treten wir mit diesen Eingeweihten in Verbindung und erhalten von ihnen in unseren Nöten zusätzliche Kraft.« Dies ist nicht etwa nur eine phantastische Vorstellung europäischer und amerikanischer Mystiker. Wie mir der Orientalist Rudolf Gelpke versicherte, glaubt man auch unter den Derwischen in Iran, Afghanistan und Pakistan, daß »irgendwo« die Versammlungen der Sternen-Verehrer heute noch abgehalten werden.

Die moderne Vorstellung, daß jeder, der über eine der Urkräfte

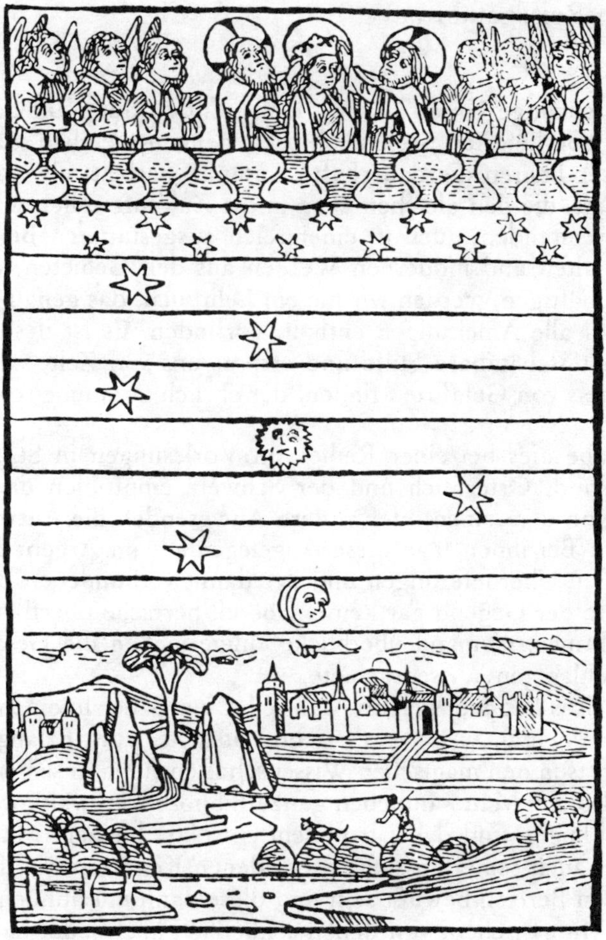

Über die sieben »am Himmel wandernden Sterne« ließen Altertum und Mittelalter göttliche Kräfte zum Menschen niederfließen.

nachsinnt, durch gleichzeitige übereinstimmende Gedanken in der ganzen Welt mehr Kraft bekommt, soll hier nicht näher besprochen werden. Unbestritten empfinden wir es immer als eine Bestätigung, wenn wir erkennen, daß wir im Sinne einer Überlieferung handeln, die sich auf mannigfaltige Art an vielen Orten noch immer auswirkt.

Rat von Reisegefährten

Als eine wichtige Unterstützung seiner Entwicklung auf dem Gebiet der überlieferten Seelentechniken nennen ziemlich alle Meister dieser Lehren die dauerhafte Zusammenarbeit mit einer Gemeinschaft, die den gleichen Weg in die Zukunft gehen will.

Wohlverstanden, auch in einer reich ausgestatteten Bibliothek mit den alten und modernen Werken aus den Gebieten, die uns hier beschäftigen, werden wir nie ein Lehrbuch, das genau für unseren Fall alle Anleitungen enthält, vorfinden. Es ist deshalb für uns eine unschätzbare Hilfe und erspart uns viel Zeit, wenn wir einen Kreis von Gefährten finden, der ehrlich zusammenzuwirken versucht.

Ich habe dies bei einer Reihe von Vorlesungen in Städten in Deutschland, Österreich und der Schweiz empfohlen und dann freilich von dem einen oder andern Anwesenden die Antwort bekommen: Bei ihnen läge diese Angelegenheit im Argen; Kenner der großen Überlieferungen und der damit verbundenen Bräuche gebe es in der Gegend gar keine. Überall herrsche oberflächlicher Materialismus, niemand überblicke einigermaßen die Gesamtheit der einschlägigen Wissensgebiete.

Paracelsus hat aber gelehrt, daß selbst ein Bauer in einem abgelegenen Alpental, wenn er es richtig anstelle, zum Erlangen des Fortschritts in den magischen Wissenschaften ruhig in seinem Dorf bleiben könne. Man kann eben ganze Bibliotheken wahllos in sich hineinschlingen und dabei trotzdem ein Narr bleiben. Man kann sich aber auch seiner an sich bescheidenen Kenntnisse in dem gewünschten Bereich bewußt sein und diese dann mit ähnlich eingestellten Mitmenschen, von denen schließlich auch jeder ein Stück Wissen besitzt, liebevoll austauschen. Schon nach einem Dutzend von Zusammenkünften mit solchen Geistesfreunden wird man staunend feststellen, daß man durch diese gegenseitige geistige Hilfe einen Schatz von gemeinsamen Erfahrungen besitzt, der seltene Hinweise enthält, für die auch ein hochgebildeter Mensch von Herzen dankbar sein könnte. Von totalitären Staaten der Vergangenheit und Gegenwart kann man leicht nachweisen, daß in ihnen dank solcher geschlossener Kreise das esoterische Wissen zum Heil besserer Zeiten gerettet, bewahrt und oft sogar erstaunlich vermehrt wurde.

Um Gefährten zu finden, die mit uns zur Erforschung des Reichs der eigenen schöpferischen Seelenkräfte zusammenarbeiten wollen, müssen wir eine wichtige Bedingung erfüllen, ohne die es einfach nie geht. Wie es mir ein alter Heiler in den Bergen bei Interlaken sagte: »Du darfst nie erwarten, etwas zu bekommen, das dir weiterhilft, wenn du nichts geben kannst. Niemand beschenkt immer nur andere, wenn er nichts als Gegenleistung bekommt.«

Staunend konnte ich anläßlich einer Reihe von Tagungen feststellen, wie groß der Hunger der europäischen und nordamerikanischen Jugend nach Weisheit aus Tradition ist, wie sehr sie aber gleichzeitig an geistiger Entfremdung leidet. Im Saargebiet sagte mir ein Jugendlicher: »Wir haben keine Wurzeln mehr. Unsere Großeltern haben sich schon vieler Erinnerungen geschämt, verfluchten als Industriearbeiter die Vergangenheit, betrachteten jedermann, der anders dachte, als teuflischen Hexenmeister oder im blöden Aberglauben versunkenen Bauerntölpel. Uns ist nichts hinterlassen worden, und es bleibt uns nichts anderes übrig, als jeden Indio, Neger und Zigeuner zu beneiden, der auf seine Ahnen stolz ist.«

In Arbeitsgruppen habe ich fast die ganzen sechziger und siebziger Jahre hindurch die Anwesenden, die solche Minderwertigkeitsgefühle äußerten, aufgefordert, sich zu Hause und bei noch lebenden Verwandten (sogar wenn sie mit ihnen zerstritten waren) umzutun. Eigentlich fand ich keinen Fall, der mir nicht bewies, daß sogar in den zivilisiertesten Gegenden von Europa der Stand des überlieferten Wissens, das dem einzelnen zur Verfügung steht, dem weit überlegen ist, was er zuerst angenommen hatte. Viele entdeckten auf dem Dachboden oder im Keller seltene Traumbücher oder Wahrsagekarten aus dem letzten Jahrhundert. Bei einem andern fand sich zu einem geerbten Schmuckstück ein dazugehöriges wunderbares Märchen. Ein Großvater wußte einen »abergläubischen«, aber sehr nützlichen Brauch, wie man leicht einschläft.

Ein Kreis, in dem man solche Erfahrungen zusammenlegt, besitzt schon bald einen zuverlässigen Reiseführer zur geistigen Weiterentwicklung der Mitglieder. Selbstverständlich ist es erfreulich, wenn einige der Teilnehmer ein bestimmtes Gebiet, das man hin und wieder braucht, fachlich gut beherrschen. Das Vorhandensein von Vertretern möglichst vieler Wissenszweige ist wünschenswert. Ein Arzt, der Einblick in die Tätigkeiten unseres Körpers besitzt; ein Drogist oder Apotheker, die noch die Kräfte der Kräuter kennen; ein Juwelier, der uns unverfälschte Edelsteine beschafft; Psychologen und Heilgymnastiker, die Entspannungsmethoden beherrschen – sie alle können nützliches Wissen beisteuern.

Überliefert ist nicht nur der Glaube, daß jeder Mensch die Gemeinschaft braucht. Die Ahnen waren gleichzeitig überzeugt, daß jede Seele, die ihre inneren Kräfte entfaltet, gleichzeitig einen Kreis von Menschen mit ähnlichen Zielen gewissermaßen anzieht und damit erschafft. Willy Schrödter, ein Kenner der entsprechenden magischen Werke, faßt zusammen: »Durch das Gebet vorm Einschlafen, den Wunsch, gefunden zu werden, als letzten Gedanken mit hinübernehmend, schreiben sich die Aspiranten in das Register der Rosenkreuzer-Bruderschaft ein.« Eine russisch-finnische Dame in Paris, die sich für eine Erbin des heiligen Wissens der osteuropäischen Hexen hielt, sagte im genau gleichen Sinn: »Wer jede Nacht auf den Freitag mit der Sehnsucht einschläft, gleichgesinnte Helfer zu finden, wer diese ohne störende Ungeduld und in fröhlicher Ruhe tut, der wird schon vor Ablauf eines Jahres über das Ergebnis seines Wunsches staunen.«

Die eigentlichen Hilfsmittel

Warum überhaupt Hilfsmittel?

Als ich 1981 in den Vereinigten Staaten nach den zahlreichen Techniken für Meditationen und Seelenreisen im Traum forschte, fand ich »die Hippie-Lehre von den Edelsteinen als Schlüssel zum inneren Regenbogenland« wohlbekannt. Nichtsdestoweniger waren aber die Vorurteile einiger Psychologenschulen gegen solche »Indianer- und Zigeunerspiele« immer noch recht stark. »Der moderne Mensch kann in sich schöpferische Zustände durch bloße Suggestion hervorrufen. Die Benutzung äußerer Hilfsmittel sind ein Rückfall in uralten Aberglauben.« Dies eine von mir aufgeschriebene Schlußfolgerung nach einem längeren Gespräch in Los Angeles.

Diese sachliche und nüchterne Auffassung ist keineswegs »modern«. Bilderstürmer, die es im Islam ebenso gab wie unter den Anhängern der europäischen Reformation und unter den sowjetrussischen Marxisten, zerstörten Tausende von Tempeln und Heiligtümern, in denen die größten Künstler der verschiedenen Kulturen alles getan hatten, um mit Hilfe von Lichtwirkungen, farbigen Fenstern, Edelsteinen und Bildern von tiefem Gehalt die Gläubigen in gesteigerte Zustände zu entrücken.

Schon Horst verglich die äußeren Hilfsmittel in den magischen Büchern des 18. und 19. Jahrhunderts mit denen des Altertums und der Orientalen. Er erklärte aber das Verschwinden des Glaubens an deren Notwendigkeit durch die »gänzliche Umänderung aller Lebensansichten durch das Christentum, durch das alles auf das innerliche Leben zurückgeführt ward«. (Dieses Mißtrauen gegen die Benützung von Naturdingen auf das Christentum zurückzuführen, ist freilich übertrieben. Das gesamte Leben im Mittelalter ist gar nicht verständlich, wenn man den damaligen Glauben an die Wirkung der Edelsteine, die man zu den wunderbarsten Kunstwerken des Schöpfers zählte, außer acht ließe.)

Die Kenner und Verehrer der Wunderkräfte in den Edelsteinen und Gestirnen stützen sich unter anderem auf eine Stelle im Werk des Kirchenvaters Augustin. Dieser bezog sich auf die Bibel, nach der Moses das auserwählte Volk aufforderte, beim Auszug aus Ägypten die Schätze von dessen Bewohnern mitzunehmen. Wörtlich verstanden wäre dies eine Aufforderung zu Raub und Diebstahl. Augustin deutete aber diese seltsame Geschichte »esoterisch«, suchte also (vielleicht entsprechende mündliche Überlieferungen kennend) nach deren tieferem Sinn. Die Reichtümer der alten Ägypter wären demnach das Wissen und die Erfahrungen der vorangegangenen Zeitalter gewesen, die auch die Menschen einer neuen, lebendigeren Weltanschauung in ihre neue Kultur hätten mitnehmen müssen, damit diese alles Gute besäße, was je der Schöpfer den Menschen geschenkt hat. So hätten es die Stämme, die Moses führte, gegenüber der langsam entartenden ägyptischen Zivilisation getan, so haben nach Augustin auch die Urchristen gegenüber dem ewigen Kern der alten Traditionen des Mittelmeerraumes handeln müssen.

»Wir sind eben nicht reine Geister, sondern wir leben hier in einer Körperwelt«, argumentierte in der Flüchtlingswelt von Paris der russisch-griechische Schriftsteller Jura Terapiano. »Wir haben Leiber, damit wir, wie übereinstimmend die echten heiligen Schriften Asiens lehren, die sichtbaren Kunstwerke irdischer und kosmischer Art bewundern und lieben können. Wenn wir uns ganz ohne stoffliche Dinge entwickeln könnten, brauchten wir in der Krankheit kein Heilmittel, eigentlich nicht einmal Speisen und Getränke.«

In einem ebenfalls angeblich auf Paracelsus zurückgehenden Testament werden seine Geheimnisse in einer Burg »im Grenzgebiet von Bayern und Schwaben« gehütet: Alle philosophischen Arbeiten, die seit Adams Zeiten über Alchimie, Philosophie, Kabbala, Magie, Mystik und andere weise Künste entstanden sind! Ähnlich wie auch »an der Grenze Frankreichs und Spaniens« (also im ebenso von Sagen umrankten Pyrenäengebiet) seien dort, neben den wichtigsten Büchern, einzigartige Edelsteine verborgen: Karfunkel, Perlen, Saphire, Diamanten, Türkise, Jaspis, Rubine, Smaragde. »Gott der Allmächtige wird dem, der (diesen Schatz) erobert, in vielem Glück und Sieg, auch seine göttliche Macht, Stärke und Gewalt verleihen, damit alles Böse unterdrückt werde und alles Gute ersprieße.«

Dieser Schatz der Schätze liegt nach Paracelsus »in einer Truhe, die nicht von Menschenhand ist«. Okkultisten deuten ihn deshalb auch als »die schlafende Überlieferung«, die es dem Menschen ermögliche, aus sich und seiner Umwelt für das Glück seines Landes

Noch im 18. und 19. Jahrhundert hatten europäische Häuser oft »geheime« Räume, in denen man ungestört die Verbindung zu den »Urkräften der Sterne« suchte.

das Wertvollste zu entdecken. Dieser »Schatz« ist nach ihnen das gleiche wie der Gral, der Stein der Weisen, der Nibelungenhort der großen mittelalterlichen Dichter.

Märchenerzählen als Traumzauber

Im Osten und Westen findet sich noch eine Fülle von Erinnerungen an Schamanen, Hexen und Heiler mit der Fähigkeit, die Menschen zu den Toren der wunderbaren, das Dasein verschönernden Träume zu geleiten. Prinzessinnen sind in orientalischen Märchenbüchern besonders geschätzt, wenn sie ihren Gatten wundersame Geschichten erzählen. Man denke nur an die Sammlung »Tausendundeine Nacht« oder an das Werk Nizamis, wo die Geschichten der sieben Königstöchter, jedesmal am richtigen Wochentag erzählt, dem Kaiser helfen, die Kräfte der sieben Planeten völlig zu begreifen.

Eine sachliche Erklärung der Feen (Peris) der orientalisch-iranischen Sagen, die die Helden »spielend« in die grenzenlosen Geisterreiche begleiten können, sieht in ihnen Schwestern aus dem Kreis der entsprechenden Überlieferungen. Durch die geeigneten Märchen und in Verbindung mit dem Zauberkreis der richtigen Umwelt, der bunten Beleuchtung, der Farben von Teppichen und Steinen brachten sie ihre Gefährten in das Reich der wundervollsten Träume. So hörte ein mir befreundeter Orientalist diese Meinung im Kreis von persischen Derwischen. »Man sah diese Erzählerinnen als Vermittler zwischen der Welt des Alltags und den Gärten, Wäldern und Schlössern der Geister (Dschinnen). Dadurch bekamen sie selber, als man ihre Kunst schon fast vergessen hatte, in den Sagen etwas Übernatürliches.«

Ganz ähnlich sollen unsere Hexen, von denen man glaubte, daß sie (während ihr Leib im Bette blieb) durch die Lüfte »fahren« konnten, sich für ihre Reisen durch »tägliche Geschichten« über die Wunder der Feenwelt vorbereiteten (J. S. Halle). Im Mittelalter galt die Kunst des richtigen Erzählens am Abend als Weg zur notwendigen Entspannung und damit als eine wichtige Vorbedingung für die Gesundheit: »In den Kreis von Schlafen und Wachen einbezogen ist die Kunst des Geschichtenerzählens, die vor dem Schlafengehen für angenehme Träume sorgt.«

In Rußland, Rumänien und Polen – dies wurde mir ebenfalls oft versichert – gab es Sippen der zwischen Schlössern, Herrensitzen und einsamen Dörfern herumziehenden Nomaden, die glücklichen Schlaf zu »schenken« wußten. Alexei Tolstoi läßt in einem historischen Roman solche »Landstreicher«, die gleichzeitig die Träger von zeitlosen Überlieferungen sind, sogar beim Kaiser von Moskau eingeladen sein – um ihm die Ruhe der Nacht zu bringen. Bevor sie ihn mit ihren Märchen, Legenden und Heldensagen in erfreuliche Träume zu versenken versuchen, erzählen sie ihm die alte Geschichte über die Entstehung ihrer Berufsgruppe: Jesus, der in den Himmel auffährt, will ihre Ahnen beglücken und gewährt ihnen einen Wunsch. Doch Johannes von Damaskus rät ihm, ihnen nicht große Reichtümer zu schenken, da sie dadurch nur in Zank und Machtkämpfe hineingeraten würden. Darauf habe »der Zar des Himmels« geantwortet: »Also geschehe es, wie du wünschest. Es sollen ihnen liebliche Lieder, schön klingende Guslas (ostslawisches Saiteninstrument, S. G.) und wunderbare Erzählungen gewährt werden. Und derjenige, der ihnen zu essen und zu trinken gibt, soll vor der finsteren Nacht behütet bleiben. Dem werde ich einen Ort im Paradies geben, ihm werden die Tore des Himmels nicht verschlossen sein.«

Auch ich habe mich davon überzeugen können, wie sehr sanfte Musik und »heilige« Geschichten den Menschen vor dem Einschlafen reinigen und ihm »die mit Edelsteinen geschmückten Tore des Paradieses öffnen«. Für die Zigeuner in Paris waren dies nicht schöne poetische Redewendungen, sondern, genau wie für die Erzähler der orientalischen Märchen, Tatsachenberichte über die ihren Vorfahren bekannten Techniken des glücklichen Eintritts in die Landschaften der Traumwelt.

Man kann heute, sogar mit einigem Erfolg, mit der Hilfe von Geschichten von Feenländern auf Tonbändern und sie begleitender ruhiger Musik das Seelenreisen erproben. Wer aber das Glück hatte, Vertretern der in Europa fast vergessenen Kunst zu begegnen, »die Menschen in den Schlaf zu bringen«, wird die Vorfahren wegen ihrer Unkenntnis vieler unserer technischen Errungenschaften nicht mehr bedauern. Der Traummagier, der mit dem Inhalt seiner Geschichten, seiner eindringlichen Stimme und der geschickt verwendeten Musik uns entspannt und in die Märchenwelt der Nacht versetzt, ist eine unübertreffliche Hilfe. Seine Fähigkeit, auf den jeweiligen Zustand und die Stimmungen des Menschen einzugehen, den er begleitet, ist durch kein anderes Mittel zu ersetzen.

In den Kreisen, die in den letzten Jahrzehnten wieder Abenteuer im Reiche des Geistes zu suchen begannen, die Wurzeln unserer Kultur neu zu entdecken und zu erforschen anfingen, lebte auch die Kunst des Erzählens wieder auf. Man versucht, in geschlossenen Gemeinschaften nach entsprechenden Vorbereitungen durch Geschichten und Musik, von denen nichts Alltägliches mehr ablenken darf, sich den Eintritt »in die ewigen Wunder der Nacht« zu verschaffen.

Jeder Kreis, der sich mit solchen Dingen abzugeben beginnt, wird meistens staunend entdecken: Auch in ihm gibt es geborene »Erzähler«, »Reisebegleiterinnen«, die sehr rasch ihre Begabungen wiederentdecken werden. Wenn sie reden, bringen sie uns durch ihr Wort in bessere Stimmungen als die teuersten phantastischen Filme und Fernsehspiele.

Sehr viele der alten Bücher betrachten als eine Voraussetzung zur praktischen Ausübung der magischen Bräuche – mag es sich nun um Seelenreisen, Wachträume oder ähnliche Vorgänge handeln – die eigene leibliche Reinigung. Als Beispiel für solche Lehren führen wir hier zuerst eine wichtige Stelle aus einem Zauberbuch an, das, wenn auch nicht beweisbar, Paracelsus selbst zugeschrieben wird, und in dem tatsächlich verschiedene Stellen den Sprachstil des Meisters (oder auch seiner nahen Jünger) erkennen lassen.

Wenn der Verfasser über die Beschwörung der Geister der sieben Planeten redet, so fordert er den Magier auf, vorher neue Kleider anzuziehen. Das Zimmer oder sogar das Haus, worin er die magische Handlung durchführen will, soll ebenfalls sauber sein, sauber auch der Teppich, den er benützt, sauber der Tisch, auf dem man in einem silbernen oder messingnen Leuchter schöne (neue) Wachskerzen zur Anrufung anzündet. »Mit einer neuen Pfauenfeder, die du mit einem Messer geschnitten hast«, schreibe den Namen der Geister und Planeten auf, die man für guten Rat und zur Übermittlung himmlischer Kräfte herbeirufen möchte.

Wenn Agrippa im berühmten, aber ob seiner Echtheit umstrittenen vierten Band seiner »Okkulten Philosophie« darüber redet, wie man »von einem Geiste im Traume Orakel erhalten kann«, schreibt auch er ausführlich über die Vorbereitungen: »Er (der Jünger der magischen Traditionen – S. G.) enthalte sich aller Speise, die von lebenden Wesen kommt, trinke nur klares Quellwasser. Die Abwaschung geschehe dergestalt, daß er morgens vor Sonnenaufgang seinen Körper nackt in fließendes Wasser taucht.«

Es ist für uns lesenswert, wie Agrippa wohl zur Bekräftigung dieser Gebote der äußeren Reinheit sich vor allem auch auf Zeugnisse aus den Kulturen der alten Griechen und Inder stützt: »Aus diesem Grunde wuschen sich die nach Orakeln (also Botschaften von ihren Göttern, S. G.) begierigen pythagoräischen Philosophen, sobald sie der Gottheit ihre Verehrung dargebracht, in einem Flusse oder im Bade, zogen, da sie die Wolle als eine profane und von tierischem Schmutze erfüllte Kleidung betrachteten, weiße und leinene Kleider an und bewohnten ein reines und durchaus unbeflecktes Schlafgemach. Auf ähnliche Art pflegten die Weisen der Inder, die Brahmanen, sich in einer Quelle nach dem Ablegen der Kleider zu baden, wobei sie zuvor den Kopf mit Bernsteintropfen und anderen hierzu geeigneten Wohlgerüchen einrieben.«

Nachdem Horst, dieser bedeutende Sammler von volkstümlichen und gelehrten magischen Büchern des 18. Jahrhunderts, festgestellt hat, wie sehr in den berühmten Werken wie »Claviculae Salomonis« oder im »Herpentil« dieses vorherige Baden wichtig ist, fand er in diesen Bräuchen eine deutliche Beziehung zur Bedeutung der Waschungen bei den Hindus, Parsen und Mohammedanern: Da das Baden im damaligen Europa wegen dessen heuchlerischem Puritanismus fast als abscheuliche Sünde galt, war er überzeugt, hier einen weiteren Beweis dafür gefunden zu haben, daß diese berühmten Zauberwerke ursprünglich aus dem Morgenland kamen.

Dies scheint auch der Grund zu sein, warum entsprechende »Rituale« heute wieder in Europa und Nordamerika ihre Auferstehung feiern. Ein Okkultist in Paris erklärte mir geradezu: »Wenn man sich in reinem Wasser badet, so mühsam und abenteuerlich es heute auch ist, wenn man in einer verschmutzten Großstadt lebt, zu einem solchen zu gelangen, so fühlt man sich mit den ältesten Ahnen verbunden, wie sie nach den Sagen einst am Ganges und an den andern heiligen Strömen des Ostens lebten.« Allgemein ist man fest überzeugt, daß man, wenn man höhere Zustände in geistigen Bereichen in sich hervorrufen will, zuerst seinen gewöhnlichen Alltag verlassen muß. Dies geschieht am besten, wenn man sich auf eine Meditation so vorbereitet, als ginge man auf ein wunderschönes Fest und zu einer bedeutungsvollen Begegnung mit vornehmen, verehrungswürdigen Leuten.

Zimmerwinkel als Himmelsfenster

In den Baracken der Flüchtlinge in und um Paris wie in den Wohnwagen der aus Osten eingewanderten Zigeuner sah ich stets eine »Heilige Ecke«. Mochte der oft viel zu enge Wohnraum noch so schäbig und elend sein, die frommen Bilder auf dem Brett im Winkel gaben ihm stets etwas Märchenhaftes (selbstverständlich sah man hier nicht bloß kirchliche Ikonen, Gemälde von Gott und den Heiligen, sondern auch sonst alles, was den Bewohnern wirklich teuer war: Bilder von Vorfahren und verehrten Fürsten der verständlicherweise verklärten Vergangenheit; oft ein kleines Gefäß mit Heimaterde, Familienschmuck und dergleichen).

»Will man gute Gedanken und gute Träume haben«, belehrte

mich der russische Dichter Alexej Remizow, sich dabei auf die Überzeugungen einer als Ketzer geltenden Gemeinschaft im östlichen Uralgebirge beziehend, »dann soll man vorher einen Blick auf die heilige Ecke werfen.« In ihr brannte auch bei den Flüchtlingen, zumindest am Abend, das Öl im ewigen Lämpchen. Damit das Zimmer, trotz aller Flüchtlingsarmut, »heilig und licht (swjato i swetlo)«, wirke, legte man hinten auf das Wandbrett etwa noch einen Spiegel und davor bunte Steine, die nun in der Dunkelheit des Abends einen farbigen Glanz verbreiteten.

Der Kult der heiligen Ecke in Osteuropa ist tatsächlich mit den uraltesten Überlieferungen verbunden, und in vielen Gegenden von Rußland stehen in ihr neben Bildern von christlichen Heiligen auch religiöse Sinnbilder der »heidnischen« Vorfahren. Bei östlichen, noch stark in schamanistischen Vorstellungen lebenden Stämmen gilt dieser Platz in der Wohnung geradezu als Fenster, durch das die Seele im Wachen und im Traum »mit den Göttern« in Verbindung treten kann. Erstaunlich häufig sah ich eine ähnliche »Heilige Ecke« (Herrgottswinkel) in den Hirtenhütten des Alpengebiets. Man schmückte sie früher, wie man mir ausdrücklich erzählte, sehr gern auch mit Bergkristallen und war ebenfalls überzeugt, daß deren Glanz »Glück ins Haus bringe«.

Der russische Dichter Sergej Essenin sah in einer Schrift, die 1920 herauskam und für unzählige Flüchtlinge im Ausland zu einer Manifestation ihrer inneren Heimatsuche wurde, in der ganzen östlichen Volkskunst die Verkörperung einer Urweisheit, wie sie die Alten Hermes Trismegistos zuschrieben: »Was oben ist, ist wie das, was unten ist. Die Sterne sind am Himmel – und die Sterne sind auf der Erde.« Das Herzdenken des Volkes fand er besonders gut ausgedrückt in einem Lied, in dem ein alter Wanderer klagt, daß er sein heiliges Buch im dunklen Wald und den Schlüssel zur Kirche verloren habe. Gott selber tröstet den verzweifelten Greis: Er werde für ihn mit seinen Sternen ein neues, unzerstörbares Buch erschaffen.

In ihren Hütten sahen die östlichen Stämme eine Verkörperung des Weltalls. Die Decke war ihnen das Himmelszelt, der sie haltende Balken (matiza) die Milchstraße, und die schöne Ecke, in der die Heiligenbilder standen und in den Raum hineinstrahlten, setzten sie der Morgenröte gleich. In ihrer Hütte, so festgefügt sie für den seßhaften Teil des Volkes auch sein mochte, sahen sie nach Essenin doch so etwas wie einen Wohnwagen, der seine Bewohner durch die Ewigkeiten fährt.

Essenin nannte seine Schrift, in der er während der Wirren der

Kleine tragbare Holz-Heiligtümer in Zimmerecken verwandelten noch indischen und tibetanischen Flüchtlingen ihre dürftigste Behausung in einen Tempel des Göttlichen. (Im Mittelpunkt des aufklappbaren Altars das mit Kraftsteinen geschmückte Bild des Gottes Vishnu-Krishna und seiner ewigen Gattin, der Glücksgöttin Lakshmi.)

politisch-wirtschaftlichen Umwälzungen zu zeigen versuchte, wie sehr unser Wesen in den Vorstellungen der Urzeiten wurzelt, »Die Schlüssel Marias«. Maria ist die heilige Jungfrau, die Gottes Sohn gebiert, aber sie ist auch, wie er zeigt, für volkstümliche Religionsgemeinschaften die von Gott stammende Seele des Menschen.

In dem russischen Märchen, das ziemlich genau dem mitteleuropäischen Schneewittchen entspricht und das der Dichter Puschkin nach dem Volksmund niederschrieb, kommt die unterdrückte und verfolgte Prinzessin zu einem schmucken Gebäude, in das sie in Abwesenheit seiner Bewohner eintritt. Sie sieht die Heiligenbilder in der Ecke und schließt daraus, daß hier gute Menschen wohnen. An Stelle der sieben Zwerge des deutschen Märchens kommen hier nun die »sieben Helden«, um sie zu beschützen. Als die Prinzessin dann von der bösen Macht umgebracht wird, legen sie die sieben Helden in einen über dem Boden schwebenden Kristallsarg, aus der sie der Prinz auferstehen läßt und zu seiner königlichen Gattin macht.

Die heilige Ecke ist in Märchen und frommen Legenden immer ein Mittel, sich in einer feindlichen Umwelt von heiligen Kräften beschützt zu fühlen. Sie bestätigt dem Menschen die Urwahrheit, daß er, wenn er sich im Kreis der Überlieferungen seiner Ahnen sieht, ein ewiges Wesen ist. Er erkennt seine Seele als etwas Ewiges, Göttliches, eben als »Maria«, als die reine Prinzessin der Volksdichtung. Er glaubt sich von Himmelskräften behütet und zu seiner Erneuerung geleitet.

Als sich nach der auf alte Traditionen zurückgreifenden Hippiezeit in den siebziger Jahren auch in äußerlich grauen Wohnblökken eine neue Innenarchitektur zu entwickeln begann, entstanden auch im Westen überall wieder »heilige Ecken«. Ob nun von indischen Vorstellungen, östlichen Zigeunern oder Alpenhirten angeregt, vereinigten sie den heiligsten Besitz der Bewohner, »damit man mit dem letzten Blick vor dem Einschlafen erkenne, daß man immer von den guten Kräften in sich und um sich beschützt ist«.

Durch Entspannung ins Feenreich

In den Arbeitszimmern jener Menschen, die an die Wirklichkeit der Seelenreise glauben, steht oft eine bequeme Liegegelegenheit. Ein schweizerischer Erforscher der Überlieferung der westeuropäischen Alchimisten und Rosenkreuzer erklärte mir hierzu in den fünfziger Jahren: »Wache, wenn du schläfst; das war eine der Grundlehren der alten Eingeweihten, deren Ideen über die französischen Forscher des 19. Jahrhunderts auf uns kamen. Die räumliche und zeitliche Gelegenheit, sich zu entspannen und in das eigene Unterbewußtsein einzutauchen, war ihnen bedeutend wichtiger als ihr Schreibtisch. Man hat nur schöpferische Träume, wenn man sich ihren Einflüssen völlig entspannt hingibt. Durch sie empfängt man die guten Ideen und verrichtet damit die eigentliche Arbeit. Tagsüber am Schreibtisch hat man dann nichts weiter zu tun, als diese Gedanken aus seiner Seelentiefe verstandesmäßig auszuarbeiten und niederzuschreiben.«

Bei den Flüchtlingen in Paris und in den halb verfallenen, billigen Häusern der Provence, die ich in den Jahrzehnten nach dem Weltkrieg besuchen durfte, sah ich oft einen Diwan, der mit als das wertvollste Möbel der Wohnung galt. Er stand etwas abseits, damit er ja nicht durch gewöhnliches Herumsitzen »entweiht« werde. »Wenn man ihn nur benutzt, um gute Gedanken und Bilder zu schauen«, so erklärte mir ein russischer Kunstmaler, »verstärkt und verbessert sich nach und nach seine Wirkung. Würde man aber auf ihm nur betrunken herumliegen oder um so nebenbei eine Tasse Tee zu trinken, würde er zu einem ganz gewöhnlichen Hausgerät. Wenn ich ihn aber nur benutze, um einmal in der Woche farbige Träume zu haben, die mir in meiner Kunst weiterhelfen, oder auch, um mich während des Alltags zu entspannen und meinen Geist im Wachtraum zu sammeln – dann wird für mich dieser Diwan zu etwas ganz Besonderem. Mir kommen schon gute Gedanken und Anregungen, wenn ich mich auf ihn nur kurz niedersetze.«

Obwohl das auch in der russischen Sprache vorhandene Wort »Divan« für die bequemen, aus dem Orient übernommenen Sitz- und Liegegelegenheiten nach der Sprachforschung aus der französischen Sprache (divan) übernommen wurde, hörte ich als Jugendlicher in den Kreisen der östlichen Seelenreisenden eine andere Ableitung: Divan käme von dem uralten slawischen Ausdruck Diwo, also Wunder. »Wir denken an dieses Zauberwort, weil wir wissen, daß man dank ihm durch Meditation oder Träume alle Wunderreiche (zarstwa diwnije) in uns durchwandern kann.«

Bei Menschen mit dem Sinn für Überlieferung fand ich die Überzeugung, daß der offenbar neue Ausdruck Diwan und der uralte Begriff Diwo auf eine morgenländische Wurzel, zu uns gekommen durch Völkerwanderungen, zurückgehen. Aus seinen zahlreichen Freundschaften mit Tataren und Türken wußte mein Vater, daß »Diwan« die Bezeichnung für den versammelten Kreis der Berater der orientalischen Fürsten war. Den Zusammenhang dieses Ausdrucks mit dem europäischen Wort für unsere Liege- und Sitzmöbel hatte ihm ein gebildeter Turkmene erklärt: »Die Ratsversammlungen der orientalischen Könige galten den Stämmen als eine Art mystischer Vorgang. Man erzählt, daß es dabei in den Reichen der verwandten Völker, die sich noch im 18. Jahrhundert von Südrußland bis zum heutigen chinesischen Turkestan ausdehnten, keineswegs wie bei Abstimmungen in westlichen Parlamenten zuging. Die Berater, vertraut mit den Überlieferungen oder bekannt und geschätzt als Dichter von Heldensagen, versenkten sich in die Welt ihrer Erinnerungen und Ahnenträume. Wer dann am überzeugendsten und tiefsinnigsten darüber zu reden wußte, auf den wurde am meisten gehört.«

Das Wort »Diwan« für solche Ratsversammlungen geht im übrigen, was offensichtlich vielen christlichen Russen aus den Märchen der islamischen Stämme ihrer Länder bekannt war, auf die persische Bezeichnung »Div« für die Feenwesen zurück. Auch den Forschern der west- und mitteleuropäischen Romantik mit ihrer neu erwachten Begeisterung für die Traumreisen der morgenländischen Sagenhelden waren solche Zusammenhänge wohlbekannt: Diwan habe demnach der Reichsrat des Herrschers der Urzeit, Salomo, geheißen, der dann ein natürlich von den Nachgeborenen unerreichbares Vorbild für spätere Herrscher der verschiedenen Erdteile geworden sei. Er habe so geheißen, weil er aus mächtigen Geistern bestand, die dem König das Wissen aus allen Zeitaltern und Sternenwelten brachten.

Die Bücher der orientalisch-islamischen Überlieferung lehren nichts wesentlich anderes als die der Inder, die ähnliches von den Beziehungen ihrer Helden zu den Göttern (devas) erzählen: Diw ist im Persischen das gleiche wie der Ausdruck Dschinn im Arabischen. Diwan bedeutet eine Anzahl von Diwen, also von Wesen aus den Märchenreichen der Feen. »Seitdem bezeichnet Diwan im Morgenlande jede Versammlung von Räten und Dichtern, denen, wenn nicht im einzelnen, doch insgesamt Dämonenkraft (also übermenschliche Erkenntnis, S. G.) einwohnen soll« (nach v. Hammer-Purgstall).

Oder wie ich es unter den Flüchtlingen von Paris aufschrieb: »Der Diwan ist den Okkultisten nicht nur Schlafgelegenheit. Er ist für sie, die sich mit den Sprachwurzeln der orientalischen Mystiker beschäftigen, der Name für den Zustand der Entspannung ›am guten Ort‹, der ihnen die Pforten zu den Gesichten aus der Feenwelt der Wunder öffnet.«

Flügel für unseren Geist

Den Schmuck der »Heiligen Ecke«, die man als Pforte ins »Traumreich der Wünsche« ansah, bildeten, genau wie in den Märchen von den orientalischen Fürsten der Urzeit, »die dank ihrer Wissenschaften und Künste alles haben konnten«, bis in die Gegenwart die gleichen Pfauenfedern und Edelsteine. So sah ich es mehrfach in den ärmlichen Stuben von Flüchtlingen, in denen nur das Brettchen eine Erinnerung an die frühere (und wie sie hofften, auch an die künftige) Pracht ihrer Heimatländer darstellte.

Die Pfauenfedern bildeten in der Regel den Rahmen um das Heiligenbild in der Mitte. Man erklärte sie als einen Hinweis auf die Herkunft »aller Weisheiten« von den Ahnen, die aus dem Morgenland (der Heimat des Pfauenvogels) eingewandert seien. Noch urtümlicher schien mir die von einem Zigeuner und Kunstmaler stammende Erklärung, die mir ebenfalls mein Vater übermittelte: »Der Pfau besitzt auf seinem Schwanz sämtliche Farben der Welt, die uns mit ihrer Fülle bezaubern, anlocken und gleichzeitig verwirren.« Solche Überlegungen decken sich erstaunlich mit denen, die wir aus dem Zeitalter des Urchristentums und der orientalisch-griechischen Gnosis besitzen: »Man unterscheidet 365 Farben in seinem (des Pfauen – S. G.) Gefieder. Er war also ein kosmologischer Vogel. 365 Himmel (die Zahl des Sonnenjahres) hat Basilides unterschieden . . .«

Im römischen Kalender erschien der Pfau übrigens, wahrscheinlich aus verwandten Grundüberlegungen, als Sinnbild des Frühlings- und Erneuerungsmonats Mai, dessen Namen man mit dem der Maja zusammenbrachte, der Göttin, die nach Plinius »die Gestirne trägt«, also wiederum die Verwalterin der Vielfalt der Kräfte des Weltalls ist. In der mittelalterlichen Alchimie, die stolz war, die Geheimnisse der Urzeit verschlüsselt weiterzuvermitteln, werden Pfauenschweif und Regenbogen gleichgesetzt, also beide zu Sinnbildern aller Farben und damit Möglichkeiten der Welt gemacht.

Während die Pfauenfedern (oder Ersatzschmuck aus andern Federn oder Blumen in sämtlichen erhältlichen Farbtönen) die Gesamtheit unserer Welt und ihrer bunten Möglichkeiten darstellen, ist eine bestimmte Farbe von Steinen »der Hinweis auf einen bestimmten Lebensweg«. Legt man zum Beispiel einen milchigen Selenith (Mondstein) auf das Brett in der heiligen Ecke in die Mitte der übrigen farbigen Umgebung, dann ist dies eine Bitte um die Zunahme der Kräfte der Gesundheit. Wie ich es ebenfalls in Paris hörte: »Ein bewußter Mensch muß selber herausfinden, welche Energien er in seiner Seele zu wecken wünscht, und der Edelstein der richtigen Farbe, der im Licht aufglänzt, erinnert ihn nun bis in seine Träume hinein daran. Er muß selber wissen, was er jetzt in der nächsten Zeit vor allem braucht: die Fähigkeit der zielbewußten Aktivität, deren Sinnbild der rote Rubin ist, oder die überlegene Weisheit, die man immer mit den Steinen des Saturn in Verbindung brachte.«

Die Farbfülle unserer Welt, in den alten Überlieferungen dargestellt durch die siebenfache Schönheit des Regenbogens oder das göttliche Kunstwerk der Pfauenfedern, bedeutet in der Magie das Sinnbild der Gesamtheit unserer Lebenswünsche. Zigeuner-Wahrsager lehren uns aber die Notwendigkeit der Sammlung unserer Gedanken auf ein bestimmtes Ziel: »Auch das Licht erzeugt ein Feuer, wenn wir es mit einem Brennglas auf einen Punkt vereinigen. Wir können manches, was wir begehren, erfüllt erhalten, aber niemals alles und jedes. Es ist eine alte Volksweisheit, nach der Glück in der Liebe und Glück im Spiel sich gegenseitig ausschließen. Das ist eigentlich kein Aberglaube, sondern die Schlußfolgerung aus der Erfahrung, daß niemand gleichzeitig zwei Hasen jagen kann. Der Spieler entzieht viel an Zeit und Kraft, wenn er seiner Leidenschaft frönt, den Frauen. Umgekehrt wird ein Weiberheld beim besten Willen nicht die Geduld aufbringen, die man nun einmal braucht, um am Kartentisch Glück und Gewinn zu erzwingen.«

Mit solchen Beispielen wird uns verständlich gemacht, daß es eigentlich kein Gelingen auf einem bestimmten Gebiet geben kann, wenn wir nicht erlernen, unseren Geist immer schärfer darauf zu richten, zu konzentrieren. Der Stein von einer bestimmten Farbe, die die Tradition mit einem von uns besonders geschätzten Gebiet in Verbindung bringt, ist demnach nur das Hilfsmittel dazu. Um bei dem obigen Beispiel zu bleiben, ist es also für einen unschlüssigen Menschen angebracht, wenn er sich am Abend vor dem Einschlafen ruhig überlegt, um was es ihm eigentlich mehr geht – um Glück in der Liebe oder im Spiel. Im ersten Fall wäre der Blick auf einen himmelblauen Venusstein das Richtige, im zweiten auf einen gewinnverheißenden Stein des geschäftstüchtigen Merkur.

Die Wahrsager haben seit jeher festgestellt: »Das Erkennen, was man vorwiegend will, ist schon der erste Schritt, um das Gewünschte wirklich zu erreichen. Der Stein ist einfach ein Mittel zur Stärkung und Festigung der Erinnerung, damit sich der Wunsch tief in unsere Seele gräbt und deren Kräfte in die gewünschte Richtung lenkt. Wir beschäftigen uns dann mit unserem Ziel sogar in unseren Träumen, wobei es im Grunde genommen nebensächlich ist, ob wir uns am Morgen an sie erinnern oder nicht. So oder so – jeden Abend, an dem wir uns so auf den Schlaf vorbereiten, lösen wir Energien aus, die uns dem Zustand näherbringen, den wir ersehnen.«

Stimmungstheater durch Farben

Als Vorbereitung für die bewußte Erzeugung von bestimmten Stimmungen in unserer Seele, vor allem auch als eine wichtige Vorbereitung für nächtliche Traumreisen, scheint zu allen Zeiten farbiges Licht verwendet worden zu sein. Wir haben an Selbstversuchen und auch in kleinen Arbeitskreisen feststellen dürfen, daß, wenn wir zusätzlich mit diesem Mittel die Steinmeditation unterstützen, die Ergebnisse bei vielen dafür empfänglichen Menschen noch etwas verbessert werden können. Selbstverständlich müssen das farbige Licht und die Farbe des gewählten Steins einigermaßen übereinstimmen.

Das Verfahren dazu ist an sich sehr einfach, kann aber, wie bei allen Bräuchen dieser Art, mit Phantasie und Selbstversuchen noch ausgebaut werden. Nur ein Beispiel: Am Abend vor dem Dienstag, dem Tag, dem die rote Farbe des Mars zugeschrieben ist, brauche man eine rote Lampe oder eine Lampe mit einem roten Schirm. Man mache die Vorbereitungen für den Schlaf möglichst nur bei ihrem Licht und versetze sich dabei in heitere Stimmung, indem man beobachtet, wie die uns gewohnte Umgebung sich durch die Rotfärbung verändert.

Wenn wir das Licht dann ausmachen und mit dem Rubin (oder einem andern wesensverwandten »marsischen« Stein) meditieren, werden wir in gewissen Fällen feststellen können, daß wir uns das rote Licht, das in uns aufleuchtet und uns in die Welt entsprechender Träume geleitet, nun viel besser vorstellen können. Das rote Licht können wir selbstverständlich auch am Morgen leuchten lassen, wenn wir vor der Morgenmeditation zum »Wecken der Lebensgeister« noch eine gewisse Einstimmung brauchen.

Der Orientalist Rudolf Gelpke erzählte mir (1969) Geschichten über solche angewandten Künste in asiatischen Märchenstädten wie Chiwa, Buchara oder Samarkand. Mag in diesen Sagen, die noch in unserem Jahrhundert unter den turkmenischen Sufis von Nordpersien oder Afghanistan weitergegeben wurden, manches übertrieben sein – man kann auch aus schriftlichen Quellen noch die Bestätigung finden, daß während der Entfaltung der asiatischen Kulturen in ihnen immer wieder die glückliche Verschmelzung von überlieferten Wissenschaften, angewandter Kunst und familiärem Lebensstil stattfand.

Das Licht schimmerte an diesen Orten aus Lampen, deren Gehäuse aus wertvollem Metall gegossen und gehämmert war, durch

Dutzende von fein geschliffenen Edelsteinen. Deren Farben wurden in den Raum geworfen und gaben dessen Halbdunkel die gewünschte Zaubertönung. Wenn sich in diesem Glanz, der zusätzlich von weiteren, im ganzen Raum verteilten Schmucksteinen, Spiegeln und farbigen Schleiern umrahmt wurde, noch der Nebel von Räucherungen fein kräuselte, dann wähnte sich der Eintretende bereits in einem phantastischen Traum.

In Frankreich hat man mir erzählt, wie sehr auch im Europa des 18. und 19. Jahrhunderts Feenmärchen und der Orientalismus bei bedeutenden Künstlern in Mode gekommen waren. Man versuchte, Wohnungen in feenhaftem Stil auszustatten und zu Inseln für ein verfeinertes Geistesleben werden zu lassen. In einigen Schlössern und Patrizierhäusern gab es blaue, grüne oder rote Zimmer, in die man sich besonders am Abend zurückzog, um sich den verschiedenartigen Stimmungen hinzugeben und sich durch Entspannung auf die Ruhe der Nacht vorzubereiten.

Unabhängig von diesen Resten der aristokratischen Kultur erhielten sich auch im europäischen Volk Erinnerungen an solche Seelentechniken. Wir erinnern nur an die »abergläubische«, zweifellos aber auf alten Erfahrungen beruhende Gewohnheit, verschiedenfarbige Kerzen, selbstverständlich ebenfalls »an den richtigen Planetentagen«, zu entzünden, um dadurch bestimmte Wirkungen zu erzielen. Eine rote Kerze in der Nacht auf den Dienstag sollte zum Beispiel in einem selber (und in demjenigen, an den man beim Anzünden dachte) sinnliche Leidenschaft wecken helfen, blaugefärbte Kerzen dagegen eher eine treue und tiefe Liebe.

Wie uns Selbstversuche bewiesen, ist der Einfluß eines solchen Kerzenlichtes auf unser Gemüt nur ein Bruchteil desjenigen, den eine farbige Lampe oder gar eine gefärbte elektrische Glühbirne ausübt. Immerhin, die Kerzenflamme zieht in jedem Fall die Blicke auf sich, und ein Weihnachtsbaum, den nur rotgefärbte Kerzen schmücken, erzeugt unter den Anwesenden oft eine ganz andere Grundstimmung als der, auf dem sich nur blaue befinden.

Farbiges Licht oder Licht, in dessen Umgebung sich aufglänzende Gegenstände von der gewünschten Farbe befinden, ist auch heute noch ein bewährtes Mittel, um Meditationsübungen mit einem bestimmten Edelstein vorzubereiten und damit zu intensivieren. Wenn wir Versuche in dieser Richtung unternehmen, scheint dann schon bald der ganze Raum mit den gleichen Einflüssen erfüllt, wie sie auch aus dem benützten Schmuckstück hervorglänzen. Die Eindrücke, die wir so gewinnen, entflammen zusätzlich unsere Phantasie. Nach mehreren Wiederholungen solcher Far-

»Heilige Winkel«, hier ebenfalls mit Spiegel und farbigen Steinen verbunden, geben heute wieder sogar sehr modernen Wohnungen »eine Pforte in die Welten des Zeitlosen«.

benspiele im Raum folgen sehr häufig Träume, in denen wir uns in ganzen Sälen aus farbigen Steinen befinden und in deren Strahlenglanz wir geradezu baden.

Für die Vorbereitung der Montag-Nacht, der man vor allem »bleiche« Steine zuordnet (etwa weiße Perle, Mondstein), nimmt man verständlicherweise keine farbige Lampe, sondern einfach ein schwaches Licht. Gelegentlich versucht man auch, bei günstiger Lage der Wohnung und wenn die rechte Zeit dafür da ist, ganz einfach silbernes Mondlicht ins Zimmer fallen zu lassen.

Für die Nacht auf den Sonntag mit seinen durchscheinenden Hauptsteinen (Bergkristall, Diamant) bereitet man sich in einem Gemach vor, das man durch möglichts viele Kerzen und reflektierende Spiegel mit einem gleichmäßigen Glanz erfüllt. Das Zimmer muß zwar alle Farben des Regenbogens enthalten, die ja alle in den Sonnenstrahlen sind, der Gesamteindruck muß aber sein, daß es freundlich hell und licht ist.

Die Umwelt – Tor zu »Zeitreisen«

Dazu eine erstaunliche praktische Erfahrung: Während viele Zeitgenossen in sterilen, langweilig-sachlichen Räumen mit Möbeln aus modernen Kunststoffen keinen Gedanken an die Traumkultur ihrer Altvordern verschwenden, werden sie in einer romantischeren Umgebung wie durch Zauberei umgewandelt. Ihre Erinnerungen an die Sagen ihrer Eltern und Ahnen brechen fast mit elementarer Gewalt hervor. Ein fester Glaube an die Welt der Phantasie erscheint ihnen dann als eine Selbstverständlichkeit.

Die Heiler und Hexer aller Zeiten, für die die Kunst, mit unseren verborgenen Seelenkräften im Unterbewußtsein zu arbeiten, fast eine exakte Wissenschaft war, kannten diese Möglichkeiten. Wenn sie ihren Gästen Geschichten mit magischer Bedeutung erzählten, ihnen »Glücksbringer voll der Sternen-Wirkungen« schenkten und sie in Wahrträume versetzten, versuchten sie, diese zuerst gründlich aus deren gewohnter Umgebung herauszuheben.

Der von ihnen Beratene sollte vergessen, was für politische und gesellschaftliche Mächte seine Gegenwart beherrschten, was für Moden der Bekleidung oder des Wohnens sonst üblich waren, welche Glaubenssätze gerade als unerschütterliche Dogmen galten und ähnliches. Er sollte sozusagen aus seiner Zeit, also seinen üblichen Überzeugungen und Gewohnheiten »heraustreten«. Dann vergaß er von selber die meisten seiner Ängste oder Hoffnungen des Alltags, und aus der Tiefe seines Wesens begannen seine ureigensten Gedanken aufzusteigen.

Ein Kenner des Volkslebens der französischen Landschaften, der Schriftsteller Gustave Le Rouge (1867–1938), bezeugt uns, wie

Im Vordergrund dieses heiligen Zimmerwinkels in einer Alpenhütte sehen wir kleine Zinnfiguren: Adam und Eva im Paradiesgarten. Der Mensch lebt nach diesem uralten Sinnbild stets umgeben von den göttlichen Kräften in der ganzen Schöpfung, »er muß nur offen sein, sie zu empfangen«.

zahlreich noch bis in seine Zeit die Hexenmeister am Rand der Dörfer waren. Ausdrücklich stellt er fest, daß sich sogar das Äußere ihrer Erscheinung seit dem Mittelalter (oder sogar seit den Jahrhunderten davor) kaum verändert hat. Obwohl er es, wie viele ähnliche Zeugen, nicht ausdrücklich behauptet, wird auch bei ihm der Glaube deutlich, daß die diesen »Zauberern« eigene Fähigkeit des Traumreisens nicht zuletzt deren konservativen Lebensstil zur Voraussetzung hatte.

Ähnlich schildert der ungarische Kenner alter Geschichten, Moritz Jokai, in seinem »Zigeunerbaron« (dem Vorbild der köstlichen Oper von Johann Strauß) die Umwelt der alten Zigeunerin, die nach ihm »in allen Hexenprozessen des 18. Jahrhunderts erwähnt wurde«. Ihr dunkles Zimmer enthält vielerlei Hinweise auf ihre Geheimkünste. Auf ihrem »wahrhaften Hexenofen« sitzt eine ausgestopfte Eule, ein Totenschädel dient als Lampe, ein Metallspiegel erinnert an die Fähigkeit, in andere Reiche zu schauen. Dazu kommen Zaubergefäße mit Salben und eine Krücke, die sich bei Traumritten in ein Feenpferd verwandeln kann.

Der ungarische Dichter schreibt bei seiner Schilderung der Gefühle des Helden, als er in diesen Märchenraum treten darf: »All das erblickte Jonas; doch er sah es nicht zum ersten Mal, denn ähnliches war ihm früher oft im Traume erschienen, wenn ihm seine Mutter vor dem Schlafengehen tolle Geschichten erzählt hatte.« Auch Jokai sieht offensichtlich die Wirkung dieser ungarischen Nomadenhexen nicht in irgendwelchen »Zaubereien« im Sinn der abergläubischen Ketzergerichte von damals, sondern in ihren uralten Erfahrungen bezüglich der Kräfte der menschlichen Seele. Dank dieser Kräfte gewinnt im »Zigeunerbaron« das verarmte Liebespaar aus angesehenen Geschlechtern Einfluß und Reichtum zurück.

Eine ähnliche eindrucksvolle Umgebung sah ich im lärmerfüllen Paris der Gegenwart im Zimmer des russischen Sagen- und Legendenerzählers Alexei Remizow. Alles war da: aufgehängte Alraun-Wurzeln, das »Tatarenkraut« Ginseng, Äste eines Lebensbaums, bunte Uralsteine, sogar der (angeblich noch aus dem russischen Wald stammende) Reitbesen der »Oberhexe« Baba-Jaga.

Der Dichter verriet mir: »Wenn einer, der gerade mit dem Auto durch die Großstadt gefahren ist, bei mir eintritt, wird er meistens durch den Anblick meiner Sachen aus seinem gewohnten Gedankengeleise geworfen. Paris, in dem er noch vor einem Augenblick war, ist für ihn nun plötzlich weitab, nur noch ein Schattenspiel ohne viel Bedeutung. Hätte ich ein modernes Schriftstellerbüro, würde er über meine Geschichten lächeln. Nun aber sind sie für ihn, ob er es will oder nicht, eine Wirklichkeit.«

Ein Heiler in den Alpen, der in einer altertümlichen Holzhütte lebte, drückte es mir gegenüber noch prägnanter aus: »Die Wanderung zu mir durch den Bergwald und über schadhafte Brücken, meine Behausung aus schweren Balken – das ist für den Ratsuchenden die Tür zu einem anderen Universum. Daheim in der Stadt war er vielleicht ein zynischer Materialist, jetzt ist er in einen Lebenskreis geraten, in dem der Glaube an das Wunderbare eine Selbstverständlichkeit ist. Jetzt kann er schöpferische Kräfte in sich entdecken und befreien, die er ganz und gar vergessen hatte.«

Schaffen wir für die Vorbereitung unserer seelischen Erfahrungen eine Umgebung, wie sie auch vor vielen Geschlechtern nicht viel anders gewesen sein dürfte, so erwachen in uns verdrängte Bewußtseinsschichten. Selbstverständlich braucht unser Ruhezimmer nicht annähernd so auszusehen wie die Umgebung russischer oder ungarisch-zigeunerischer Schamanen. Möglichst viel Holz, einige bequeme Wohngeräte, Bilder mit uns ansprechendem Gehalt können völlig genügen, um uns die äußeren Voraussetzungen für die gewünschten »zeitlosen« Stimmungen zu erschaffen.

Weitere Vorbereitungen für unsere Übungen

Vorstellungen von der Kraft im Stein

Die »Kraft« des von uns benützten Steins kann man sich als ein liebenswürdiges Wesen vorstellen, vielleicht als eine Elfe, die im Kristall wohnt, ihn als Behausung benützt, manchmal als guter Hausgeist aus ihm hervortritt und ihrem menschlichen Freund hilft. Wenn man am richtigen Tag mit der Hilfe des Steins die entsprechenden Seelenreisen unternehmen will, dann soll man nach den dazugehörigen Lehren das farbige Hilfsmittel aus dem Erdreich vorher auf keinen Fall als eine tote Sache anschauen. Man soll dessen Glanz, dessen ganze Schönheit bei den verschiedensten Beleuchtungen genießen, sich überlegen, an was uns dessen äußere Formen erinnern.

Dann soll man sich überlegen, wie ein »Geist«, der im Stein, den wir für uns benützen wollen, wohnt, wohl aussehen könnte. Märchen wie auch die alten Zauberbücher über die Elementar-Geister können uns, wie wir schon mehrfach sahen, dafür die besten Anregungen geben. Im roten Stein, den man seit jeher dem kriegerischen Mars zuordnet und durch den man in Beziehungen zu den entsprechenden Kräften treten will, kann man einen »Feuergeist« mit glühenden Haaren und Augen sehen, im Bergkristall einen hübschen, strahlenden Boten aus dem Feenreich, dessen Gewänder in allen Regenbogenfarben aufglänzen, dessen eigentliches Wesen aber fast aus diamantklarem Licht besteht.

Je lebendiger wir das Wesen »sehen«, das im Stein haust oder mit dem wir durch diesen in Verbindung treten können, um so mehr kann es uns nützen. Nehmen wir nun diesen »belebten« Stein am richtigen Abend als Schlafbegleiter, werden wir um so sicherer gute Träume haben – also zum Beispiel marsische »Gesichte der Nacht« beim Rubin, »Besuche im strahlenden Sonnenland« beim Alpenkristall oder Diamant. Gelegentlich kann der Traumversuch, dem eine vorherige Meditation über das Leben im Stein voranging, sogar dazu führen, daß wir der »Steinelfe«, die wir uns vorher bildhaft vorstellten, leibhaftig bei unserem Besuch im Traumland begegnen. Ein solcher Rubin-, Kristall- oder Smaragdgeist, oft zauberhaft seine Gestalt wandelnd, ist dann eine Art »Reiseführer« im entsprechenden Geisterland. Er taucht in den wunderbarsten Landschaften und phantastischen Geschehnissen auf und erklärt dem staunenden Schläfer sogar in Worten, die ihm auch nach dem Erwachen in Erinnerung bleiben, den für ihn wichtigen Sinn. (Als einen seltsamen Traumbegleiter ließ etwa der englische Dichter Lewis Carroll einen etwas gespenstischen Kater in seinem Märchen »Alice im Wunderland« erscheinen.)

Solche Vorstellungen haben zweifellos unsere Vorfahren seit jeher begleitet, und ohne deren Wirklichkeit in den Traumspielen des Geistes könnte man kaum die Entstehung unserer Märchenwelt erklären. Schon der Zigeunerforscher Leland erkannte den erstaunlichen Zusammenhang der Vorstellungen von den Naturgeistern im uralten Himalajaraum bei den von Indien her in Europa eingewanderten Nomaden und bei den Okkultisten des 19. Jahrhunderts. Einheimische Sagen, wie ich sie noch in Salzburg von einer alten Frau am Paracelsus-Grab hörte, behaupten, der Magier von Hohenheim habe im Knauf seines Ritterschwerts »den in allen Farben schimmernden Stein der Weisen, der ihm jede Heilung ermöglichte«, eingeschlossen gehabt. Dort habe eben sein »Familien-Geist« seine Wohnung besessen.

Man mag – besonders in unserer demokratischen Zeit – über den Adel denken wie man will; sicher ist, daß die meisten (! S. G.) Angehörigen des alten Geburtsadels keine Materialisten waren, daß sie vielmehr an alten Familiensagen und Traditionen festhielten, nicht bloß aus Pietät, sondern weil des öftern in altadeligen Familien Kleinode und Talismane aufbewahrt werden, die ein Vorfahre auf irgendeine eindrucksvolle Weise bekommen hat (G. W. Surya). Dies soll häufig bei dessen Begegnung mit Naturgeistern geschehen sein. An den Besitz und die den Enkeln und Erben geheim weitergegebene Art der richtigen Benützung des magischen Gegenstandes glaubte man »das Glück des Hauses« geknüpft, dies oft durch viele Jahrhunderte. Aus solchen Sagen um Glücksgegenstände entstanden viele künstlerische Dinge, die für ihre Besitzer nicht nur wegen ihrer äußeren Schönheit oder ihres materiellen Wertes bedeutungsvoll waren. Ich erinnere mich an ein herrliches Schmuckstück der Jugendstilzeit, an eine Brosche aus dem Jahr 1904. Sie zeigt eine goldene Elfe mit Libellenflügeln, mit Brillanten, Rubinen und Smaragden geschmückt.

Die Anhänger der Steinmagie glauben allerdings nur selten an Naturgeister im buchstäblichen Sinn des Wortes. Ihre etwas vagen

Vorstellungen sind aber für sie ein Mittel, das Leben auch in den sogenannten »toten« Dingen zu erfühlen. »Alles wirkt aufeinander.« So hat es mich noch vor dreißig Jahren ein Bergbauer aus den Alpen, der besonders an die Wirkung von Kristallen glaubte, gelehrt. »Je mehr wir einen Gegenstand schöner und lebendiger sehen, ihn wie ein liebes Wesen ehren, desto mehr verzaubern wir uns selber, desto mehr sind wir bereit, von ihm Anregung und Kraft entgegenzunehmen.

Das Finden »seines« Gestirns

Um seinen Glücksstein zu finden und sich über den Charakter seiner Traumwelt klar zu werden, haben orientalische wie abendländische Weise seit jeher geraten, erst einmal seinen Planeten herauszufinden. Daß man diese Empfehlung in der Neuzeit immer weniger verstand und in Lehrbüchern der »Sternweisheit« viele Mißverständnisse darüber bestehen, geht auf einen Hauptgrund zurück: Planeten, also die Gestirne, die deutlich am Himmel auf dem Hintergrund der scheinbar feststehenden Fixsterne wandern, bedeuten in den alten Werken etwas anderes als in den letzten Jahrhunderten.

Man hat mehrere »neue« Planeten entdeckt, die für das unbewaffnete Auge nicht sichtbar sind: Uranus, Neptun, Pluto. Da die alte Astrologie gleichzeitig immer mehr verketzert und oft sogar offen verfolgt wurde, gab es auf ihrem Gebiet immer seltener ernsthafte Studien. Nichtsdestoweniger haben sich die modernen Astrologen entschlossen, die Eigenschaften des Menschen nicht wie vorher unter sieben, sondern unter acht, neun und zehn Wandersternen zu verteilen. Sie haben den sieben alten Planeten einige ihrer traditionellen Merkmale weggenommen und sie den neuen geschenkt. Den drei neuen Planeten hat man in etwa den Charakter zugeschrieben, den die gleichnamigen Götter, zum Beispiel Neptun oder Pluto, in der griechischen Mythologie besaßen.

Für die Fahrenden, die ich kennenlernte, war ihre Astrologie offensichtlich weniger eine Kunst, um möglichst genaue Schicksals-Horoskope zu errechnen, sondern mehr eine uralte Sammlung von Hinweisen, um für sich und seine Sippe in die verwirrende Vielfalt der Welt etwas Ordnung zu bringen. »Über die Eigenschaften der Planeten, die nicht sichtbar sind«, so wurde mir erklärt, »haben die

Alten während der Jahrtausende ihrer Wanderungen und Heldentaten nicht nachgedacht. Sie schauten schließlich weder ihre Strahlen und Farben noch die Arten ihrer Bewegung oder ihre Beziehung zu den Jahreszeiten, Dinge, aus denen sie Verbindungen zu den Wesen auf dem Erdboden beobachteten und erfühlten.«

Spöttisch meinten solche Lehrer der Stammestraditionen, daß man auf den Sternwarten mit ihren immer vollkommeneren Fernrohren vielleicht noch viele weitere Planeten entdecken könnte, daß das aber an den Überlieferungen der Urzeiten nichts verändern würde, wie schon die Zahl sieben in Märchen und die sieben Wochentage bewiesen. »Unsere Welt ist nun einmal durch die sieben sichtbaren Kaiser der Natur in sieben Reiche geteilt.«

Von dem weisen Herrn von Hohenheim, den wir als Paracelsus kennen, wird berichtet, daß er einen Menschen einfach dem Planeten zuschrieb, in dessen Tierkreis-Zeichen er geboren wurde. Das wäre nun nach den ziemlich übereinstimmenden Büchern seit dem Altertum, und zwar von den Lateinern und Griechen bis zu den islamischen Völkern und denen der indisch-tibetanischen Kultur: Widder und Skorpion = Mars; Stier und Waage = Venus; Zwillinge und Jungfrau = Merkur; Krebs = Mond; Löwe = Sonne; Schütze und Fische = Jupiter; Steinbock und Wassermann = Saturn. Diese noch heute fast allgemein geltenden Zuordnungen werden höchstens durch die Tatsache verwirrt, daß sich die Tierkreiszeichen langsam verschieben und darum ungefähr alle zweitausend Jahre wechseln.

War der Frühlingsanfang, also die Tag- und Nachtgleiche um den 21. März, am Anfang unserer Zeitrechnung und dem Beginn des Christentums deutlich in den Fischen, so hat sich nun der Frühlingspunkt in den Wassermann vorgeschoben. Er dauert nun demnach vom 20. Februar bis zum 20. März, worauf erst die Fische folgen. Dadurch, daß die Hippies, die für diese Veränderung das Jahr 1966 annehmen, für die nach ihnen nun begonnene »Wassermann-Zeit« die Monate anders zurechnen, sind auch hier, wie mit den drei »neuen« Planeten, viele Mißverständnisse entstanden: Einige der Astrologen, die auf diese moderne Auffassung eingehen, nehmen sehr vereinfachend an, »wer vor den sechziger Jahren geboren sei, habe die alten Tierkreiszeichen – wer seither, die neuen, also die jeweils nach vorne verschobenen«. Junge Wahrsager und Traumdeuter gehen freilich auch hier vom »inneren Gefühl« ihrer Kunden aus: »Wer sich noch als Angehöriger des vergangenen materialistischen Zeitalters empfindet, hat die früheren Zeichen, wer sich selber neu fühlt, die jetzigen und künftigen.«

Auch die Handliniendeuter sagen, daß in jeder Hand ebenfalls die sieben Planeten-Berge zu sehen sind. Je nachdem einer von ihnen besonders stark ist, dessen Gestirn beherrscht den Menschen. Unwiderlegbar scheint mir aber trotz der Fülle solcher Lehren die von mir am meisten angetroffene Auffassung, daß trotz all dieser Hilfsmittel es vor allem die Selbsterkenntnis, das innere Gefühl jedes Menschen »in Wachen und im Traum« ist, das ihm zeigt, zu welchem der sieben geistigen Reiche er vor allem gehört.

Im Steinkreis des Regenbogens

Zum Herausfinden »seines« Planeten und damit des dazugehörigen Steins gibt es natürlich viele volkstümliche Mittel, die sich oft, trotz allen Verfolgungen des »Aberglaubens«, sogar in den modernen Städten bis in die Gegenwart erhalten haben. Selbst der gelehrte Horst, dem wir den Nachdruck von besonders seltenen Zauberbüchern verdanken, bezweifelte zwar ausführlich die Magie der Edelsteine, stellte aber gerade im Anschluß an dieses Kapitel fest, daß offenbar alle Bemühungen der Aufklärung und der Nachfolger der Französischen Revolution unfähig waren, Mitteleuropa von diesen Überlieferungen freizumachen. »Dieselben Lächerlichkeiten, welche wir hier bei Plinius finden (also dem römischen Wissenschaftler, wenn er von Edelsteinen, magischem Schmuck und so weiter redet – S. G.), werden von Unzähligen noch jetzt nach Jahrhunderten, ja nach Jahrtausenden geglaubt, erlernt, bewundert, ausgeübt. Fast jede Stadt und jedes Städtchen und viele Dörfer haben ihre Kartenschlägerinnen, ihre Kristall-Seherinnen und Ringe-Dreherinnen.«

Eine solche Frau aus der Pariser Bohème – sie nannte sich Aurora (Morgenröte) – russisch-griechischer und zigeunerischer Abstammung, erklärte mir einiges über die Verfahren der »Lithomantie«, das Wahrsagen mit Steinen. Da ich mehr als dreißig Jahre später von einer ähnlichen »Kunst« unter den Wahrsagern des Berner Gebiets vernahm, ist es kaum zu bezweifeln, daß wir hier eine uralte Tradition vor uns haben.

Man nimmt sieben Edelsteine von starker Farbwirkung, die den Planeten entsprechen, und legt diese auf einem runden Tisch oder auch einfach auf einem sauberen Teppich in Kreisform aus. Man kann natürlich auch ein weißes Seidentuch nehmen, das man besonders für diese Zwecke in einer schönen Truhe aufbewahrt hat. Wie mir versichert wurde, halten »wirklich Abergläubische« solche Regeln für Zauberrituale, von deren Beachtung allein der Erfolg des ganzen Rituals abhänge. Diese Meinung betrachtete die kluge Frau Aurora als Blödsinn und war davon überzeugt, daß möglichst lange und feierliche Vorbereitungen zur »Befragung der Steine« die Erwartung des Kunden, damit die Kraft seines Glaubens steigern und so die Voraussetzungen verstärken, daß das »magische Spiel« guten Erfolg hat.

Genau in die Mitte des »Planetenrades« kommt nun eine Kerze, die möglichst gleichmäßig leuchten muß. Das Zimmer ist abgedunkelt, damit keiner der Steine mehr Licht erhält als der andere. Der Kunde wartet geduldig in einem Nebenraum, von wo er dann, mit geschlossenen oder sogar verbundenen Augen, zum »Ring der Kraftsteine« treten darf.

Erst wenn er sich neben dem Kreis ruhig niedergesetzt und nach Möglichkeit eine Weile gedankenleer gemacht hat, hebt er auf eine Aufforderung des Wahrsagers hin seine Lider und blickt auf die sieben Steine. Die Regel ist jetzt sehr einfach: »Welcher Stein ihm zuerst entgegenglänzt, ist ›sein‹ Stein. Der Planet, dem dieser Edelstein entspricht, ist das Gestirn, das für ihn von besonderer Wichtigkeit ist.«

Die Frau Aurora kannte selbstverständlich, wie alle ihrer Zunftgenossinnen, noch eine Unzahl von anderen Verfahren. Ähnlich wie die von Horst genannten »Ringe-Dreherinnen« pflegte sie auch zu pendeln: Mit einem Ring oder einem kleinen Kristall an einem ihrer langen Haare pflegte sie festzustellen, von welchem Stein aus das Pendel besonders deutlich zu dem Ratsuchenden schwang. Diesen bestimmte sie dann als seinen Glücksstein, der für ihn im Wachen und Träumen günstige Einflüsse anziehen werde.

Den uralten Brauch des Planetenkreises, von dem sie behauptete, er sei schon seit jeher unter ihren Vorfahren am Schwarzen Meer und in Rumänien verbreitet gewesen, benutzte sie aber nicht bei jedem. Erstens gäbe es, wie sie sagte, verhältnismäßig wenig Menschen, die für ein zuverlässiges Pendeln die Veranlagung und Ausbildung besitzen, zweitens sei der »Ring des Kreislaufs der Planeten-Zeiten« sehr malerisch und schön, und der erste Versuch mit ihm bleibe jedem, der ihn erstmals erlebe, in sehr guter Erinnerung. »Ein Stein hat nun einmal eine um so mächtigere Wirkung, je mehr alles im Zusammenhang mit ihm auf uns Eindruck macht, unsere Phantasie anregt.«

Vertrauen als Voraussetzung

Man könnte über die verschiedenen Ansichten der Edelstein-Magie und »von wem man die Kraft-Gegenstände erstehen soll« noch vieles erzählen. Man hat diese Regeln sehr häufig als reinen Volksaberglauben angesehen, doch scheinen sie in ihrer Mehrheit auf eine vernünftige Auffassung zurückzugehen.

Ich vernahm sie unter anderem von einem Trödler, der aus dem märchenhaften alten Odessa, diesem erstaunlichen Treffpunkt westlicher und orientalischer Kulturen, stammte: »Du kannst etwas, wovon du wünschst, daß es dir Glück und Segen bringe, nur von jemand bekommen, von dem du glaubst, daß auch er an diese Möglichkeit glaubt. Einer, der die Edelsteine ausschließlich als Mittel für seine Bereicherung ansieht, der den Aberglauben seiner Kunden verspottet und verachtet, der kann dir gar nichts nützen. Du kannst zwar aus seinen Händen einen teuren und auch wunderschönen Stein bekommen, aber es geht bei eurem Handel so nüchtern zu, daß du dann selber später beim besten Willen nicht glauben kannst, dein neuer Besitz sei mit etwas Besonderem verbunden. Wenn du aber nicht an ihn glaubst, dann hat er für dich auch nicht mehr der Kräfte als ein Stück zerbrochenes Fensterglas.«

Aus diesem Grunde, auch dies erzählte mir 1949 der alte Mann, taten verschiedene der Schmuckhändler von Odessa alles, ihren Handel mit einheimischen und aus dem Morgenland stammenden Steinen für ihre »Gäste« (so nannten sie gern ihre Kunden) mit einer Art Märchenstimmung zu umgeben. Ihr Geschäftsraum war mit orientalischen Teppichen und niederhängenden farbigen Schleiern geschmückt. Das Feilschen über die Ware begann erst, wenn sie ihren Besucher zum Niedersitzen und Teetrinken veranlaßt hatten. Sie gingen zunächst gar nicht auf die Steine ein, sondern erzählten erst einmal ein paar Geschichten, die aus den Dichtungen der unzähligen Stämme kamen, deren Kulturkreise sich am Schwarzen Meer überschnitten. Öllampen ließen eine Unzahl von farbigen Steinen, die in dem magischen Laden überall herumlagen, dauernd aufschimmern. Im alten Rußland soll man für solche Wirkungen besonders gern auch die Gesteine des Ural verwendet haben. Der Kunde oder Gast kam durch diese Erzählungen nach und nach ebenfalls ins Reden, verriet seine Träume und Stimmungen und half damit dem erfahrenen Händler, für ihn »das richtige Glück« herauszusuchen.

Der Händler aus Odessa lehrte mich: »Am Schwarzen Meer wäre man, wenn man über seine aus den verschiedensten Rassen und Religionen stammenden Gäste gespottet hätte, niemals auch nur einen Schritt mit seinem Geschäft weitergekommen. Man mußte von den gleichen Märchen und Schwänken, die man erzählte, die verschiedensten von ihnen verbreiteten Fassungen kennen, damit man ja nicht einen griechisch-russischen, ukrainischen oder römisch-katholischen Christen, einen Anhänger einer islamischen Sekte, einen kalmückischen Buddhisten (sogar diese kamen auf unsere Märkte als reiche Roßhändler) oder einen talmudistischen Juden oder Karaim beleidigte. Mein Vater lehrte mich anhand unzähliger Beispiele, daß man nie über die Auffassungen seiner Kunden spotten dürfe. Irgendwie spüren es diese doch – auch wenn es ihnen nicht hintenherum andere erzählen –, und dann verlieren sie ihren Glauben an eine tiefere Bedeutung der Dinge, die sie bei einem solchen Spötter über ihre Auffassungen erstehen können.«

Selbstverständlich schätzte man vor allem auch Edelsteine, die oft als eine »Verdichtung des Glückes« jener Familien galten, von denen der Schmuck stammte. Wenn man einen solchen Schmuck in den Händen halte, so erzählte mir der Vertreter einer geflüchteten Adelsfamilie, dann sei es einem, als rede man mit seinem »Familien-Geist« (s duchom roda). Es sei einem, als fühle man alle seine Ahnen, die in Notzeiten den gleichen Stein in den Händen gehalten hatten. »Es ist einem, als sei man im Kreis all seiner Ahnen, sei im Ratssaal seiner Familienmitglieder aus verschiedenen Zeiten. Man fühlt sich plötzlich nicht mehr einsam, sondern erhält wie durch ein Wunder von ihnen allen gute Gedanken.«

Ist Mißbrauch möglich?

In den handschriftlichen und auch in den heute gedruckten Zauberbüchern findet man mancherlei Versprechungen, die maßlose Wünsche zu befriedigen vorgeben. Sie lehren den Gewinn von Macht als Selbstzweck über andere Wesen, Reichtum ohne Grenzen auf Kosten der Mitmenschen, nicht nur ein stufenweises Gewinnen der Gegenliebe, sondern deren rücksichtsloses Erzwingen.

»Der Teufel ist nur ein Affe Gottes«, ist eine alte, in der magischen Überlieferung verbreitete Erkenntnis. Das heißt, Werke, die zum Erreichen von schlechten Zielen geschrieben wurden, enthalten keine neuen Erkenntnisse und Gedankengänge. Würden sie dies, wären sie aus einer guten, göttlichen Fähigkeit entstanden, derjenigen nämlich, schöpferisch zu sein, anregende Einfälle zu haben. In solchen üblen Büchern werden also hohe Auffassungen, die einst den Inhalt von religiösen Kulturen bildeten, mißverstanden und damit der Versuch unternommen, sie für die kurzfristige Befriedigung der niedrigen Eigensucht zu verwenden.

Die »schwarzen« Beschwörungen erkennen wir meistens unschwer als ein Zerrbild der hohen Auffassungen von den großen Sternenkräften. Doch während man diese etwa, wenn man sie sich menschlich vorstellte, als schöne, liebenswürdige Gestalten bewunderte und an sie in möglichst malerischer, sauberer und mit Wohlgerüchen erfüllter Umgebung dachte, rief man die »sieben Dämonen der Dunkelheit« oder die »sieben Erzteufel« vielfach mit widerlichen Tieropfern. Auch setzte man die Gestalten dieser Mächte, wenn man sie zeichnete oder malte, häufig bewußt aus möglichst abstoßend aussehenden Geschöpfen zusammen, deren wilde Kräfte man für sein Tun benötigte.

Wie wir aus den alten Schriften der Anhänger des Paracelsus und der aus ihnen hervorgegangenen Rosenkreuzer des 17. und 18. Jahrhunderts deutlich vernehmen, wirken in unserer Welt der Stoffe sieben der schöpferischen Urkräfte. Sie leben in jedem von uns, wobei die Alten aus deren verschiedenartiger Zusammensetzung, dem Vorwiegen einer Kraft oder der Schwäche einer andern, den Charakter der einzelnen Menschen zu begreifen versuchten.

Die »sieben der großen Höllengeister«, von denen in den Zauberschriften geredet wird, erscheinen damit nur als ein Ausdruck der falschen Verwendung der heiligen, von Gott in die Natur eingesenkten, zu ihrem Weitergedeihen gleichermaßen notwendigen Urkräfte. Nur wenn man diese verkennt, ihre Energien rücksichtslos zu verwenden versucht, dann ersteht um uns und in uns die Hölle der vielfältigen, in ihren sämtlichen Erscheinungen häßlichen Bosheiten.

Dieser Vorstellungskreis, nach dem der Mensch erst durch seinen freien Willen und die Abwendung vom Göttlichen das Schlechte erschafft, mag in seinen Wurzeln uralt sein. Die Inder kennen zum Beispiel in ihren Darstellungen die »sieben Mütter« (Sapta-Matrikas), die die niedrigen Leidenschaften wie Zorn, Gier, Verleumdung, Neid und so weiter darstellen sollen. Sie tragen aber noch immer die Namen der großen Göttinnen, der Sinnbilder aller guten Gaben, die von den Himmlischen auf die Erde strömen, die aber aus geistiger Blindheit und mangelndem Wissen von uns in ihr Gegenteil verwandelt werden können.

Luna, die Mondfrau, bedeutete nach den Rosenkreuzern ihrem innersten Wesen nach »Christi Fleisch oder Leib«, also den vollkommenen Körper, wie ihn Gott selber gedacht und für den nach seinem Gesetz lebenden Menschen erschaffen hat. Mars wäre die »Sanftmut«, damit eigentlich die erhabene Fähigkeit, friedfertig zu handeln, und dies nicht etwa aus der uns zum Nachgeben zwingenden Schwäche, sondern aus freier und guter Wahl, aus dem Bewußtsein unserer überlegenen Kraft. Merkur ist nach der gleichen Quelle »das Wohltun«, damit die Absicht, bei seinem Handeln stets bewußt Diener der Gemeinschaft zu sein, sie nicht übervorteilen und ausbeuten, sondern ihr nützen zu wollen. Jupiter wäre die Fähigkeit, vorhandene geistige Überlegenheit weise zu verwenden.

Venus erscheint als »Macht der Keuschheit« und, wenn wir an den ursprünglichen Sinn dieses Begriffs in den mystischen Dichtungen denken, als die Kunst, rein zu lieben. Saturn ist demnach »die Barmherzigkeit«, weil er den erhabenen Besitz des Wissens bedeutet, das die Schwächen der Geschöpfe begreifen und damit verzeihen kann. Die Sonne endlich wäre »die Demut«, das Gefühl der bewundernden Bescheidenheit eines noch so entwickelten Wesens gegenüber dem erhabenen Wunder der Welt.

Vergessen wir aber, wie die alten Rosenkreuzer lehren, unsere Herkunft aus der »ewigen Lichtwelt«, sehen wir die Erde nur als den Tummelplatz der finstern Mächte, des »verzehrenden Feuers«, der Zerstörung, des Kampfes aller gegen alle, dann verwandeln sich die sieben Urkäfte in »die sieben bösen Geister«. Luna ist dann »das Fleisch«, damit zugleich der Aberglaube, daß es nur den greifbaren Stoff, die Materie, gebe und daß man jedem der launischen Gelüste seines Leibs nachzugeben habe. Mars wäre nun der Zorn und dessen erschreckende Folgen, Merkur der Neid, jeden mit allen verwerflichen Mitteln übertrumpfen zu wollen. Jupiter bedeutet danach die List, Venus die Unzucht, die Sonne endlich die Hoffart.

Nicht nur die Werke der Rosenkreuzer und Alchimisten der vergangenen Jahrhunderte, die zu den gebildetsten Menschen ihrer Zeiten gehörten, enthalten diese Philosophie. Auch in den Zauberbüchern des Volkes finden wir auf mannigfaltige Art die Warnung vor dem Mißbrauch der geradezu als grenzenlos geschilderten Energien, die nach ihnen von unserem Glauben und unserer Phantasie entfesselt werden können.

Unter den deutschen Schriften der Hexen und Heiler des 18. und 19. Jahrhunderts finden wir auch »Das Büchlein der Venus«, das 1558 von dem berühmten englischen Magier Johannes Dee (1527–1608) geschrieben worden sein soll. Der Verfasser führt in seiner Vorrede den biblischen Psalm 146 an, in dem von Gott dem Schöpfer die Worte stehen: »Er ist es, der die Menge der Sterne zählet und einen jeden bei seinem Namen nennet.« Dazu setzt der Magier seine Deutung: »Alle bösen Geister, denn sie waren vorher Engel oder Sterne am Himmel, haben noch eben dieselben Namen und Zeichen, die ihnen der weiseste Schöpfer als guten Engeln gab.« Anschließend wird uns zusätzlich etwas naiv versichert: »Denn die bösen Geister der sieben Planeten stehen fast (! S. G.) alle unter der Herrschaft guter Engel.«

Nach diesem und ähnlichen Zauberbüchern des Volkes entscheiden wir selber, wenn wir die »Geister« anrufen, die eigentlich die Kräfte unseres eigenen Geistes sind, ob sie uns zum Verderben oder Segen gereichen. »Wenn deine Arbeit guten Erfolg hat, so gedenke der Armen auf's beste und unterlasse nicht, ihnen Gutes zu tun. Und so wirst du sowohl in diesem als im anderen Leben glückselig; ja uns allen wird jener gnädig sein, der da kommen wird, die Lebendigen und Toten zu richten, dessen Reich kein Ende haben wird.« Wenn man so handle, habe man sogar die Kunst gewonnen »zur Beschwörung böser Geister auf eine gottselige Weise«.

Man kann aber sogar gute Mächte anrufen und doch den mit ihnen verbundenen schlechten verfallen: »Beinebst hüte man sich, den Beistand der Geister zu gottlosen und lasterhaften Handlungen zu begehren und davon Gebrauch zu machen. Denn die Seele würde dabei die größte Gefahr laufen, und der Mensch würde eben dann, wenn er seine Herrschaft über die Geister ausüben wollte, seine Seele der schrecklichen Sklaverei dieser böser Geister übergeben.« Wichtig sei es, um diesem Weg ins sichere Verderben zu entgehen, sich nicht »unbeständig und schwankend« zu zeigen.

Man müsse sich auch vor der Unmäßigkeit in seinen Wünschen hüten, »in seinen Bitten und Verlangen mäßig sein«.

Möge vieles in den alten, immer wieder abgeschriebenen Werken oft bewußt mißverständlich gehalten sein, bis in die Gegenwart gibt es eine mündliche Überlieferung, die die dunklen (oder dunkel gehaltenen) Stellen vollkommen verständlich werden läßt: Die »Armen«, an denen man nach jeder Hilfe durch die Planetengeister unermüdlich Gutes tun mußte, waren die Gesamtheit der Geschöpfe, für die man ein Verantwortungsgefühl empfand.

Von einem Besitzer mehrerer aus dem Tirol und Kärnten stammender Zauberbücher, den ich bei einem alten Heiler im Berner Oberland kennenlernte, vernahm ich: »Ohne diese uns verbundenen Wesen, denen wir mit der ganzen Kraft unseres Herzens helfen wollen, gibt es gar kein starkes Wünschen. Handeln wir nicht mehrheitlich für andere, deren Glück wir vermehren wollen, sind alle unsere Gedanken zwangsläufig so eigennützig und eng, daß ihre Folgen nur unheilvoll sein können.« In der deutschen Sprache des Mittelalters hat man übrigens den Ausdruck »arm« sogar für begüterte Bauern und Bürger verwendet, und er scheint etwa den Sinn von »beschützenswert« gehabt zu haben.

Die »schwarze Magie«, ein Begriff, der in abergläubischen Verfallszeiten eine gewisse Bedeutung gewinnt, erweist sich damit als ein beschränkter Aberglaube, als ein geradezu selbstmörderischer Mißbrauch der Kraft unserer Gedanken. Je konzentrierter man seine Einbildung darauf richtet, Urkräfte in sich und um sich zum Machtgewinn gegenüber der Umgebung zu verwenden, desto verderblicher beeinflußt man sich selber. Sogar ein zufällig eintreffender materieller Gewinn des »Schwarzmagiers«, dem ohne verfeinerte Bildung und Rücksicht gegenüber andern das notwendige Gleichgewicht fehlt, führt diesen zum Versinken im Elend, oder, um bei den Worten der alten Bücher zu bleiben, zu einem Verlust seiner Fähigkeit, sich dem Himmelreich zu nähern.

Die Wiederentdeckung der Möglichkeit der Gedankenübertragung, der Telepathie, der PSI-Kräfte, führte bei der gleichzeitigen Auflösung der Weltbilder bei den zivilisierten Völkern zur neuen Angst vor »bösen« Einflüssen durch Zauberei. Wenn wir uns in das Reich der magischen Überlieferungen vertiefen, werden wir völlig frei davon. Jede Kraft hat nach diesen Lehren zwei Seiten, ist gut und böse, besitzt zu ihrem Licht eine Schattenseite. Wenn wir aber die Energien vorwiegend zum Schaden anderer zu verwenden suchen, dann wählen wir immer mehr nur das Schlechte, ziehen üble Einflüsse an und zerstören zum Schluß ausschließlich uns selber.

In einem handschriftlichen Zauberbuch aus dem 19. Jahrhundert, das ich einsehen konnte, hält einer der sieben »Erzteufel«, der sich häßlich in den Flammen der Hölle krümmt, einen Spiegel in der Hand. Es ist, als wolle er dem Leser sagen: »Es gibt mich nicht, es sei denn, du bist mich selber!«

Sternenschmuck und Planetenmetalle

Um die gewünschten Wirkungen zu erhalten, benützten durch Jahrtausende die astrologiekundigen Juweliere und heute noch die volkstümlichen Hersteller von Glücksbringern für ihre Planetensteine »die Einfassungen aus dem mit dem betreffenden Planeten verwandten Metall«. Die Zuordnungen sind gemäß den alten Handbüchern ziemlich übersteinstimmend: Mond (Montag) = Silber; Mars (Dienstag) = Eisen, Stahl; Merkur (Mittwoch) = Quecksilber; Jupiter (Donnerstag) = Zinn; Venus (Freitag) = Kupfer; Saturn (Samstag) = Blei. Diese Angaben waren für unsere Vorfahren von großer Bedeutung in ihrem alltäglichen Leben, weil sie den Schmuck verwendeten, um sich mit seiner Hilfe auf die Begegnung mit einer der sieben Kräfte vorzubereiten.

In der Kunst der Alchimisten und Astrologen sah dies so aus, daß sie die Zeichen für einen bestimmten Planeten – zum Beispiel den Kreis für die Sonne, den Kreis mit einem Pfeil daran für den Mars und so weiter – auch verwendeten, um in ihren Büchern die Namen der sieben »Wandersterne«, ihr Metall oder auch ihrer Wochentage abgekürzt zu bezeichnen. Diese Gewohnheit, die sich bis heute in vielen Kreisen der Freunde der alten Wissenschaften erhalten hat, trägt dazu bei, daß viele der erhaltenen Schriften für Nichteingeweihte unverständlich sind.

Selbstverständlich wurden einige der erwähnten Metalle bei der Herstellung von Planetenschmuck nur beschränkt verwendet, da sie sich entweder wenig für die Bearbeitung eignen oder auch für unsere Haut leicht giftig sind. Gelegentlich wurden aber, um ganz genau den Anleitungen zu folgen, recht eigenartige Gegenstände hergestellt. So trägt man zum Beispiel nach dem französischen Magier Eliphas Lévi, der zumindest während meiner Jugend noch unter den Juwelieren von Paris seine treuen Schüler besaß, am Merkurtag Mittwoch »eine Kette aus hohlen Glasperlen, die Quecksilber enthalten«.

Sonst scheint es einfacher gewesen zu sein, den Steinen der weiblichen Planeten (Mond, Venus) das Mondmetall Silber und denen der männlichen das Sonnenmetall Gold als Einfassung zu geben. Auch wenn man daran keinerlei Steine hatte, trug man montags und freitags ebenfalls Ringe, Armbänder, Ketten und dergleichen aus Silber, während sonst das Gold vorgezogen wurde.

Diese Lehre, die sich im Volksglauben bis in die Gegenwart erhalten hat, kann zweifellos auf tiefe Wurzeln zurückblicken. Silber war schon im Altertum weiblich und das Gold männlich. Agrippa von Nettesheim versichert in seiner »Okkulten Philosophie«, der die mitteleuropäischen Zauberbücher bis heute mehr oder weniger folgen, daß man statt Blei als Saturnmetall das Gold »wegen seines Gewichts« verwenden könne. Auch für den königlichen Jupiter wird nach Agrippa gern Gold verwendet, genau wie für den mit geistiger Tiefe und Schwerblütigkeit in Verbindung gebrachten Herrn des Samstags. Was den mit Handel und Wandel in Verbindung gesetzten Merkur angeht, schreibt über ihn bereits die indische Astrologie: »Merkur ist der Herrscher über das, was aus Gold besteht.« Auch Merkur-Steine faßte man also mit diesem Metall ein und hoffte, daß man dadurch auf seinem Weg zum materiellen Wohlstand gefördert werde.

Nur selten mit Gold in Beziehung gesetzt fand ich in den Quellen den »roten« Mars und dessen Edelsteine. Agrippa von Nettesheim schrieb über ihn eindeutig, es gehöre zu ihm »unter den Metallen das Eisen, das rote Erz«. In den neueren astrologischen Rezeptbüchern, wie sie gerade in den Alpenländern noch immer verbreitet sind, wird der kriegerischen männlichen Kraft noch der harte Stahl zugeordnet. Auch wenn man, zur Förderung marsischer Eigenschaften von dessen Träger, den entsprechenden Schmuck (meistens aus Rubinen) stark vergoldete, mußten Metalle, aus denen man Waffen schmieden kann, doch den Hauptteil der für sie verwendeten Stoffe darstellen.

Mit Steinen arbeitende Heiler und Hexen glauben in der Regel an eine unmittelbare Strahlenwirkung des Schmucks. Wir selbst neigen zur Auffassung, daß dessen wichtigste Bestandteile nun einmal in unserem Unterbewußtsein ihren festen Stellenwert haben und darum schon durch ihr Aussehen die Richtung unserer Gedanken stark beeinflussen. Die Feststellung, die ich schon als Kind immer wieder hörte, war: »Ein Stein, falsch gefaßt, ist tot«, was auch für den modernen Menschen verstandesmäßig nachvollziehbar ist.

Es ist einleuchtend, daß das Silber schon durch sein Aussehen an den romantischen Silberglanz des Mondes und damit an die Wunder der Nacht erinnert, während das Gold zum glänzenden Tag der Sonne gehört. Schon die rein optische Wirkung eines »blutigen« Rubins würde durch eine Beziehung zu einem »weichen« Metall irgendwie abgeschwächt. Würden wir den an »himmlische« Seligkeiten erinnernden Freitag-Stein der Venus, den Lapislazuli, in eine Fassung aus Eisen bringen, würden wir bei diesem Anblick einen gefühlsmäßigen Widerspruch spüren, denn wir hätten in diesem Fall zweierlei Dinge zusammengebracht, die durch ihren sonstigen Gebrauch und ihr ganzes Aussehen in verschiedene Geisteswelten weisen.

So ist es in der Praxis kaum zu bestreiten, daß die Einrahmung eines Tagessteins mit dem ihm verwandten Metall diesen noch unterstützt, in uns die seinem Wesen entsprechenden Träume und Gedankenverbindungen aufsteigen läßt.

Wichtige Regeln für Sternenfahrer

Neben den Steinen und Farben, die dem Planeten des kommenden Tages entsprechen, gibt es noch eine Fülle von weiteren Mitteln, um dessen Kraft vermehrt in unserem Geist zu wecken, zu aktivieren. Man zeichnete sich zum Beispiel das astrologische Zeichen des betreffenden Gestirns, natürlich mit der ihm zugeschriebenen Farbe, auf ein Blatt, betrachtete es im Kerzenlicht vor dem Einschlafen oder legte es unter das Kopfkissen. Man sollte sich auch hier der Tatsache bewußt sein, daß nun nicht etwa das gezeichnete Sinnbild irgendwie durch Zauberei in der Nacht auf uns wirkt, sondern daß die Beschäftigung mit ihm in der Tiefe unserer Seele wesensverwandte Gedanken hervorruft.

Leute, die malen konnten, stellten sich mitunter Bilder der »Planetengötter« oder »Sternenengel« her und hängten sie vor dem Beginn ihres Eintritts in das Traumspiel gut sichtbar an die Wand. Auch diese Darstellungen, wie sie in den Zauberbüchern der Vergangenheit vielfach zu finden sind, müssen wir für uns selbstverständlich von allem abergläubischen Beiwerk befreien. Es handelt sich bei ihnen einfach um die Bilder von Menschen, die besonders deutlich eine bestimmte Fülle von Eigenschaften und Tugenden auf sich vereinigen. Für den Montag stellte man zum Beispiel als Mondgöttin (Luna, Selene) eine »weise Frau« dar, umgeben von

Kräutern und Tieren, die alle an ihre hohe Kenntnis der Naturvorgänge erinnern sollen. Für den Saturntag Samstag malte man den Saturn als einen bejahrten und gelehrten Mann in einer ruhigen Umgebung, von der man sich vorstellen konnte, daß sie für die Forschungen und Betrachtungen eines Weisen der geeignete Ort sei.

Manchmal wurden diese Götterbilder auch auf Kissen gestickt oder gewoben, und man war überzeugt, daß das Schlafen darauf eine weitere Unterstützung sei, dank der man in Gedanken mit der dargestellten Kraft in Verbindung treten könne. Bei der Zigeuner-Wahrsagerin in der Camargue, die ich bereits erwähnte, sah ich drei Kissen mit Bildern: Frau Mond, Venus mit ihrem Spiegel und zwei sich kosenden Tauben, und den ernsten Saturn. Die beiden Sternendamen spielten in ihrer Wahrsagekunst deshalb eine besondere Rolle, weil es bei ihren Kunden vor allem um Liebesangelegenheiten ging. Der belesene und alterfahrene Saturn, »le baron samedi«, gilt überhaupt als der Beschützer all jener, die ihre Mitmenschen weise beraten müssen oder wollen.

Auf Darstellungen der Renaissance sehen wir hin und wieder Frauen, die an einem Kettchen ihren Edelstein auf der Stirne tragen. Ähnlich sehen wir einen sternengleich leuchtenden Edelstein, an einem Band befestigt, auf der Stirn der menschlichen Gestalt auf der Karte »Mäßigkeit« in einigen Tarot-Reihen. Da man dieses Bild häufig als eine symbolische Darstellung des glücklichen Menschen versteht, der mit den Kräften der Umwelt im Gleichgewicht zu leben vermag, meint man hier gelegentlich, eine Anspielung auf die Edelsteinmagie, »die zum Glück führt«, vor sich zu haben.

In einem (gedruckten) volkstümlichen Zauberbuch, wie sie sich noch heute in bestimmten Gegenden fast in jedem Haus vorfinden, sah ich am Seitenrand eine von Hand gemachte kindliche Zeichnung. Sie befand sich neben der Schilderung, wie man im Erdboden nach Schätzen graben könne. Vielleicht handelt es sich hier um die Darstellung eines der geheimnisvollen »Venediger«, eines der Wundermänner, wie sie nach den Alpensagen mit Hilfe ihrer Kristalle oder Kristall-Spiegel nicht nur die im Berg liegenden Edelmetalle und Edelsteine erblicken können, sondern überhaupt alles, was in den fernsten Ländern stattfindet ... Auf der Zeichnung sehen wir auf dem Kopf des Zauberers eine Art Kapuze oder Haube, an der vorne, auf der Stirn, sich ein Strahlen aussendender Stern, wohl der Kristall ihrer magischen Bräuche, befindet. Die Kopfbedeckung ist deutlich unter dem Kinn festgebunden, offensichtlich aus der praktischen Überlegung heraus, daß der dem Schatzsucher helfende Edelstein von seinem Ort nicht wegrutschen soll.

Wie der Besitzer dieses volkstümlichen Buchs aus dem 19. Jahrhundert (eine dieser geistigen Brücken zwischen den Überlieferungen des Mittelalters und den modernen Seelentechniken) kommen auch wir zu der Einsicht: Wenn wir den von uns gewählten farbigen Stein ebenfalls während des Schlafs, also bis zum Morgen »seines« Tags, auf der Stirn bewahren wollen, müssen wir das ihn haltende Band um den Kopf noch mit einem, das unter dem Kinn durchgeht, befestigen.

Ich finde es übertrieben – wenn auch dem Aussehen nach unterhaltend und hübsch – wenn gewisse »Traumreisende« für jeden der sieben Wochenabende und dessen Stein eine besondere leichte Schlafkapuze in der entsprechenden Farbe besitzen. Eine Nachthaube mit einem Täschchen vorne, in die jedesmal ein anderes Juwel kommt, genügt für solche Übungen. Ihrem Träger gibt so eine Kapuze im übrigen ein wenig das Aussehen eines Sternenfahrers, eines Kosmonauten oder Astronauten. Eine Dame, die über diese heute wiederentdeckte Kunst der Seelenfahrten gut Bescheid weiß, meinte: »Es liegt auch eine große Wahrheit darin. Wenn man später einmal von den Gipfelleistungen des menschlichen Geistes im zwanzigsten Jahrhundert reden wird, wird man dazu ziemlich sicher die Wiederentdeckung all der Theorien und Praktiken zählen, die mit der Erforschung der inneren Welten und ihrer Sternenkräfte zusammenhängen.«

Schon heute teilt diese Überzeugung eine wachsende Minderheit von Menschen, die auf diese Weise den endlosen Reichtum in ihrem schöpferischen Bewußtsein wecken und pflegen. Ein neues Wohlbefinden, das sie schrittweise damit erreichen, ist für diese »Sternenfahrer« viel wichtiger als die Tatsache, daß einige Zeitgenossen ihren Fuß auf nackte, staubige Mondfelsen setzen durften.

Eintritt in innere Landschaften

Meditationszentren der Lebenskraft

Für das 18. Jahrhundert kann man zuverlässig belegen, daß man damals viel über die Bedeutung der Zahl sieben in den Mysterien der Geheimbünde nachdachte und einen Zusammenhang mit deren Benützung in den Tarot-Karten vermutete. Diese Beziehung wurde dann von späteren Okkultisten noch mehr betont. Diese versicherten in der Regel, dabei auf ursprüngliche, mündlich weitergereichte Traditionen zurückzugreifen, was allerdings nur unter Schwierigkeiten nachprüfbar ist.

Einen siebenfach geteilten Stab hat auf den Tarotbildern »Der Weise« oder »Der Einsiedler« (Trumpf 9) in der Hand, auf denen zum Beispiel, die auf Oswald Wirth zurückgehen und die ich besonders in Paris zum feierlichen Wahrsagen und zu Meditationen gern benützt fand. Auf dem Erdboden daneben sieht man eine Schlange, bereit, sich an dem Stab emporzuwinden. Es handelt sich um die Ströme der Lebenskräfte, die der Magier (Thaumaturg) benutzt, um die Heilkunst der Eingeweihten auszuüben.

Gewöhnlich steht »Der Weise« auf den Tarotkarten im Dunkeln und hält mit der einen Hand eine Lampe empor, die seinen zweifellos gefährlichen Weg erleuchtet. Eine Tarotkennerin von Zürich, mit der ich ebenfalls 1966 darüber redete, erklärte: »Vielleicht dürfen wir dieses Licht als Bewußtsein deuten, das sich beim Übergang von einem Zustand in den andern (Wach-Schlaf-Zustand) verschleiert; doch besteht die Möglichkeit, es zu erneuern« (M. Steiner). Gelegentlich wird darum die Nacht, durch die der Weise wandert, dunkelblau und gleichzeitig von einem Riesen-Auge erhellt dargestellt. Die Zigeuner-Wahrsager, mit denen wir zusammen mit dem Künstler Walter Wegmüller redeten, erklärten uns: »Das Auge über ihm (dem Weisen, S. G.) bedeutet, daß die höheren Mächte ihm wohlgesinnt sind. Das geistige Licht zeigt ihm den Weg.«

Eine Tarotkarte der Zigeuner zeigt übrigens den Stab dieses Mannes, neben dem sich die Schlange der Kraft auf ihrem

Schwanze erhebt, bereits blühend. Nicht weniger als drei rote Blumen, von je zwei Blättern umgeben, sprießen aus dem ursprünglich trockenen, also fast toten Holz hervor. Wenn ich alle diese Bilder betrachte, scheint es mir verständlich, daß man den magischen Stab des »Meisters und Lehrers der Erkenntnis« als Sinnbild für das nehmen konnte, was den Menschen zum aufrechten Gang fähig macht, durch was in ihm die Kräfte zwischen Erde und Himmel zirkulieren: das Rückgrat.

Ein gezeichnetes Meditationsbild des Weisen, das ich gleichfalls in Paris 1946 sah, zeigt an seinem Stab sieben Rosen, und diese wurden den »Sieben Planeten im Himmel und ihren Abbildern in unserem Leib, den sieben Chakras oder Wirbeln der uns durchströmenden Lebenskraft« zugeordnet. Man muß sie sich (von unten nach oben) etwa an folgenden Orten denken: Zuunterst, »vom untersten Ende der Wirbelsäule ausgehend«, den Mittelpunkt der Mondkraft mit deren Kreislauf. Dieses Chakra nimmt die Energien der Erde auf und ist, »wie der Planet Luna im Meer Ebbe und Flut erregt und das Steigen und Sinken der Säfte in den Pflanzen steuert«, für die Ausscheidung alles Verbrauchten in uns zuständig.

Etwas höher, sich mit dem untersten Chakra überschneidend, kommt das zweite, das Mars-Chakra. Es hat seinen Mittelpunkt am Rückgrat, ein wenig oberhalb der von ihm »regierten« Geschlechtsteile. Dann folgt, etwas unter dem Brustkasten und auf der Höhe des Sonnengeflechts, das Merkur-Chakra, das Nervennetz des ganzen Körpers beherrschend. Darauf, sich hinter Lunge und Herz befindend, das Jupiter-Chakra, besonders tätig in allen »großzügigen und hochgemuten Stimmungen«. Den Hals durchstrahlt das Venus-Chakra, ohne das der Leib und der in ihm wohnende Geist nichts von Eleganz, Schönheit, geschmackvoller Haltung und Aesthetik haben würde. Das Saturn-Chakra im Hinterkopf bewegt die Lebenskräfte, die das Gehirn durchströmen, es leistungsfähig machen und uns darum Gedächtnis, Klugheit und Wissen schenken. Zuoberst in unserem Haupt, manchmal als geheimnisvolles ›Drittes Auge‹, ›Traum-Fenster‹, ›Blick für das Ewige‹ bezeichnet, ist das Sonnen-Chakra. Durch dieses erhalten wir unsere höchsten, erhabensten Ideen, das sichere Gefühl für das Beschützt-Sein durch die himmlischen Kräfte.

Die Reihenfolge der »Blumen des Lichts am Lebensbaum unserer Wirbelsäule«, so vernahm ich und fand es ausgezeichnet zu merken, sei die der Beziehung der »alten sieben Planeten« zu den sieben Wochentagen. Ähnlich erklärte man mir die noch umstrittene Beziehung der Chakra-Wirbel zu den Farben des Regenbogens: »Bald dunkel wie die Erde und dann, wie der Mond bei seinem Wechsel weiß aufleuchtend, ist das untere Mondchakra. Rot in allen Spielarten stellt man sich das Marschakra vor. In verschiedenen Farben aufglänzend, vorherrschend aber orange, goldig, gelb etwas bräunlich, stellt man sich das Merkur-Chakra vor. Grün gibt man dem Energiewirbel des Jupiter. Schließlich fühlen wir im Frühlung und am Morgen, wenn wir das frische grüne Wachstum wahrnehmen, unser Herz froh schlagen, die Lunge freier atmen. Himmelblau haben wir für die Venus und das Chakra des Halses. Dunkelblau, indigo, violett (veilchenblau) entspricht dem Gehirn-Chakra. Endlich als klares Licht, das aber in sich sämtliche anderen Farben enthält, erscheint das oberste Chakra, das man sich als Bergkristall oder Diamant vorstellen kann.

Es wurde mir versichert, daß theosophische Seher diese astralen oder siderischen Zentren am Sternenleib des Menschen geschaut hätten. Aber auch ein Zigeuner aus der Ukraine erzählte mir: »Wenn man mit seinen Leuten am Lagerfeuer sitzt, Musik und guten Geschichten zugehört hat, sieht man sie plötzlich im schwachen Leuchten von Glut und Sternen. Ein schwaches Licht in Regenbogenfarben umflutet alle Anwesenden, verbreitet um sie einen Schein, macht ihre Gesichter jung und schön ... Am folgenden Tag nach einem solchen Erlebnis, das man vielleicht nur ein paarmal in einem Leben hat, fühlen sich alle, die dabei waren, gesund, glücklich und unternehmungslustig.«

Übung: Durch die Kristallpforten der Seele

In den Kreisen der Kenner der Überlieferung hörte ich auch etwas über die von den alten Wissenden stammende Sitte, sich mit den entsprechenden »Sieben Kräften« in Verbindung zu setzen. Jeder Tag, dies sei besonders zu beachten und sei hier nochmals wiederholt, fange am Abend vorher an: So zum Beispiel der Venustag Freitag »am Donnerstag, wenn die Sonne sinkt«, der Saturn-Tag Samstag »am Freitag beim Einnachten« und so weiter. Wenn man sich in der vorherigen Nacht, also im Schlaf, schon gut auf den kommenden Tag vorbereite »und auf die Dinge, die an ihm besonders gut gelingen«, dann könne man ihn, wenn man am Morgen aufstehe, »fast von selber in ein vollkommenes Kunstwerk verwandeln«. (Was man jedem der sieben Planetentage zuordnete, das habe ich noch besonders nach schriftlichen und mündlichen Überlieferungen kurz im dritten Teil dieses Buches zusammengestellt.)

Wenn nun beispielsweise am Montag der Abend seine Schatten wirft und man will den nahenden Dienstag, den man dem Mars zuordnet, bewußt genießen, »damit die feurige Tatkraft des Kriegssterns in einem lebendig wird«, dann legt man sich erst einmal in einem ruhigen, gut gelüfteten Raum entspannt hin. Man betrachtet einen »besonders schön roten« Marsstein »als Symbol und gleichsam strahlend-schöne Verkörperung der Marskraft«. Man hält ihn dazu für eine entspannte Betrachtung in der Hand, hat ihn vielleicht auch an einer Kette um den Hals, läßt ihn im Licht einer Kerze oder eines Öllämpchens in der heiligen Ecke aufglänzen. Dann legt man den roten Stein auf die Stirn, wobei man so ruhig ist, daß er nicht auf den Boden rollen kann. Jetzt schließt man die Augen, schaltet nach Möglichkeit seine sonst nach allen Seiten huschenden Gedanken aus und richtet seine gesamte Aufmerksamkeit und durch die Vorbereitungen verstärkte Vorstellungskraft auf ein inneres Bild, das bei jeder Meditation dieser Art immer deutlicher und klarer aus dem Dunkel hervortreten wird. Man stellt sich vor, wie zuunterst am Rückgrat ein weißes Licht in der Finsternis aufleuchtet.

Man genießt ruhig einige Augenblicke der Entspannung und schaut dann mit dem inneren »Traum-Auge« seiner Phantasie, wie dieser weiße Glanz an der Wirbelsäule – man kann sie sich als einen Baum oder eine mit Energie durchflutete Glas- oder Diamantröhre denken – langsam emporwandert. Dort, wo man sich, zuunterst am Bauch, den Mittelpunkt des Mars-Chakras denkt, läßt man in seiner Vorstellung das weiß emporwandernde Licht zu einer roten Blume werden, die immer stärker aufglüht, bis sie wie ein roter, stark strahlender Stern aussieht.

Man betrachtet nun dieses rote Licht und erfreut sich an ihm einige Zeit, solange man es als angenehm und stärkend empfindet. Dann öffnet man seine leiblichen Augen, blickt noch einmal auf seinen als Hilfsmittel verwendeten roten Stein, kann sich daraufhin erheben und den gewohnten Geschäften des Abends, verbunden mit einem möglichst leichten Nachtessen, nachgehen. Man sollte sich aber durch nichts stark aufregen oder ablenken lassen, da sonst der Erfolg der weiteren Übungen in Frage gestellt ist.

Man geht nun möglichst zeitig ins Bett und wiederholt den ganzen Brauch vor dem eigentlichen Einschlafen. Den roten Stein benützt man nochmals, indem man ihn – etwa im Glanz des heiligen Winkels – betrachtet und ihn dann sorgfältig unter sein Schlafkissen legt. Einige haben ihn sogar beim Einschlafen auf der Stirn, indem sie ihn sorgfältig mit einem Kettlein, einem Band oder einer Haube (man vergleiche das Kapitel »Wichtige Regeln für Sternenfahrer«) auf der Stirnmitte festzuhalten versuchen.

Jetzt läßt man, nachdem man sich völlig entspannt hat, nochmals vor seinen geistigen Sinnen das Licht zuunterst an der Wirbelsäule entstehen und dann langsam zum zweiten Chakra emporsteigen. Schaut man das rote Licht deutlich, dann stellt man sich vor, es wandere zur Stirn empor, glühe auf dieser immer mächtiger und verwandle sich langsam in ein Fenster mit einem Rahmen aus rotglühenden Edelsteinen. Jetzt denkt man sich, man steige oder schwebe durch diese Öffnung (»Traumpforte«) hinaus, »fliege« durch rosarote bis dunkelrote Feuernebel und lande in einer märchenhaften Landschaft.

Machte man das alles gut, wozu man natürlich manchmal mehrere Wochen der Übung braucht, ist man unterdessen eingeschlafen. Der Träumer kommt nun in der »Marsnacht« in einen Wirbel von Gesichten, die oft sehr deutlich in den Kreis der alten Vorstellungen um den Kampfplaneten und die von ihm regierten Tätigkeiten gehören. Man begegnet den entsprechenden Sinnbildern oder führt sogar mit »marsischen« Gestalten Gespräche, an die man sich am Morgen erinnern kann. Auf Gebieten, die »mit der Kraft des Dienstags und dessen Gestirn zusammenhängen«, erhält man dann von ihnen guten Rat und Trost.

Wünscht man darauf am nächsten Tag die »Merkurgedanken«, die zum Merkurtag Mittwoch gehören, dann muß man sich eben am vorherigen Abend vorstellen, die leuchtende Lebenskraft krieche an der Wirbelsäule nun drei Stufen hinauf. Sie erhellt zuerst das Mondchakra, geht dann zum Marschakra empor und erhebt sich, wenn dieses schön rot glüht, einen weiteren Schritt empor zum Sonnengeflecht zwischen Bauch und Brust: Ein gelbes, oranges oder goldenes Licht beginnt jetzt dort zu strahlen. Zum anschließenden Schlaf muß man sich nun ein Fenster aus gelben Edelsteinen vorstellen, »durch das man in das Traumreich des geschäftstüchtigen und beweglichen Herrn Merkur fliegt«.

Jeden weiteren Abend kann man nun nach diesen Beispielen handeln, wobei man sich verständlicherweise am Samstagabend (Sonnabend) zum Ende der Übung die ganze Wirbelsäule hinauf die sieben Sternblumen in ihren Farben vorstellen muß. Zum Schluß schwebt man »durch das siebente Fenster, das aus reinem

Kristall«, in das Glanzreich der Sonne, »die der vollkommenste Himmelskörper ist, weil in ihr alle Farben und Kräfte eine Einheit bilden«.

Die Regeln der Traumreisen durch die Kristallpforten sind also an sich ziemlich einfach. Wichtig ist bei allen Hilfsmitteln, die man dazu verwendet, die Beachtung des Grundgesetzes, das wir schon aus den ältesten Überlieferungen bezüglich der »Sternenkünste«, etwa denen der Sabäer, kennen: Je begeisterter, tiefsinniger, »mit dem ganzen Herzen beteiligt unsere Vorbereitungen sind, desto besser wird nach und nach das Ergebnis sein«.

Die Hüter der Schwelle

Hier sollen wir uns vergegenwärtigen, daß die Angst vor peinigenden Träumen, dem nächtlichen Besuch von »Hexen«, von »höllischen«, den Menschen im Traum besuchenden dämonischen Wesen in der Zeit der Verteufelung der Natur und der menschlichen Seelenkräfte seit dem Ende des Mittelalters offensichtlich zunahm. Die Überprüfung der Vorstellungskreise um die »Schrecken der Nacht«, die uns angeblich im Schlaf plagenden Geister, den Alp, die Drude, das Toggeli, oder wie sonst die entsprechenden Geschöpfe in den Mundarten heißen, verweisen uns häufig auf einen ursprünglich eher freundlichen Charakter der Überlieferungen.

Der Ausdruck Alp, heute fast nur bekannt in Beziehung zu dem gefürchteten, schwere Träume erzeugenden »Alp-Drücken«, wurde früher gern mit den Namen der Naturgeister in Berg und Wald in Verbindung gebracht. Adelung lehrte 1793: »Alle unsere Geister und das, was die Römer Faunen, Satyren und Nymphen hießen, führten bei den alten nordischen Völkern die Bezeichnung Alfen oder Elfen; vielleicht von dem Wort ›Alp‹ herrührend, was einen Berg bedeutet, weil man vornehmlich die Berge als ihre Wohnungen betrachtete.«

Erstaunlich ähnlich klingt der Name der Alp-Frau »Albasty« bei den östlichen Stämmen, den osmanischen Türken und verschiedenen Tatarenvölkern, im Iran, auf der Krim, bei den Kasachen, Kirgisen, Usbeken, Baschkiren und so weiter. Von ihr heißt es, daß sie ihren Opfern im Schlaf sogar deren Lebenskraft rauben soll. Man hat ihren Namen als »alp basty« zu erklären versucht, was Drücken durch einen Riesen bedeutet. Alp ist gleichzeitig auch das

Wort für Held. Ulla Johansen stellt fest: »In diesem Zusammenhang wäre auf die Wortparallele mit dem germanischen Wort ›Alp‹ hinzuweisen ... Erst am Ende der mittelhochdeutschen Periode scheint dieses Wort, das genauso wie das türkische ›alp‹ Naturgeister und Riesen teils gutartigen, teils aber bösartigen Charakters bezeichnet hat, auf die Bedeutung des hier behandelten Traumwesens (der Alpfrau, der weiblich gedachten Erzeugerin der schweren Seelenzustände im Schlaf! S. G.) eingeengt worden zu sein.«

Es wurde im übrigen, was die türkisch-tatarische und sibirische »Albasty« angeht, von einigen Forschern ebenfalls die Meinung geäußert, daß sie sogar »ein wohltätiges Geistwesen, eine Schutzgottheit« gewesen sein soll. Es gibt tatsächlich Zeugnisse, nach denen die Schamanen sie mit allerbesten Erwartungen anriefen, um von ihr heilende Kräfte zu erhalten.

Auch von der »Drud« erzählt uns der moderne Volksglaube aus dem Bayerischen Wald, daß Männer und Frauen von ihr gleichzeitig im Schlaf gedrückt werden, »wenn sie, wie früher, (zusammen) in einem Himmelbett liegen«. Auch hier erscheint die Drud-Vorstellung geradezu, um alte, dem Volk einst teure Lebensbräuche als unheimlich und teuflisch erscheinen zu lassen. Es ist sogar noch bekannt, daß der Besuch der Drud den Menschen im Traum die Fähigkeit höherer Wahrnehmung schenkt. »Sie prophezeit einem (im Traum. S. G.) die Zukunft.«

Der große bayerische Chronist Aventin führte das Wort Druden noch auf die keltischen Druiden zurück, die Vertreter der vorgeschichtlichen Weisheit, die nach ihm »um den Schwarzwald, in wässerigen und luftigen Tälern« gewirkt hätten. »Man singt noch alte Lieder von einer Mutter und Tochter mit Namen Draut, der Teutschen Sibyllen und Wahrsagerin, zu der Giganten und Riesen Zeit. Daher viel edle und mächtige Frauen, bei unsern Vorvordern, ihren Namen gehabt . . .«

Adelung bezweifelte die Nachrichten dieser Art, führte aber zu Begriffen wie »Drudendrücken« und »Nachttrutten« zur Erklärung das ihm ebenfalls bekannten Wort »Drudenbäume« an: »Unter dem großen Haufen, besonders Oberdeutschlands, eine Benennung verschiedener Bäume, die dem Aberglauben merkwürdig sind, weil die Druden oder Hexen ihre Zusammenkünfte unter denselben halten sollen.«

In der deutschen Schweiz hörte ich als Bedeutung des Alpdrükkens vor allem das Wort »Toggeli«. Doch auch dieses Wort bedeutet in den Sagen meistens freundliche Naturgeister, die in den Kristallhöhlen der Berge hausen, dort auf geheimnisvolle Art besucht werden können und die gelegentlich noch dem Menschen im Schlaf wunderbare Hilfe bringen.

Alte Anleitungen zu Traumreisen warnen, um uns vor der Gefahr der peinlichen Alpdrücke zu bewahren, vor schweren Speisen, ungesunden Erregungen und (»unreinen Gedanken«) vor dem Schlaf, selbstverständlich auch vor schlechter Luft in unserem Ruhezimmer und ähnlichem. Dazu kommt die Notwendigkeit der Überwindung all der Verzerrungen der alten Sagen über die Gesichter der Nacht. Diese üblen Verzerrungen finden sich besonders in den Büchern und Predigten der Ketzer- und Hexenverfolger der letzten Jahrhunderte und haben, ganz in deren Sinn, in der Fülle der blödsinnigsten Horrorgeschichten in Film und Fernsehen ihre Fortsetzung.

Alp, Drude, Toggeli, die man als »Nachtgespenster« fürchtete, könnten einst der Name freundlicher, liebenswürdiger Wesen gewesen sein, die den Träumer in ihn beglückende Seelenlandschaften begleiteten. Allein das Wissen um diese Tatsache genügt häufig, um uns schrittweise vor bedrückenden Träumen zu befreien und immer freundlichere Gesichter zu schauen.

Die guten Nachtbilder

Schon die gelehrten Schriftsteller des ausgehenden Mittelalters, denen wir vor allem die Weitergabe der großen Erbschaft der Alten verdanken, waren überzeugt, daß die von ihnen vertretene große Überlieferung sozusagen zeitlos sei. Die Sinnbilder, die ganze magische Landschaft, der der Mensch in seinen Träumen begegnet, sieht er nach ihnen kaum viel anders als seine Ahnen vor Jahrtausenden. Die Hilfsmittel, die ihm – wie gerade die Edelsteine – die Pforten zu den Geheimnissen der Seele öffnen, sind nach den Überlieferungen sozusagen ewig, schon im Paradies der Urzeit von Gott erschaffen und schon den ältesten Weisen in ihren Wirkungen von himmlischen Engeln offenbart.

Im Altertum wie im Mittelalter galt es als wichtig, sich im Traum Götterbildern zu nähern und sie gar zu verehren. Wenn man dann ein solches Gesicht der Nacht deutete, kam es vor allem darauf an, sich zu erinnern, aus was für einem Stoff diese »Bilder« waren. Eisen, das Marsmetall, hatte zu tun mit Krieg; Gold, das zur Sonne gehörte, mit Ehren beim Herrscher; das mit dem Mond verbundene Silber wies auf Beziehungen zu Frauen und so weiter. Ein Schlüssel zur Bedeutung der Träume im Sinn einer solchen Astrologie ist zweifellos die Stelle bei Rabelais, wo dieser nach alten Quellen sich mit dem Wahrsagen beschäftigt: Dort werden sieben Säulen der Planeten geschildert, von denen jede aus einem andern Edelstein besteht und damit eine andere Farbe hat.

Dadurch, daß beispielsweise ein Ryff während Reformation und Renaissance in Deutschland das vorchristliche Traumbuch des Griechen Artemidoros wieder herausgab, zeigt er sich ebenfalls überzeugt, daß unsere Wahrträume von den gleichen Bildern erfüllt sind wie in früheren Zeitaltern. Bedenkenlos übernimmt er von seinen Vorläufern vor zwei Jahrtausenden die nach diesen (meistens glückbringende) Bedeutung von der Erscheinung von »Göttern« im Traum. Er ist überzeugt, daß wir die an sich gleichen Sinnbilder, die für die in uns immer noch wirkenden himmlischen Kräfte der Seele stehen, nur anders, entsprechend den bei uns vorherrschenden Vorstellungen bezeichnen.

In seinem Traumbuch von 1540 erklärt Ryff – und es ist kaum zu bezweifeln, daß er hier nur die Lehre seiner Vorläufer wiederholt –: ». . . auf diese Weise haben sie von all ihren Göttern geurteilt, magst daraus wohl einen Verstand fassen, solches auf unsere Heiligen zu deuten.«

Die Traumdeuter unserer Vergangenheit waren sich also, genau wie die von den uralten Sternweisheiten beeinflußten Paracelsus oder Agrippa, wohlbewußt, daß zu allen Zeiten dazu empfängliche Menschen von hohen Wesenheiten in ihren Nachtgesichten wichtigen und guten Zuspruch erhielten. Die Entsprechungen blieben nach ihnen übereinstimmend, nur die Bezeichnungen, die man ihnen gab, wechselten. So war es möglich, uralte Lehrbücher der Träume fortlaufend neu herauszugeben; nur gewisse Worte mußte man der gebräuchlichen Ausdrucksweise der neuen Zeit angleichen.

An die Stelle der Götter der Heiden seien die christlichen Heiligen getreten, von denen man annahm, daß sie, unsterblich an der himmlischen Festtafel Gottes sitzend, gewisse Gebiete der Natur und des menschlichen Geisteslebens beherrschten. Hatte man mit gewissen Dingen seine Mühen, bat man den »zu ihnen schauenden« Heiligen im Gebet vor dem Einschlafem um Rat und war überzeugt, daß er, »wenn man würdig war«, dann im Traume half.

Ryff benützte darum ohne weiteres die griechische Deutung, indem er eine freundliche Gestalt, die uns im Traum in Angelegen-

Der Mensch unserer jüngsten Vergangenheit sah überall Lebenskräfte und Naturgeister: Hier ein Bild aus dem deutsch-böhmischen Märchen über den Erdgeist Rübezahl.

heiten der Gesundheit hilft, nicht wie die vorchristlichen Heiden mit einem Heilgott in Beziehung bringt, sondern mit Heiligen, die im Mittelalter von abendländischen Ärzten bei Krankheitsfällen angerufen wurden. In diesem Sinn ergänzt er auch den alten Artemidoros: »Träumet einem Kranken, wie er dem Äskulap (Sohn des Sonnengotts Apollo und bei den Göttern der eigentliche Schöpfer der Medizin! S. G.), der war der Heiden Cosmas und Damianus (zwei heiliggesprochene urchristliche Mediziner, S. G.), opfere . . .«

Als nach der Reformation dann auch der Vorstellungskreis der mittelalterlichen Heiligen beseitigt wurde, war man Jahrhunderte später (und eigentlich bis heute) – sogar in Gebieten, wo man ihre sämtlichen Bilder in den Kirchen zerstört hatte – fest überzeugt: »Mit Heiligen (im Traum, S. G.), reden bedeute ein großes Glück.«

Schlafbücher der Großeltern

Die alten Bücher der okkulten Philosophen, genau wie die gelegentlich so verfolgten und dann wieder kindisch bewunderten Wahrsager der Neuzeit, lehren übereinstimmend, daß nur eine lange Vorbereitung zu Träumen mit uns eindeutig weiterführender Aussage führt. Die orientalischen Weisen, wie die großen Traumdeuter der vedisch-indischen, biblischen und islamischen Nomaden, lehren im Grunde genommen alle das gleiche wie die Werke der deutschen Magier Paracelsus und Agrippa. Nur ein Bewußtsein, das zur Ruhe gekommen ist und sein Gleichgewicht gefunden hat, ist offen genug, um erhabene, »himmlische« Einflüsse zu empfangen und daraus für seine eigene Zukunft schöpferische Gedanken zu entwickeln.

Nach unseren volkstümlichen Traumbüchern, die in ihrer schlichten Sprache häufig nur Erfahrungen der verschiedenen Stämme wiedergeben, stammen die Gesichte der Nacht aus oft zweifelhaften Quellen: »Da unser Blut und Geist, mit unseren täglichen Sachen und Handtierungen (also alltäglichen Handlungen, die man sozusagen wie eine Maschine verrichtet! S. G.) umgeben, daraus keine Bedeutung kommen . . .«

Wenn der Träumer nicht »seie überaus ganz mäßig in Speis und Trank« und »nicht gar viel nüchtern«, dann sei »das Herz von Schleim umfaßt, unser Blut vom selbigen Schleim verunreiniget«. »Von den bösen unnatürlichen Dämpfen« werde dann unser »Hirn, da unser Geist und Vernunft liegt«, beeinflußt. Davon »werden unnütze Träume, davon nicht viel zu erhoffen und zu urteilen«. Nur wenn »unser Herz und die andern Orte, da unser Geist und die Vernunft verborgen liegen, nicht mehr beschwert, kommen uns seltsame Dinge vor . . .«

Die neueren volkstümlichen Traumdeuter, die teilweise immer noch getreu nach solchen alten Lehren arbeiten, sind übrigens überzeugt, daß man sich mit allen »Bildern des Schlafs« befassen muß. Sind sie auch verworren, geben sie doch wichtige Mittel zum Wahrsagen. Wenn man gründlich über sie redet, geben sie in ihrer Gesamtheit gute Auskunft über die seelisch-körperliche Verfassung ihres Träumers, das heißt über seine »Verunreinigung« aus schlechten Gedanken, trüben Stimmungen seines Alltags, schwer genießbaren Speisen und »bösen unnatürlichen Dämpfen«. (Moderne Deuter reden oft im genau gleichen Sinn von »negativen Strahlungen«.) Erst wenn diese Fehlerquellen erkannt und beseitigt sind, der Mensch also gut vorbereitet und in freudiger Stimmung in den Schlaf sinkt, dann, so glaubten unsere Vorfahren, tritt er in das geheime Reich der »seltsamen Dinge« oder, wie es in der gleichen Quelle heißt, man kommt »durch unsere von Gott gegebenen Geister zu einer Ermahnung und Warnung«. Träume wären somit nach der Erfahrung der Alten – wenn man von ihrer Mehrheit ausgeht – eigenartige Mischungen, verursacht von verbrauchten Gedanken und teilweise minderwertigen, von uns in der vorangegangenen Zeit aufgenommenen Stoffen und dem inneren Gespräch mit unserem ewigen Grundwesen.

Um in diesem Urwald der Gesichte und Sinnbilder zurechtzukommen, entstand in unserer Vergangenheit, teilweise durch Abschriften aus uralten indischen, orientalisch-arabischen oder griechischen Lehrbüchern, teilweise zweifellos aber auch durch Aufzeichnung von eigenen Traumerlebnissen, eine Unzahl von meistens nach alphabetischen Stichworten geordneten Büchern. In ihnen kann man, wenn man zum Beispiel von einem Hammer träumt, nachlesen, dies bedeute, daß man »gewaltig werden« kann. Weiteres Beispiel: Träumt man, man trage einen »goldenen Gürtel«, dann verheißt dies großen Gewinn.

Es ist natürlich närrisch, solchen Angaben zu trauen als wären sie geradezu Zusammenfassungen von Naturgesetzen. Es geht auf keine Kuhhaut, was in solche volkstümliche Schriften alles durch falsche Übersetzungen ihrer älteren Vorbilder, durch Mißverständnisse, Flüchtigkeiten oder einfach Druckfehler für ein Unsinn hineinkam. Immerhin hat man neuerdings darauf hingewiesen, daß häufig die neueren Traumbücher, deren Verfasser sich auf die modernen Seelenforschungen stützen, bei den gleichen Sinnbildern zu ähnlichen Deutungen kommen wie ihre uralten Vorbilder, vor allem dann, wenn wir die barocken Ausdrücke von dermaleinst durch heute gängige Begriffe ersetzen, die aber inhaltlich nahezu gleichbedeutend sind. Ein Hinweis darauf, daß es sich hier meistens um uralte Erfahrungen handelt.

Traumbücher der alten Art sollten nicht überschätzt werden. Es kann aber gelegentlich nützlich sein, in sie am Morgen hineinzublicken, um für seine Gedankengänge Anregungen, Bestätigungen oder Hinweise zu bekommen. Die Deuter empfehlen, nicht Werke mit möglichst exotischen und marktschreierisch angepriesenen Namen zu nehmen, sondern solche, die schon vor Generationen im gleichen Kulturkreis, aus dem wir herkommen, also schon von unseren Ahnen verwendet wurden. Die Vorfahren leben in uns, lehren uns noch immer. Was sie seinerzeit für ein Verständnis ihrer Seele brauchten, hat auch für uns noch eine gewisse Berechtigung. Im übrigen soll man diese alten Überlieferungen mit den eigenen Erfahrungen vergleichen und sie ergänzen, »damit auch in der Zukunft die Enkel noch bessere Verständnisgrundlagen haben«.

Erfahrungen mit Wahrsagern

Einige verwenden zum Deuten von undeutlichen Traumbildern, angeblich nach alter Erfahrung, die hübschen bunten Wahrsagekarten, wie sie noch in vielen Häusern seit den Urgroßvaterzeiten als wertvoller Besitz gehütet werden. Ähnlich wie die Tarotkarten, aber natürlich wesentlich naiver, zeigen sie uns zahlreiche Darstellungen von Gegenständen, denen wir in den Abenteuern des Schlafs häufig begegnen, und fügen diesen eine Deutung bei. Wählt einer etwa die Karte mit einem Blumenstrauß, so steht darauf der Spruch: »Aus dem Blumenstrauß / Schaut das Glück heraus / Glück gar nicht gering : Glück in jedem Ding.«

Man kann nun aus den Tarot-Symbolen, die mit unserem Traum übereinstimmen und die wir nachträglich sorgfältig auswählen, allerlei mit Hilfe der verschiedenen Deutungsbücher herauslesen. Aber aufgepaßt! Es gibt Hunderte von heute noch oder wieder vertriebenen Bilderreihen der überlieferten und neugezeichneten Wahrsagekarten. (Wahrscheinlich ebenso viele gedruckte Anleitungen zum Wahrsagen, die oft stark voneinander abweichen.) Man wähle sich – dies ist eine bewährte Regel – immer die Karten aus, die aus dem Kulturkreis der Vorfahren stammen und auf die wir darum am meisten Vertrauen setzen. Ist das wegen des heute häufigen Mangels an Familientradition nicht machbar, nehme man diejenigen, die uns gefühlsmäßig am meisten gefallen.

Man kann – und das ist eine erfolgreiche Methode – einfach über die ausgewählten Tarotbilder ruhig nachsinnen, meditieren, sich fragen, was für Gedankenverbindungen sie in uns erzeugen. Viele behaupten, daß uns beim Beobachten dieser Bilder dann plötzlich ganze vorher scheinbar vergessene Abschnitte aus dem letzten Traum wieder einfallen.

Es gibt Leute, die zusätzlich raten, die gewählten Bildkarten beim Schlafengehen unter das Kopfkissen zu legen. Neben der Deutung der zuerst unklaren Traumbilder mit Hilfe der entsprechenden Bücher, die schon unsere Vorfahren in ihrer »Schlaf-Bibliothek« neben ihrem Bette hatten, existiert noch eine Reihe von andern geistreichen Verfahren. Als ich mich mit der Vielfalt der Seelenreisen zu beschäftigen begann, fand ich bald heraus, daß »die Kunst des Lesens der Gesichte der Nacht mit Hilfe der Karten« eine besonders bekannte Methode ist. In Paris sah ich ein handschriftliches »Zigeuner-Traumbuch« (Zyganski Sonik), das zwar mehrere Hunderte von alten und neueren Deutungen von Bildern enthielt, im übrigen aber schon im Vorwort empfahl, im Zweifelsfall sich mit gewöhnlichen Spielkarten zu behelfen.

Ich habe seither in West- und Mitteleuropa fast überall ähnliche »Künste« angetroffen, die den russisch-zigeunerischen einigermaßen entsprachen. Das Verfahren, »mit Hilfe der Karten Träume zu lesen«, wird im übrigen auch in den volkstümlichen Wahrsagebüchern erwähnt. Zum Beispiel in einigen Auflagen der berühmten Mosesbücher, die schon im 19. Jahrhundert überall in den deutschsprachigen Ländern bekannt waren und die noch heute fast in allen Alpentälern bei dem ansässigen Volk verbreitet sind. Im Werk einer anscheinend bekannten Pariser Wahrsagerin aus den zwanziger Jahren wird auf diese Mosesbücher Bezug genommen. Auch diese Frau greift häufig auf die Weisheiten der Nomaden zurück. Das gleiche Werk sah ich, als Quelle für persönliche Beratungen (1983), in den Händen einer ehrlich arbeitenden Deuterin in der schweizerischen Stadt Bern.

Bei diesen Verfahren gibt es selbstverständlich eine Reihe von Abweichungen, die man aus der Verschiedenheit der noch heute fortwirkenden Überlieferungen wie auch aus der schöpferischen Phantasie der modernen Traum- und Kartendeuter erklären kann. Verwendet werden dafür in der Regel die den Geist anregenden Tarotkarten mit ihren bunten Bildern oder auch die einfachen Spielkarten, wie man sie überall im Gebrauche hat. Mir persönlich scheint – vor allem weil ich sie schon in den Händen meiner Eltern gesehen und erklärt bekommen habe – die Anwendung der ersteren verständlicher. Ich habe aber festgestellt, daß es Wahrsager gibt, die mit den gewöhnlichen Karten geradezu verblüffende Ergebnisse erzielen.

Das Verfahren geht etwa folgendermaßen vor sich: Man merkt sich die Traumbilder am besten, indem man sie sich sofort nach dem Erwachen, noch bevor man sie jemanden erzählt hat, niederschreibt. Dann nimmt man einen Pack Tarotkarten, am besten einen, dessen Bilder einen besonders ansprechen (es gibt bekanntlich Hunderte in den verschiedensten Kunststilen) und wählt aus diesen die entsprechenden Darstellungen. Hat man zum Beispiel eine friedliche grüne Landschaft gesehen, von hellem Licht übergossen, in der glückliche Menschen umherwandern, dann könnte man die Trumpfkarte »Die Sonne« nehmen. Träumte man von einem nächtlichen Gang auf einem etwas unheimlichen Weg, dann kann man, je nachdem, was einem mehr einleuchtet, den Trumpf »Der Mond« oder »Der Stern« wählen. Hat man im Traum mit einer weisen Frau gesprochen, dann wählt man die Karte »Die Hohepriesterin« (die in gewissen Spielen freilich auch »Die Päpstin« oder sogar »Die Göttin« heißt).

Die Karten, die den Traumgesichten der letzten Nacht entsprechen, sollte man am nächsten Abend unter sein Kopfkissen legen, wenn man sich zum Schlaf bereit macht. Dies soll helfen, aus der Seele neue Träume »hervorzuholen«, die zu den vorangegangenen klarere Ergänzungen und Fortsetzungen enthalten können.

Sieg über die Schwerkraft

Viele der Traumdeuter aus Tradition, deren Gedanken auf mich schon während Kindheit und Jugend starken Eindruck machten, waren überzeugt, daß der deutlichste Beweis für »einen glücklichen Zustand während des Schlafes die am Morgen noch einigermaßen deutliche Erinnerung an einen Flug ist«. Zahllos sind auch die Berichte aus der europäischen Vergangenheit, die uns als die wichtigste »Kunst« der Hexen schildern, daß diese, während ihr schwerer Leib unbeweglich im Bett blieb, mit der Seele zu einem geheimnisvollen Bergort fliegen konnten, um »beim ersten Hahnenschrei« wieder nach Hause zurückzukehren. Die geheimnisvollen Erlebnisse, die sie während dieser Zustände hatten, führten sogar ihre Feinde, die grausamen Ketzerverfolger, auf ihre magischen Kräfte und vor allem auf ihre tiefen Einblicke in die Wirkungen der Natur zurück.

Mit diesen Überlieferungen über den »Hexenflug«, aus denen häufig genug viel echtes Wissen über die ursprünglichen Seelentechniken hindurchschimmert, hängen zweifellos viele der alten Geschichten und Schwänke über die Wissenschaft der großen Zauberer zusammen. In wunderbaren Luftschiffen reist, nach einer sehr poetischen Vorstellung der aristokratischen Kultur, das Feenvolk gelegentlich ins Morgenland, nach dem Himalaja. Doktor Faust und sein Schüler Wagner, über die unsere deutschen Volksbücher viel von den Erfahrungen der vergangenen Jahrhunderte enthalten, reisen mit ihren Mänteln durch die stürmischen Lüfte. Vom ersteren dichtete sogar nach den ihm zugänglichen Quellen der große Christopher Marlowe (1564–1593): »Um die Mysterien der Astronomie zu lernen, . . . stieg er bis zu des Olympus steilem Haupt empor, in einem hellumflammten Wagen ruhend. Und dort betrachtet er die Wolken, die Planeten und die Sterne . . .« Auch Paracelsus, dieser große Kenner der Traumwissenschaften, soll ein Roß besessen haben, das ihn in wenigen Augenblicken über jede Entfernung trug.

Man hat übrigens versucht, auch die entsprechenden Träume, wie sie wahrscheinlich als zufällige und seltene Erlebnisse noch heute fast jeder Zeitgenosse kennt, aus der menschlichen Stammesgeschichte zu erklären, namentlich aus den Jahrmillionen der Entwicklung, die seine Vorfahren in Fisch- und Lurchgestalt im Wasser verbrachten. »Landry (ein Wissenschaftler in München, der 1920 darüber in der ›Neuen Zürcher Zeitung‹ schrieb, S. G.) sagte nämlich, man fliege im Traume nicht wie ein Vogel, sondern man ›schwömme‹ mit den Beinen durch die Luft wie ein Frosch durchs Wasser.«

Aus dem uralten Dasein der fernen Vorfahren im Wasser erklärt heute der aus dem Uralgebirge stammende Arzt Igor Tjarkovskij viele menschliche Uranlagen, wobei er sich ebenfalls mutig auf die Erfahrungen der in seinem Lande lange verfolgten sibirisch-mongolischen Schamanen stützt. Er entwickelte deshalb die heute über Skandinavien in Mitteleuropa sich verbreitende »Wassergeburt«, bei der sich Frauen während der Schwangerschaft, der Entbindung selber und nachträglich auch die Säuglinge möglichst viel im nassen Element aufhalten. Das seltsame Ergebnis, das im Zusammenhang mit diesem Verfahren von Tjarkovskij und seinen Mitarbeitern bezeugt wird, ist, »daß Wasserkinder starke übersinnliche Fähigkeiten haben, Anlagen zu Hellsichtigkeit, Telepathie und Telekinese«. Der selige schwerelose Zustand, den Mutter und Neugeborenes beim Schweben im Wasser empfinden, soll gewisse sonst durch die Zivilisation leicht geschädigte Fähigkeiten unseres Gehirns freisetzen und ihre Entfaltung einleiten.

Solche moderne Überlegungen, die ich im einzelnen in bezug auf ihren Tatsachengehalt nicht bewerten kann, führe ich nur an, um die alte Lehre von der Wirkung der Flugträume besser verständlich werden zu lassen. Ein schweizerischer Biologe schrieb über sie, daß er sie keineswegs (im Sinn von Landry) als eine Art von Schwimmen kennenlernte. »Für mich ist das Drollige am Flugtraum gerade, daß ich mir dabei immer merkte, wie man's macht, um es ja nicht wieder zu vergessen« (Oettli). Das Angenehme scheint bei allen, die mir darüber erzählten, ein Gefühl der Überwindung der Schwere zu sein, was man als Voraussetzung empfindet und welches Gefühl meistens auch eine Weile nach dem Erwachen noch anhält. Viele, die solche Träume haben, sind überzeugt, daß sie eine gute Vorbedeutung haben. Mit etwas, was man sich bisher nicht zutraute, habe man es nun künftig leichter. Man hat den Weg gefunden, sich irgendwie zu »entblockieren«, also gewisse innere Widerstände, unter denen man litt, zu beseitigen.

Die Vorstellung vom seligen Fliegen vor dem Einschlafen (zum Beispiel des »Schwebens durch Kristallfenster«) gilt auch heute noch als gute Übung, und sie bewirkt nach vielen Beobachtungen offensichtlich auch, daß durch diese Vorbereitung die Klarträume, in denen solche Zustände vorkommen, langsam häufiger werden. Wir lesen auch in den Traumbüchern unserer Vorfahren, daß Flugträume meistens eine gute Vorbedeutung für die nächsten Tage haben. Man glaubte, aus Erfahrung zu wissen, daß, wenn das Bewußtsein sich nur ein wenig vom drückenden Empfinden der »Last der Materie«, der Schwerkraft, befreien könne, die Lebenslust und damit alle bisher schlummernden Fähigkeiten der Seele sich steigern.

Morgenmeditation über glücklichen Neubeginn

Landung im bewußten Alltag

Die alten Astrologen und Traumdeuter waren fest überzeugt, daß an jedem Tag in der ersten Stunde nach Sonnenaufgang dessen Planet »seine Urkraft in die Welt ergießt«. Die vorangegangene Nacht gilt nur als Vorbereitung zu diesem kosmischen Vorgang, und der darauffolgende Tag ist das langsame Ausklingen davon.

Die Bildkarte »Der Stern« (Trumpf 17) unter den seit dem 18. Jahrhundert als erhaltene Symbole der Urtradition gerühmten Tarotkarten soll uns die Möglichkeit zu einem solchen Erlebnis veranschaulichen. Sie zeigt uns eine schöne langhaarige Fee, die aus zwei Gefäßen den Tau des Segens auf die Erde ausgießt. Im Hintergrund dieser »Herrin der Lebenskraft« sieht man auf den meisten ähnlichen Darstellungen am Himmel sieben kleine Sterne. Es ist bezeichnend, daß sie gelegentlich verschiedenfarbig sind. Manchmal sieht man in der Mitte der sieben noch ein weiteres mächtiges Gestirn, von dem eine Fülle von Strahlen ausgeht.

Diese Bildkarte wurde mir folgendermaßen erklärt: »Die Sternen-Energie von jedem Tag, besonders stark an dessen Anfang, wechselt während der Woche siebenfach nach den sieben Planeten. Das große Licht in der Mitte der Gestirne ist das Wunder der besonderen Kraft, wie sie an jedem Morgen neu auf uns herniederströmt und uns den Mut gibt, jedesmal neu anzufangen. Sie kommt von allen sieben Planeten, aber eben jedesmal vorwiegend von einem derselben. In der Wahrsagekunst der Zigeuner bedeutet übrigens diese Karte, wahrscheinlich aus ähnlichen Überlegungen, besonders wichtige Lebensgeschenke: Eingebung, Erwachen der gesteigerten Wahrnehmung von uns bisher verborgenen Dingen und Zusammenhängen, das Empfangen von Kraft und Gesundheit auf dem Weg des Menschen durch das Dasein.

Auf diesem alten Sinnbild, das noch heute moderne Weisheitsschulen gern für ihre Erläuterungen verwenden, ist noch ein weiterer Hinweis: Über einer Blume neben der schönen Himmelsfrau, die ihren Sternensegen auf die Welt ergießt, schwebt ein Schmetterling. Schon im 18. Jahrhundert deutete ihn der gelehrte Freimaurer und Tarotforscher Court de Gébelin als Symbol unserer unsterblichen Seele, die über dem Stoff schwebt. Wenn nun die Sternenfrau das Erwachen des neuen Tages darstellt, so verstand man den Schmetterling als unser Bewußtsein, das am Morgen, wenn der himmlische Segen als Tau auf die Erde sinkt, wieder von ihrer Reise durch Feenreiche in den materiellen Körper zurückkehrt.

Die schönsten und weisesten Träume, denen man eine besondere Bedeutung zuschreibt, kommen schon nach den indischen Auffassungen meistens um die Zeit des täglichen Sonnenaufganges. Auch hier haben die modernen Beobachtungen diese Erfahrungen auf mannigfaltige Art bestätigt. Wer sich also bereits am Abend auf die Nacht des Friedens und der Erholung freut, sich richtig vor dem Schlaf entspannt, dessen Seele nimmt auch beim Aufleuchten des neuen Morgens die ganze Kraft des Tages auf.

Dies verstehen die Traumdeuter aus verschiedenen östlichen Stämmen, die ich in meiner Jugend kennenlernte, ziemlich wörtlich als ein Auftauchen in einem Strom von Energie: »Jeden Tag strömt sie, unvermindert seit den biblischen ersten sieben Tagen der Schöpfung, in einer andern funkelnden Edelstein-Farbe, die einem der Planeten entspricht.« Mit ihr kommen vor dem eigentlichen Erwachen die guten, uns in die Zukunft weisenden Gedanken, also die zur allgemeinen leiblichen Gesundheit am Morgen des Montags, die für unser weiteres Gedeihen nötigen energischen Taten am Dienstag, zu nützlichen geschäftlichen Vorgängen am Mittwoch und so fort.

Man darf, auch dies glaubt man noch immer fast übereinstimmend, den neuen Tag auf keinen Fall mit Gedanken des Trübsinns begrüßen. »Sonst wehrt man sich, in jedem Teil seines Körpers die neue Lebenskraft zu empfinden.« Eine solche düstere Einstellung, so hörte ich beim Fahrenden Volk in Frankreich und der Schweiz, werde geradezu als eine Art Gotteslästerung empfunden. »Zigeuner, die nicht mehr wissen wollen, was der Morgen ist, bleiben sicher nicht mehr lange freie Zigeuner.« (Hier wirkt zweifellos noch der Urglaube ihrer Ahnen nach, der Stämme aus den Reichen im Raum des westlichen Himalaja, die den Morgen und die Morgenröte regelmäßig mit ekstatischen Hymnen begrüßten.)

Man muß sich, so schön das Gestern und auch der Traum der verflossenen Nacht war, mit den ersten Gedanken des Erwachens wirklich auf den neuen Tag freuen. Nichtsdestoweniger soll man noch eine Weile Ruhe bewahren und sich die Bilder seiner Träume vergegenwärtigen. Wie sagte seit jeher der Volksmund: »Die Traumbilder haben die Eigenschaft, sich mit dem Steigen der neuen Sonne zu verflüchtigen, sich aufzulösen wie der Morgentau auf unseren Wiesen.« Es galt als ratsam, sie in kurzen Stichworten in einem neben dem Bett bereitliegenden Heft aufzuschreiben.

Wenn man sich aber an seine Seelenreisen im Traum nicht erinnert, macht das eigentlich nichts, Man muß nur nach dem Erwachen einige Zeit völlig entspannt, aufnahmebereit und ohne an die Sorgen des Alltags zu denken, liegen bleiben. Plötzlich kommen die verlorenen Bilder, zumindest das wichtigste aus ihrer Fülle, wieder in unser Bewußtsein. Ist dies aber nicht der Fall, so empfängt man in diesen Minuten regelmäßig gute und nützliche Einfälle für den anbrechenden neuen Wochentag. Auch wenn uns die Zusammenhänge nicht mehr deutlich sind, fühlen wir, daß sie aus der letzten Nacht des Eintauchens in die geheimnisvollen Wunder unserer Seele stammen.

Übung: Tägliches Wecken der Lebensgeister

Man empfahl mir, wie ich schon in den vorangegangenen Abschnitten andeutete, die Seelenreise der Nacht »in eins der gewünschten Sternenreiche hinter dem Regenbogen« nur einmal in der Woche zu unternehmen: »Wenn man am besten Zeit hat, sich auf die geschilderten Übungen am Abend gründlich vorzubereiten, fast wie auf ein Fest, auf die feierliche und freudige Begegnung mit hohen Personen«. Demgegenüber wurde mir geraten, die Meditation »des Empfangens der Kraft des Morgens« täglich durchzuführen, wenn möglich einen ganzen Monat hindurch: »Dann wird man fast süchtig darauf und will häufig gar nicht mehr damit aufhören.« Mit solchen Seelentechniken sah ich Flüchtlinge in Paris ihr inneres Gleichgewicht bewahren und erfolgreich sich gegen alle Versuchungen durch harte Drogen oder die Verführung durch totalitäre Ideologien durchsetzen. An Stelle des um sie herrschenden Chaos der Verzweiflung fanden sie den Lebenswillen für einen Neubeginn.

Man bleibt, wenn man diese Übung »des Weckens der Lebensgeister« unternehmen will, ruhig in seinem Bett liegen. Selbstverständlich kann man einige der Maßnahmen durchführen, die schon im Zusammenhang mit den Vorbereitungen auf die Träume beschrieben wurden. Man entzündet etwa eine Kerze von der richtigen Farbe und läßt ihren Schein in der heiligen Ecke von den Steinen des Tages zurückwerfen. Notwendig ist dies aber nicht und soll nur unternommen werden, wenn es uns anregt und unsere jetzt vor allem wichtige Einbildungskraft stark beflügelt.

Man legt sich den Planetenstein des Tages wiederum auf die Stirn und stellt sich einen Augenblick vor, daß er in seiner Farbe durch das neue Licht stark aufglänzt, als sei er selbststrahlend. Jetzt atmet man möglichst gründlich aus und vergegenwärtigt sich, während man die Luft möglichst ruhig und lang einzieht, daß die Farbe des neuen Tages und des Steins unseren ganzen Kopf durchdringt und erfüllt. Ein Mensch mit guter Phantasie wird schon bald das Gefühl haben, sein Kopf sei völlig aus durchsichtigem Kristall und strahle seinen Glanz in die Umgebung, fast als wäre er eine Edelstein-Lampe aus orientalischen Sagen.

Den Atem halten wir jetzt einige Zeit an, wobei wir uns vorstellen, daß nun jede Zelle des Kopfes mit der farbigen Kraft erfüllt ist. Man merke: Man soll mit der Länge des Einatmens und dann mit dem Anhalten der Luft am Anfang auf keinen Fall übertreiben. Beide Vorgänge dürfen nur so lange ausgedehnt werden, wie sie für uns in jeder Beziehung angenehm sind. Wiederholt man die Übungen einen Monat oder auch länger, wird das Einziehen und dann besonders auch das Anhalten des Atems von selber länger und länger werden.

Beim Ausatmen stellt man sich jetzt vor, daß alles Unreine und Verbrauchte, was den soeben durchstrahlten Körperteil erfüllte, verschwindet. Es löst sich sozusagen in den guten Energien auf, wie sie am Morgen die ganze Welt erfüllen. Die Übung kann daraufhin gleich wiederholt werden: Empfohlen wird viermal, wobei man spüren wird, wie sie uns jedesmal einfacher, selbstverständlicher und lustbringender erscheint.

Haben wir nun viermal den Kopf „durchstrahlt", so tue man dasselbe mit dem Hals und stelle sich bei ihm vor, auch er werde mit jedem Einatmen und Atemanhalten mit der farbigen Kraft des Tages erfüllt. Hat man auch dies viermal getan, dann kommen die Oberarme dran – und dann Teil um Teil des übrigen Körpers. Man teilte ihn für diese Übung in zwölf Regionen ein, die denen entsprechen, die die Alten mit den zwölf Tierkreiszeichen in Verbindung brachten. Die meisten Leser werden diese Einteilung aus der volkstümlichen Astrologie kennen. Im übrigen findet sich eine darauf hinweisende Tafel am Ende dieses Buches.

Die Alten hatten die bewundernswürdig poetische Vorstellung, nach der der menschliche Leib sozusagen das sichtbare Weltall verkleinert sei: Genau wie sie die sieben dem Auge sichtbaren beweglichen Himmelskörper durch den ganzen Himmelskreis wandern sahen, so glaubten sie auch, daß die ihnen entsprechenden Energien in sämtliche Teile unseres Leibs einströmen und in ihnen wirken.

Haben wir nun als Morgenübung für jede der zwölf unserer Regionen viermal geatmet und mit der Hilfe unseres Geistes die Kraft hingeschickt, dann kommt der Abschluß: Wir atmen nochmals viermal ein, stellen uns nun aber keinen Teil von uns vor, sondern jedesmal den ganzen Körper. Wir erleben nun den ganzen Leib als einen von der richtigen Farbe völlig erfüllten Kristall. Danach steht man ohne Verzug rüstig auf und geht an sein Tagwerk. Über den Wert dessen, was man am Morgen getan hat, braucht man eigentlich nicht mehr nachzudenken, denn wenn man die Übung richtig, nicht von Nebengedanken abgelenkt, durchführt, fühlt man sich in jeder Beziehung wacher und lebendiger, oder, wie man es mir erklärt hat: »Jedesmal, wenn wir das Ritual der bewußten Vorbereitung auf den kommenden Tag ausführen, erwecken wir in uns etwas Vergessenes. Für die Viertelstunde des ruhigen Weckens unserer Lebensgeister bekommen wir nun das Geschenk, in den darauf folgenden Stunden ein wenig freier, liebevoller, lebendiger zu sein. Damit steigern wir in uns die Eigenschaft, alles um uns wacher und vollständiger aufzunehmen.

Hier nur noch eine eigenartige Beobachtung: Beim Erwachen, sogar nach seligen Traumbildern, haben viele Menschen ein »heißes Haupt«. Nach einigen Wochen der Übungen, wie wir sie soeben kurz schilderten, sind sie aber meistens fest überzeugt, bei deren Abschluß regelmäßig einen völlig frischen, aufnahmebereiten, kühlen Kopf zu besitzen. Den übrigen Leib fühlen sie aber gleichzeitig von köstlich warmer Lebenskraft durchströmt – sogar, wenn im Schlafraum frostige Luft ist.

Die Energie der Vorfahren

Für viele der Erben der urtümlichen Überlieferungen, die uns zu den Traumreisen ebenso Hilfsmittel liefern wie zur morgendlichen Meditation auf die Kraft des neuen Tages, ist eins der wichtigsten Ergebnisse dieser Übungen: das durch sie wiedererwachende Gefühl, das nach und nach zur Gewißheit wird und uns sagt, daß wir in unserem Wesen unsterblich sind, einen ewigen Kern besitzen.

Gerade von bestimmten Sippen der europäischen Nomaden, die trotz Verfolgungen selbst in den industrialisierten Landschaften der Gegenwart zu überleben vermochten, wissen wir, wie sehr sie aus bestimmten Seelenzuständen ihren Willen zum Lebensstil nach dem Brauch der Vorfahren beziehen. Von den nicht seßhaften Familien des Alpengebiets sagten mir Beobachter: »Was sich zwischen Himmel und Erde und auch unter der Erde abspielt, beschäftigt unser fahrendes Volk in ganz besonderem Maße« (Pfister). Die Geister, die der Vorfahren und die der als lebendig empfundenen Natur, wirken nach ihnen unausgesetzt auf unser Bewußtsein. Wenn man auch diese Einflüsse kaum einem ungläubigen Außenstehenden erklären kann, so ist man doch fest überzeugt: »Sie wachen über Stamm und Sitte« (Block). Auch von den Zigeunern der Karpathen wird uns versichert, daß es sogar unter den »Jungen, Gebildeten« kaum einen gibt, dem nicht schon Familienmitglieder nach deren leiblichem Tode »begegnet« sind. »Das ist einer ihrer Hauptgesprächsstoffe« (Erdös).

Nur wenige der auf ihre Traditionen stolzen Menschen dieser Art, mit denen ich darüber sprach, empfehlen – ähnlich wie die »Zivilisierten«, wenn sie verzweifelt nach Beweisen für ihre Unsterblichkeit suchen – spiritistische Sitzungen und Verfahren der magischen Geisterbeschwörung. Fast jeder der östlichen Flüchtlinge, teilweise noch immer mit der Kultur der Nomadenstämme verbunden, hatte derartige Erlebnisse, die ihm in der Not der Revolutionen und Weltkriege entscheidend beim Überleben halfen. Bestimmte innere Begegnungen und Bilder, eigene oder die der nächsten Verwandten und Gefährten, hatten sie davon überzeugt, »daß einige von uns mit höheren Kräften in Beziehung zu treten vermögen«. Regelmäßig bezogen sie sich dabei auf ihnen weiterhelfende Klarträume, in denen sie Vorfahren, Gestalten aus Heldengeschichten oder Heiligenlegenden, gelegentlich auch Wesen aus Kindermärchen begegneten und von ihnen guten Zuspruch erhielten. Fast noch häufiger waren es auch als »heilig« empfundene Augenblicke im Wachen, in denen sie trotz allen Elends die Umwelt doch als Schöpfung eines guten Gottes empfanden. Plötzlich, »als hätte es ein himmlischer Engel eingeflüstert«, hätten sie gewußt, daß sie nicht aufgeben dürften und was ihre nächsten Schritte auf dem Lebensweg sein müßten.

Mehrfach hörte ich von solchen Menschen, egal ob sie aus ostchristlichen, islamischen, buddhistischen oder vorwiegend noch heidnischen (schamanistischen) Kulturkreisen stammten, daß sie ohne solche »Zeichen« sich nie und nimmer hätten durchsetzen können. Fast jede ihrer Unternehmungen, in der sie sogar gegen die Logik des Verstandes ihren Lebenswillen beweisen konnten, führten sie voll Dank auf solche Kontakte zurück. Ohne diese »stillen Gespräche mit der Seele« hätten sie niemals den Mut besessen, trotz der stumpfsinnigen Gleichschaltung in totalitären Staaten die Bräuche ihrer verehrten Vorfahren zu hüten. Sie wären sonst unter der Drohung der stalinistischen Konzentrationslager, im Elend von Jahrzehnten der Flucht und der inneren Zweifel gar nicht fähig gewesen, einen Gefährten für ihr Dasein zu finden. Sie hätten auch nicht das feste Gottvertrauen gewonnen, trotz der menschenunwürdigen Zustände, in denen ihr Alltag verlief, noch Kinder zu haben und diesen das Beste von ihrem ursprünglichen Lebensstil und ihren Stolz auf den unzerstörbaren Wert ihrer Sippe weiterzuschenken.

Auch in den Büchern der nordamerikanischen und westeuropäischen Sucher nach den erneuerten Grundlagen für unser vom Aberglauben der Dämonenfurcht und des ungebildeten Materialismus endlich befreites Geistesleben finden wir jetzt immer häufiger verwandte Auffassungen: Ein Verfasser dieser Art, der sich ebenfalls offen auf Anregungen aus alten Quellen stützt, schildert die modernen Erfahrungen mit Seelenfahrten als einen großen Schritt zur Umwälzung unseres Weltbildes: Er würde dank solcher Erlebnisse von der Ewigkeit seines Wesens überzeugt sein, »auch wenn kein Buch über die Unsterblichkeit geschrieben« worden wäre.

Überwundene Melancholie

Die Seelentechniken, die seit den sechziger Jahren ihre Wiederentdeckung erleben, all die Meditationen mit Tarot-Bildern, Bergkristall und andern Edelsteinen, Traumreisen und dergleichen wurden von ihren Gegnern gern mit dem Schlagwort »Flucht aus der Gegenwart« bezeichnet. Seit dem ersten größeren »Festival für Kultur und Ökologie« in Interlaken (1978), auf dem besonders auch von den Überlieferungen der Älpler und der einheimischen Fahrenden Sippen, von Astrologie und ähnlichem geredet wurde, gibt es namentlich seitens der Ideologen eines oberflächlichen, angeblich »marxistischen« Materialismus unzählige Angriffe dieser und ähnlicher Art.

In den Massen der Flüchtlinge aus östlichen Reichen, zu denen meine Familie (und ich selber zumindest am Rand) gehörte, gab es keinerlei Zweifel, daß alle materialistischen und ideologischen Gegenargumente falsch sind. Diese Menschen aus den verschiedensten Kulturkreisen, all die Slawen, Turkmenen, Kalmücken und Iraner besaßen – fast alle in der Regel staatenlos – gar keine Möglichkeit, ihren Zustand durch irgendwelchen »Aktivismus« gewaltsam zu verändern. Der Rückzug »in den inneren Paradies-Garten«, »in die Schatzkammer ihrer eigenen Seele« war für sie der einzige gangbare Ausweg aus dem Elend einer unwürdigen Gegenwart. Die ihn gingen, retteten sich vor dem Absinken in die Kriminalität, vor Selbstmord, Alkoholismus, harten Drogen und dem schließlichen Sturz in zerstörende Ausschweifungen als Folge der Verzweiflung.

Paracelsus und Agrippa von Nettesheim, die uns von der Möglichkeit der Traumreisen berichteten, zogen ebenfalls im Chaos der zusammenbrechenden mittelalterlichen Gesellschaftsordnungen in Europa umher. Die Rettung und Heilung, die sie einer Unzahl von Menschen brachten, war zweifellos das Weisen der Wege zu sich selber, damit diese den eigenen Reichtum, das Selbstbewußtsein, wiederentdecken konnten. Der Arzt Johannes Wier, ein Schüler des Agrippa, schildert ausdrücklich die verfolgten Hexen des 16. Jahrhunderts als schwer an Melancholie, also an Trübsinn erkrankte Mitmenschen. Auch seine vorsichtige Darstellung zeigt uns deutlich, daß diese Menschen ohne ihre Kunst der nächtlichen Seelenfahrten in wunderschöne Landschaften und Traumschlösser gar nicht mehr lebensfähig gewesen wären.

Für die gleiche Zeit bestätigt uns der ebenfalls bedeutende Arzt Johann Wittich (1537–1596), dessen Aufzeichnungen über den damaligen Glauben an die Kräfte der Edelsteine wir viel verdanken: »Zu unseren Zeiten«, schreibt er, seien es leider »die allervortrefflichsten Männer«, die an dieser furchtbaren Melancholie, der Lebensunlust, erkranken. Dies geschehe schon, wenn sie vierzigjährig würden, also in einem Alter, in dem sie durch ihre Erfahrung »Land und Leuten am nützlichsten sein sollten«. Doch gerade dann seien sie schon erledigt und stürben sehr häufig vorzeitig.

Ein Geschichtsschreiber der Heilkunst unserer Zeit des Überganges ergänzt hierzu: »Diese Klage klingt uns heute ganz modern. Unsere Ärzte meinen die sogenannte Managerkrankheit.«

Wittich beobachtete, was sehr lesenswert ist, solche an »Melancholey« erkrankte Zeitgenossen und schrieb: »Diese sind allzeit traurig, weinen oft und fürchten sich ohne Ursach. Wenn ein solcher Holz oder Strohhalme sieht, meinet er, es seien Kröten und Schlangen, und flieht, schlägt die Hände zusammen und denket, man wolle ihm etwas nehmen . . .« Eine sachliche Kulturgeschichte könnte sogar auf der Grundlage von unbestreitbaren Urkunden nachweisen, daß mächtige und hochgebildete Gesellschaftsschichten zuerst diesem mörderischen Überdruß zum Opfer fielen, also seelisch versagten – und erst dann von ihren äußeren politischen Feinden gestürzt wurden. So fand ich bezüglich der Aristokraten der Stadt Bern, die ziemlich willenlos in den Jahren nach der Französischen Revolution ihren Einfluß verloren, die handschriftliche Notiz eines Beobachters dieses Vorganges: »Verhältnismäßig sind mehr Gemütskrankheiten bei den sogenannten Vornehmen als beim gemeinen Bürgerstand.« (Daß einige dieser Familien ihre Heilung bei traditionsverbundenen mystischen Gemeinschaften aus den Schulen von Mesmer, St. Germain oder Cagliostro suchten, spricht höchstens für ihren geistigen Selbsterhaltungstrieb.)

Die moderne Suche nach neuen Techniken der seelischen Selbsterhaltung geht zweifellos auf ähnliche Erscheinungen zurück wie die Bestrebungen der Volksärzte der Vergangenheit während den vergleichbaren Krisen der Reformation oder Aufklärung: »Von depressiven Zyklen sollen allein in den Vereinigten Staaten mehr als vier bis fünf Millionen Menschen jährlich (! S. G.) betroffen sein. Die häufigsten Symptome sind Traurigkeit, ständige Erschöpfung, schwindendes Interesse am gesellschaftlichen Leben, Selbstvernachlässigung und Schlaflosigkeit.«

Wieder erkennt man – wie zu seinen Zeiten Wittich in seinem »Steinbüchlein« – als die Grundlage der seelischen Heilkunst: »das Herz zu erfreuen und allen Unmut zu wenden«.

Feenmärchen als Wirklichkeit

Die Schilderungen der Religionen Indiens sind voll von wunderbaren Geschichten von Menschen, die mit den Göttern (devas) Verwandtschaft haben und die anderen Welten, sehr häufig auf andere Gestirne versetzt, ihre Besuche abstatten. Die Strecken, die sie dabei gedankenschnell zurücklegen, die Pracht der Reiche, die sie bewundern dürfen, wird eindrücklich geschildert. Eine Reihe von »phantastischen Realisten« der Gegenwart – mit einigen durfte ich mich darüber ausführlich mündlich unterhalten – glauben hier eine

Erinnerung an Hochkulturen der Vergangenheit zu finden, die schon die Kunst des Raumfluges beherrschten.

Orientalische Sagen, ebenso bekannt bei Türken, Arabern und Iranern, erzählen von den wunderbaren Reisen des Königs Salomo, seiner Vorläufer und auch späterer Helden durch alle Wunder der Universen. Der König der Dschinns, der ihm dabei hilft, erzählt ihm auch wunderbare Geschichten ohne Ende: »Von den Sphären des Feuers, des Wassers und der Luft, von den Erden und den sieben Meeren, die er durchreist hatte, und endlich von dem das ganze Universum umfassenden alten Weltdrachen, der die großen Revolutionen der Natur bewirke.«

Dies wird uns als Einblick in das wahre Gefüge der Welt geschildert; im Islam wird Salomo als ein großer Prophet verehrt, dem Gott (Allah) viel von den Rätseln und Schönheiten seiner Schöpfung offenbarte. Von vielen späteren Weisen und Heiligen des Orients erzählen ihre Lebensgeschichten ähnliche Dinge; für Teile des ursprünglich gebliebenen Morgenlandes sind das Zeugnisse über eine »andere Wirklichkeit«. Die Sufis versichern: »Hazrat Ibn Arabi, der große Sufi-Theologe, der vor etwa 800 Jahren gelebt hat, berichtet, daß er den Mond besucht hat. Er schrieb lange Charakteristika der Umgebung, die dort zu finden ist – kürzlich wurden alle von den amerikanischen Raumforschern bestätigt.

Als Kind im Alter von nur sechs Jahren erschreckte Mawlana Rumi seine Spielkameraden damit, daß er eines Nachmittags einen Sprung zum Himmel machte, verschwand und auf eine Rundreise durch die Sternbilder des Tierkreises mitgenommen wurde. Solche Berichte mögen unglaubwürdig erscheinen, aber sie haben sich so oft ereignet und es gibt für sie so viele Augenzeugen, daß man sie nicht einfach deshalb abtun kann, weil die gegenwärtige Wissenschaft noch nicht in der Lage ist, sie zu verstehen.«

Die mittelalterliche Überlieferung der Skandinavier schildert Odin, den Ahnen vieler nordgermanischer Fürstengeschlechter, als einen Kenner der asiatischen Magie, der am Ende der Römerzeit mit seinem Stamm nach Europa einwanderte. Was für uns an diesen Berichten über das Zeitalter der Völkerwanderung wichtig ist, scheint die Schilderung seiner Künste: Seine Seele habe seinen Leib verlassen können und habe so die fernen Länder besucht. Die wunderbaren Geschichten über den Besuch der Helden und Seherinnen in den phantastischen Götterwelten, wie wir sie aus den germanischen Dichtungen der Edda kennen, erweisen sich nach solchen Angaben (die im Mittelalter als geschichtliche Nachrichten mitgeteilt wurden) als Berichte von Seelenreisen.

Die Angaben des Agrippa von Nettesheim, wie man mit den Gestirngeistern und ihren Welten verkehren könne, bilden die Brücke von den Märchenzeiten des Orients und des Nordens zur Gegenwart. Der Astronom Keppler schrieb eine Dichtung über seine Traumreise zum Mond, wobei ihm eine weise Frau mit ihrer Kunst hilft. Da wir wissen, daß seine leibliche Mutter tatsächlich als Hexe verdächtigt wurde, können wir ruhig annehmen, daß auch er entsprechende Überlieferungen kannte und wahrscheinlich auch anzuwenden wußte.

Über den Verkehr der Rosenkreuzer und ähnlicher Kreise, also der Anhänger der okkulten Philosophien des 17. und 18. Jahrhunderts, mit den Wesen der andern Gestirne schrieben Cyrano de Bergerac und Georg von Welling: In diesen Kreisen der phantastischen Philosophen und Künstler haben wir also die eigentlichen Vorläufer all der Abenteuer auf andern Sternen in der modernen Dichtung und selbstverständlich in den von dieser angeregten Filmen zu suchen. Zu den beliebtesten Zielen der Traumreisen gehörten übrigens in Ostasien die »Feenschlösser auf dem Mond«. Die Geschichten über solche Reiche erweisen sich auch hier geradezu als Anregungen und Vorbilder für deren Hörer und Leser, selber in solche Bilder einzutreten.

Das Spiel des Wanderns in bunten Landschaften der anderen Welten, zu denen die alten Magier ihre Seelentechniken der Einbildung (Imagination) empfahlen, gab es zu allen Zeiten. Menschen der großen Kulturen fanden hier immer wieder Erholung, namentlich in schweren Übergangszeiten, und damit neue Energie für ihren Alltag.

Die Welt im Strahlenglanz

Die enge Beziehung zu den Kräften der Natur in Meditation und in Traumerlebnissen sollte nach dem uralten Glauben die Menschen dazu führen, die Kräfte in sich zu wecken und sie gleichzeitig in ihrer Umgebung zu erfühlen. Unsere Märchen sind voll von entsprechenden Vorstellungen, und für die Sippen, die noch (oder wieder) im Bannkreis der großen Traditionen leben, sind dies auch heute keine schönen poetischen Bilder, sondern höchstens etwas ausgeschmückte, an sich aber zuverlässige Berichte über eine für die Mehrheit verborgene Wirklichkeit.

Gerade unter den Anhängern der neuen Strahlenmagie finden sich viele Hinweise, daß gerade die Edelsteine bei allen Völkern von einem Kranz von Mythen um »Gnomen, Wichtelmänner und Elfen« umgeben sind. Ihnen geheimnisvoll wesensverwandte »Sonntags-Kinder«, die sie sehen können, finden dadurch den Weg zu wunderbaren Schätzen (Laars).

In einem neueren Buch findet sich die Geschichte des französischen Reisenden und Schriftstellers J. B. Delacour, der in Tibet die Erzählung von den »Sieben Sternengeistern« im Himalaja vernahm. In einer Berghöhle sieht er auch deren Steine trotz Dunkelheit in »überirdischem Licht« blitzen und darf dank dem Rat der Geister einen Rubin mitnehmen: »Dieser Stein in meiner Hand hat mir bisher die Kraft gegeben und mich Dinge erkennen lassen, die ich in meinen Büchern niedergeschrieben habe.«

Wieland, der für seine »Feenmärchen« ebenso orientalische Romane wie den Alchimisten-Glauben des 18. Jahrhunderts verwandte, schilderte mit Humor das Suchen der Fürsten und Philosophen, »durch Hilfe des alldurchdringenden Astralfeuers« alle Rätsel der Natur im buchstäblichen Sinne des Wortes zu durchschauen. Dank solcher Zeugnisse aus allen Zeiten erscheint die ganze Alchimie, das Forschen nach dem »Stein der Weisen«, vor allem als Streben des Menschen nach einer gesteigerten Wahrnehmung der ihn umgebenden Welt.

Unter den osteuropäischen Flüchtlingen, die sich besonders von der Theosophie der Helena Blavatsky und Helena Roerich beeinflussen ließen, fand ich das »Agni-Yoga« verbreitet. Im Hauptwerk dieser indisch-russischen Richtung, das zuerst 1929 erschien, las ich ebenfalls einiges über die Veranlagung, »Astralkräfte« zu sehen: »Bei Kindern kann man oft seltsame und verstohlene Blicke bemerken, als ob sie etwas Unerklärliches sähen. Im übrigen sprechen sie manchmal von Feuer, Sternen und Funken. Erzieher fassen dies natürlich als Krankheit oder Unsinn auf, doch gerade auf solche Kinder sollte man die Aufmerksamkeit richten.«

Dies ist selbstverständlich nicht nur eine Auffassung der mystisch-magischen Richtungen der Gegenwart, in der die Menschen in Krisensituationen Trost suchten. Die Fähigkeit, unter gewissen Bedingungen Naturgegenstände »wie von Eigenlicht, wie von einem Heiligenschein umgeben zu sehen«, wurde mir schon in der Kindheit als Eigenschaft von frommen Wanderern und naturverbundenen Einsiedlern des eurasischen Raumes erzählt. Wir können unter anderem auch in einem viel von den russischen Flüchtlingen gelesenen Buch über die außerordentlichen Wahrnehmungen dieser Menschen nachlesen: »Wenn wir uns aber gesammelt haben, wenn wir uns von der Umgebung lösen und unseren Geist verfeinern, wird die Seele ihrer Bestimmung zugeführt und wirkt im höchsten Grad, zumal dies eine natürliche Sache ist. Ich habe mir von meinem verstorbenen Starez sagen lassen, daß auch nicht betende Menschen, jedoch hierzu Befähigte oder Kränkliche im stockdunkeln Zimmer Licht wahrnehmen, das von allen Dingen ausgeht, daß sie die Gegenstände zu unterscheiden vermögen, ihren Doppelgänger empfinden (den Astralleib der Theosophen, S. G.) und in die Gedanken eines andern eindringen können.«

Man kann über ein solches »natürliches« Sehen des Astralfeuers auch in den Hauptquellen der magischen Wissenschaften des Mittelalters sehr viel finden. Wenn man etwa nach dem schon mehrfach erwähnten Werk »Picatrix« die Kräfte des Planeten Jupiter um Hilfe anruft, soll das Zeichen der Erhörung »im Erscheinen eines brennenden Lichts vor dem Betenden« bestehen.

Wir wollen hier offen lassen, wie weit es sich bei den zahllosen Schilderungen solcher Sinneswahrnehmungen durch »Sonnen- und Sternenkinder« um Einbildungen verzückter Geister handelt – oder doch um bisher von der Forschung ungenügend gesammelte und gesichtete Nachrichten von dem Menschen innewohnenden Begabungen. Am wichtigsten war für mich bisher die fromme Überzeugung eines Flüchtlings und Schriftstellers griechisch-russischer Herkunft: »Wer im Wachen und im Traum die Regungen seiner Seele ebenso beachtet wie die Zauberwirkung der Naturdinge mit ihren reinen Farben, der sieht seine Welt immer mannigfaltiger, bunter, schöner. Seine Wahrnehmung wird auch in seinem Alltag kaum schwächer als die der bewundertsten Kunstmaler beim Schaffen ihrer Meisterwerke. Er erhält wie diese die Wundergabe der klaren Sicht (divni dar jassno-videnja)!«

Freiheit für den Künstler in uns

Die Begegnung mit den schöpferischen Kräften in uns, wenn wir uns im ausgewogenen seelischen Gleichgewicht der »andern Wirklichkeit« im Traum und beim bewußten Aufstehen hingeben können, ist unseren Volkstraditionen wohlbekannt. Besonders vollkommenes Geigenspiel, Jodeln, Alphornblasen und Singen gehen nach erhaltenen Alpensagen der Österreicher, Schweizer und

Bayern häufig auf die »Freundschaft« von Menschen zurück, die in einsamen Hütten übernachteten und dort mit geheimnisvollen Gästen verkehrten. Auch ich selber kenne volkstümliche Künstler, die nach uraltem Brauch an von unzähligen Geschichten der Ahnenzeit berühmten Orten schliefen und dadurch plötzlich Anregungen erhielten, aus denen heraus sie allgemein bewunderte Werke schufen.

Die wegen des sturen Aberglaubens der perversen Hexenverfolger und Materialisten uns in den Träumen ausschließlich erschrekkenden »Alpgeister«, »Truden« und »Nachtmahre« haben, wie wir schon feststellten, in den ursprünglichen Überlieferungen sehr gute Seiten, wegen denen man ihre Besuche oft geradezu ersehnte: ». . . Denn von ihnen konnte man zu allen Zeiten Geheimnisse erfahren, Hinweise auf Schätze oder auch wunderwirkende Medikamente erhalten.«

In Frankreich hörte ich die Zigeunersage von bestimmten, im 17. bis 19. Jahrhundert regelmäßig zwischen Österreich, Böhmen und dem westlichen Rußland umherziehenden, untereinander sehr eng verwandten Sippen: Diese sich für eine Art Nomadenadel haltenden Leute (Lautari) besaßen nicht nur eine hohe Begabung für ekstatische Musik, sondern anscheinend auch für das Erzeugen gesteigerter Seelenzustände. Die deutschen, slawischen, ungarischen, türkisch-tatarischen Aristokraten schätzten sie »wegen ihrer Wissenschaft, uns im Wachen und im Traum in Stimmungen zu bringen, die uns den göttlichen Klang der Welt mithören lassen«.

Um unsere gesamte Kulturgeschichte besser zu verstehen, vor allem die sich in dieser offenbarenden geistigen Kräfte, wird eine künftige vorurteilslose Forschung noch viel mehr solchen Hinweisen nachgehen müssen. Ein sehr seltenes ungarisches Buch mit leider sehr kurzen Lebensgeschichten dieser Zauberer mit Tönen heißt bei den osteuropäischen Zigeunern geradezu »heilige Bibel«, weil ohne ein solches Wissen die wahre Geschichte der neueren Völker gar nicht zu begreifen sei. Gelegentlich wurde sogar eine große Wunderkünstlerin aus diesen Familien, Czinka Panna (1711–1772), als die Mutter des so schwer faßbaren Grafen von St. Germain genannt, dieses angeblichen Sohnes des Fürsten Rákóczi. Nach den russischen, französischen und amerikanischen Okkultisten gilt er als der größte der geheimnisvollen »Rosenkreuzer«, der Erbe von Paracelsus, dem die neueren Völker die Vermittlung der uralten Kenntnisse um die Seelenzustände verdanken.

Auch die sachlichen Darstellungen der schöpferischen Welt Haydns, Mozarts, Beethovens, ja der ganzen Romantik erwähnen, daß diese ohne eine geistige Neigung des damaligen Zeitgeists zu magischen Traditionen, zur »Traumdeuterei«, gar nicht zu verstehen ist.

Der Engelstraum des Malers Chagall, auch eines Flüchtlings aus dem turbulenten Osteuropa der zwanziger Jahre, beeinflußte dessen Gesamtwerk ganz entscheidend. Ein Richard Wagner läßt Hans Sachs ausrufen: »Mein Freund, das grad ist Dichters Werk, / Dass er sein Träumen deut' und merk' / ... All' Dichtkunst und Poeterei / Ist nichts als Wahrtraumdeuterei.« Der erfolgreiche Schriftsteller Robert Louis Stevenson konnte am Abend von seinem Unterbewußtsein geradezu einen seiner Romane »wünschen«. Dann träumte er von Wichtelmännchen (Brownies), die ihm eine Geschichte schenkten.

Paul Roux (1861–1940) ließ, wenn er schlafen und träumen ging, seinen Diener an seine Tür eine Tafel anbringen: »Der Dichter arbeitet.« Jean Cocteau, mit dem ich noch kurz reden konnte (1956), erklärte die große Blüte der Kunst in Westeuropa vor und nach dem Ersten Weltkrieg nicht zuletzt aus dessen Begegnung »mit der neuen Völkerwanderung, mit begabten Menschen, die noch wissen, daß es in uns Träume der Weisheit gibt.«

Doch auch die Naturwissenschaftler scheinen den gleichen Quellen viel zu verdanken. Der bedeutende Georg Agricola schilderte im 16. Jahrhundert die für die sich später entwickelnde Industrie so wichtigen Entdeckungen der Bodenschätze, der Metalle und Edelsteine und bezeugte dabei von den Erdgeistern: »... die Bergleute sind nicht böse und traurig, wenn sie hören, daß sie anwesend sind ... Sie wünschen sie sogar herbei und halten es für ein gutes Omen.«

Der amerikanische Industrielle Elias Howe (1819–1867) kam durch einen Traum auf die Idee, das Öhr an der Spitze einer Nadel anzubringen – und schuf damit die Voraussetzung für die Erfindung der Nähmaschine. Der Chemiker Kekulé von Stradonitz (1829–1896) kam ebenfalls im Traum auf das Gefüge des Benzols und wurde damit zum Vorläufer der ganzen »Benzin-Zivilisation«. In einem verbreiteten Traumbuch der zwanziger Jahre wird von den vielen damaligen deutschen Erfindern, die der Verfasser kannte, versichert, daß fast alle ihre Entdeckungen aus »Traumzuständen« entstanden seien.

Dies ist selbstverständlich nur eine winzige Auswahl der uns überlieferten Beispiele. Als die größte Leistung der Menschen, die in sich im Traum und beim Erwachen die schöpferischen Kräfte zu wecken wissen, betrachte ich nicht deren einzelne Hochleistungen dieser Art. Ich finde sie in ihrer sich von Morgen zu Morgen folgerichtig entfaltenden Fähigkeit, ihren Alltag immer vollkommener zu gestalten. Immer bewußter erfahren sie ihre Umgebung, sehen in ihr immer mehr der unausgeschöpften Möglichkeiten, treten immer lebendiger ihren Mitmenschen entgegen. Sie machen das Beste aus ihrem täglichen Welterlebnis, das sie als ein Geschenk des Himmels erkennen. Damit verschönern sie Schritt um Schritt ihren ganzen Umkreis für sich und für diejenigen, mit denen sie auf ihrem Weg durch das Dasein wandern.

Das größte Kunstwerk, die bedeutendste Erfindung, die der Mensch im besten Fall tun kann, vermag niemand in ein Museum zu stellen: Es ist dies die Gesamtheit seines Lebens.

Hinweis

Fahrende Händler (Steinmandli) kamen noch im 19. Jahrhundert in den Alpengebieten sogar in die abgelegensten Talschaften. Sie verkauften ihre Ware mit viel Sorgfalt, oft in farbige Tüchlein eingewickelt.

Für diejenigen, die heute die entsprechenden Wochensteine für die Praxis ihrer täglichen Astro-Meditation benötigen, hat das Prana-Haus (Postfach 167, 7800 Freiburg im Breisgau) ein Edelstein-Set zusammengestellt. Alle neun Einzelstücke sind vorher zu keinem anderen Zweck verwendet worden und entsprechen in ihrer Farbwahl den in diesem Buch vertretenen Traditionen. (Der Mond hat, je nach seinem Zu- oder Abnehmen, einen weißen oder schwarzen Stein.)

Grundlagen der Astro-Gemmologie

Die Beziehungen der menschlichen Tugenden und Tätigkeiten
zu den sieben Sternenkräften,
ihren Wochentagen, Farben und Edelsteinen

Das Reich der Mondkraft

Von den alten Zeichen, die noch heute die Astronomen und Astrologen zur Darstellung der Planeten verwenden, schrieb der große Sammler des magischen Wissens der vorangegangenen Jahrtausende, Cornelius Agrippa von Nettesheim: »Wir haben oben gesagt, es gebe eine Art von Bildern, die nicht nach den himmlischen Figuren, sondern nach der Ähnlichkeit dessen verfertigt werden, was die Seele des Operierenden (also dessen, der ›magische Werke‹ zum Beispiel Traumreisen, zu unternehmen wünscht – S. G.) verlangt.« Die Zeichen der Gestirne und ihrer Kräfte sind also die vereinfachten Abbildungen der Vorstellungen, die die Menschen der Urzeit mit ihnen in Verbindung brachten. Nach der Auffassung der alten Magier sind die alten und einfachen astrologischen Planetensymbole sozusagen voll von Kräften, die auf unsere Seele unmittelbar einwirken können und in ihr ganz bestimmte Vorstellungen wecken.

Wollte man also, worüber wir schon einmal in diesem Buch gesprochen haben, »von der Welt eines Planeten weise und in die Zukunft weisende Träume bekommen«, so zeichnete man das Sinnbild des betreffenden Gestirns auf ein Blatt Papier, das man am Abend unter sein Kopfkissen legte. Selbstverständlich, so lehrte mich noch in Paris ein Wahrsager aus einer Nomadenfamilie, wirke das Symbol in keinem Fall sozusagen an sich, wie die Abergläubischen meinen. »Sonst könnte man einen Affen lehren, Zauberbilder zu malen, und er würde dann auch Wahrträume bekommen. Dies ist aber in keinem Fall möglich, genausowenig wie ein Papagei, dem der Seemann in seiner Einsamkeit viele Worte beibringt, aus diesen ein Gedicht oder eine Geschichte zusammensetzen kann. Der Mensch, der in seine Zukunft weisende Träume bekommen will, muß bei jedem Strich des Planetenbildes ganz genau wissen, warum er es macht und in sich die dazugehörenden Gedankenverbindungen erzeugen. Dann beschwört er bereits die richtigen Kräfte in seiner Seele, die ihn dann zu den ›richtigen‹, also von ihm gewünschten Träumen führen werden.«

Es ist übrigens wichtig festzustellen, daß von den Planetenzeichen zwei nicht nur, wie es der Herr von Nettesheim lehrte, die verschiedenen Wunschvorstellungen unserer Seele darstellen, sondern gleichzeitig auch ein unmittelbarer Hinweis auf das Aussehen der »himmlischen Figuren« sind. Diese zwei stehen, wenn wir sie in der Reihenfolge der Wochentage aufzählen, am Anfang und am Ende der Reihe; es sind Mond (Luna) und Sonne. Die Zigeuner geben die Namen dieser beiden Gestirne ihren Ureltern, und sie bedeuten für sie das weibliche und das männliche Element an sich, also Erde und Himmel, Welt und Geist, aus denen nach der urtümlichen Naturphilosophie alle Erscheinungen, die wir wahrnehmen können, zusammengesetzt sind. (Bei den Zigeunern werden in der Regel, genau wie in den ursprünglich lateinischen Werken des Agrippa von Nettesheim, die Mondgöttin weiblich und der Sonnengott männlich gedacht.)

Unter den astrologischen Zeichen zeigt nun das des Mondes dessen zunehmende Sichel, genau gleich, wie sie tatsächlich am Himmel zu sehen ist. Gern zeichnete man »zur Beschwörung der Träume« diesen Halbkreis, ganz nach der Art heutiger Kinderzeichnungen, mit Gesichtszügen. Auch dies wurde mir als bewußter Hinweis darauf erklärt, daß man »beim Einschlafen nicht an einen toten Himmelskörper Mond denken soll, sondern an die Fülle der Lebenskräfte, die sich in der Nacht von ihm auf die Erde ergießen«.

Für die Urstämme in Indien war der Mond geradezu ein Gefäß, aus dem die Lebenskraft, »der Trank der Unsterblichkeit« (Soma), auf die Welt fließt. Auf den Wahrsagekarten der Zigeuner, über die wir bereits redeten, wird die Mondsichel häufig liegend, als Schale oder Becher dargestellt, aus der heilender Tau oder wunderbar glänzende weiße oder schwarze Edelsteine auf die Erde fallen. Der Mondbogen galt darum als eine Zusammensetzung unzähliger Vorstellungen, die man in der alten Kunst mit dem Weiblichen und Mütterlichen in Beziehung sah: Des Schoßes der Frau (Yoni), der alles »Sterbliche« gebärt, aber auch des Halbrunds des schwangeren Bauches.

An die weibliche Schale erinnerten auch Vertiefungen der Erdoberfläche: Teiche, Sümpfe und Seen. Talsenken und Höhlen im Berg waren – wie ebenfalls noch die Zigeunersagen wissen – bis in die Gegenwart Verehrungsstätten von weisen mütterlichen Gottheiten, Hexen und Feen. An solchen einsamen Plätzen sieht man gelegentlich noch immer eingeritzte Bilder der Mondhörner, oft am Kopf von menschlichen Gestalten. Der Abergläubische vermutet dann hier »Teufelsbündler«, die im geheimen »den Gehörnten« anbeten.

Der Mond mit seinem astrologischen Symbol.

Das Fahrende Volk wußte aber bis in unsere Zeit hinein, daß hier Kenner der Heilkräfte der Erde zusammenkamen, denen es »um alle Angelegenheiten des Mondes« ging, also um Fruchtbarkeit und Zeugungskraft, das weibliche Wohlbefinden und die Gesundheit bis ins höchste Alter. »Ohne den Rat des Mondes ist unserer unsterblichen Seele der Körper ein störrisches Reittier. Er macht uns so viel Schmerzen und Sorgen, daß wir seinetwegen keine Möglichkeit haben, uns mit Dingen des Geistes zu beschäftigen.«

Im Heiligtum des Mondes (»Frau Montag«)

Verhältnismäßig ausführlich ist die Schilderung der Tempel und der Verehrung der göttlichen Sternenkräfte in der Weltbeschreibung von Schems-ed-Din Mohammed Ibn Abu-Thaleb Dimeschqi. Der hochgebildete Verfasser stammte aus der Umgebung der Stadt Damaskus und war ein Anhänger der mystischen Richtung der Sufis, in deren Lehren offensichtlich viel der altorientalischen, noch aus den Zeiten vor dem Islam stammenden Auffassungen eingeflossen zu sein scheinen. Wenn seine Ausführungen auch erst am Anfang des 14. Jahrhunderts niedergeschrieben worden sind, so versuchen sie doch ausdrücklich, die Überlieferungen zusammenzufassen, die mehrere Jahrtausende zurückgreifen. Der Verfasser benützte offensichtlich nicht nur schriftliche Nachrichten aus dem riesigen Raum vom griechischen Europa bis weit in den asiatischen Osten, sondern auch fortwirkende mündliche Überlieferungen.

Mondtempel gab es nach ihm in Balch (Balkh) und Harran, also in Städten, die noch das ganze islamische Mittelalter hindurch wichtige Anregungen auf die Gesamtkultur des Orients ausstrahlten. Die Wände waren »reich an goldenen und silbernen Inschriften, deren Tafelwerk und die Übertünchung überhaupt aus Silber ist.« »Mitten im Tempel steht ein Thronsessel auf drei Stufen« – darauf habe ein dem Mond geweihtes Götterbild aus »reinem Silber« gesessen. In der Zeit des Mondes kamen nun die Sternverehrer in solche Heiligtümer, »weiß gekleidet, mit silbernen Gefäßen in den Händen«.

Bei ihrer Verehrung der Mondkraft hätten sie auch ein Gebet gesprochen, in dem das Silbergestirn folgendermaßen angeredet wurde: »O du Vorläufer Gottes, Bruder der leuchtenden Sonne, Verdunkler der fünf funkelnden höheren Planeten (also der Gestirne der Siebenheit, ohne die Himmelskörper Mond und Sonne, S. G.).« Bei den Mondopfern brauchte man offenbar einen »weißen«, also wohl besonders hellhäutigen Menschen, der dazu noch ein »volles Gesicht« haben mußte. Ausdrücklich heißt es, ein solches Aussehen sei nötig gewesen, weil es an den runden Mond erinnere. Wie die Weltbeschreibung behauptet, seien solche Bräuche an gewissen Orten bis in die Zeit der Tatarenkriege, also bis ins 13. Jahrhundert, ausgeübt worden. Der Verfasser ergänzt sogar: »Dieses hat ein Mann erzählt, der ihnen nahestand.«

Im Dabistân, dieser wichtigen, wenn auch sicher phantasievollen Zusammenfassung der orientalischen Überlieferungen, wird von einer alten Darstellung des Mondes gesagt, es sei dies die eines Mannes (Mah) gewesen, der auf einem »weißen Ochsen« saß. Das deutsche Zauberbuch »Magia divina« von 1745 versichert, den Mond habe man im Morgenland, um seine Kräfte erhalten und benützen zu können, »in Gestalt einer Jungfrau mit fliegenden Haaren« abgebildet, »den Mond in der rechten Hand haltend und auf der Brust das Wort Gabriel tragend«. Der einfache Mann – das wird uns in dieser späten Quelle für die christliche Magie des 18. Jahrhunderts versichert – habe die von einem solchen Bilde ausgehenden Wirkungen für ein »Wunder« gehalten. Darum habe man es dann, als der Aberglaube zunahm, als eine mächtige Gottheit angebetet.

In der Nähe des Mondtempels und des entsprechenden Bildes hielten sich nach dem Dabistân vor allem die Menschen auf, die die entsprechenden Kräfte besonders für ihr allgemeines Dasein benötigten: »Spione, Gesandte, Boten, Überbringer von Neuheiten, Reisende«, also alles Leute, deren Wirken und damit auch ihr

Die Mondgöttin, die Herrin des Montags (französisch lundi), mit Gewächs, dem Füllhorn der Fruchtbarkeit und ihrem Tierkreiszeichen Krebs.

Einkommen von der Bewegung durch den Raum, dem Wechsel der Zeit, der raschen Kenntnis geheimer Vorgänge abhängig war. Ausdrücklich wird uns hier versichert, daß gerade die Reisenden, wenn sie aus der Ferne ankamen, sich in den zum Mondtempel gehörenden Räumen aufhielten, offensichtlich, um ihre von ihren Fahrten und Abenteuern erschöpften Kräfte zu erneuern und Hilfe für das glückliche Gelingen ihrer Unternehmungen zu gewinnen.

Angaben dieser Art, wie sie auch aus verhältnismäßig neuen Niederschriften der Überlieferungen stammen, sind teilweise außerordentlich widersprüchlich. Es kann sich dabei um Verwechslungen handeln, um Mißverständnisse oder Übersetzungsfehler bei der Niederschrift von mündlichen Berichten. Da aber die mittelalterlichen Mohammedaner und Juden, die über die Kulte berichteten, uns keinen Zweifel darüber ließen, daß diese bis in ihre Gegenwart Anhänger besaßen, ist eine weitere Möglichkeit nicht auszuschließen: Ähnlich wie die Verfasser der gleichzeitigen, oft seltsam verwandten Schriften der Alchimisten »über die Bereitung des Steins der Weisen« mögen einige von ihnen ganz bewußt Wirklichkeit, Märchen und Sinnbilder durcheinandergebracht haben. Gerade das von den morgenländischen Chronisten häufig erwähnte Geschlecht der Barmekiden spielte unter orientalischen Herrschern eine bedeutende Rolle als deren Berater, so bei dem berühmten Kalifen Harun Al-Rashid, »der möglicherweise gerade durch seine Beziehung zu solchen Menschen der uralten Überlieferungen so häufig in Märchen wie denen von Tausendundeine Nacht vorkommt«.

Da gerade diese Familie als ein Geschlecht von Ketzern verfolgt wurde, war dies wohl die Lehre für viele, ihre Nachrichten über uralte Wissenschaften und Religionen nur für gebildete Eingeweihte verständlich zu verfassen. Ausdrücklich schreibt die deutsche »Magia divina« bei ihrer Erwähnung des Mondbildes: »Andere Dinge mehr, so dabei vorgingen, anjetzo zu geschweigen.«

Eigenart und Berufe der Mondkraft

»Die sieben Welten, das Reich der Planetenkönige oder Wochentage« – die könne man nicht bis in jede Einzelheit erklären. Um gut zu verstehen, was die alte astrologische Weisheit als zusammengehörig und wesensverwandt ansah, müsse man eine Unzahl von Werken in den verschiedensten Sprachen einsehen und möglichst ausführlich miteinander vergleichen können. »Es gibt hier eigentlich keine Geheimwissenschaft«, sagte mir einer der russischen Gelehrten, mit dem ich mich ausführlich über die Auswirkungen der großen Sternenreligion der orientalischen Urzeit bis in den osteuropäischen Volksglauben unterhalten durfte: »Eigentlich ist auf diesem ganzen riesigen Gebiet noch immer alles auffindbar und studierbar. Das Arbeitsfeld ist aber riesig, und es kann daher kein einfaches Handbuch geben, das uns erschöpfend Auskunft gibt.«

Einen, der mit Hilfe von Wörterbüchern und den Beständen seltener Bibliotheken an der zeitraubenden Arbeit ist, den ganzen Vorstellungskreis der Alten einigermaßen zu erfassen – kann es gelegentlich neidisch stimmen, wenn er plötzlich erkennt, wie sehr noch die Grundlagen dieses Wissens im »Kultur-Untergrund« unserer Gesellschaft lebendig sind. Zahlreiche Vertreter der »fahrenden Sippen«, also oft fast keine Bücher in die Hand nehmende Zigeuner, Heiler und Weise Frauen, die man lange als »Hexen und abergläubische Kräuter-Weiblein« verspottete, benützen sie mit der größten Selbstverständlichkeit im Alltag. Auch waren, wie wir

Die naturverbundenen »Mondkinder« wissen die Geheimnisse um die Fruchtbarkeit und Fülle der Mutter Erde.

häufig feststellten, echte Künstler in verschiedenen Ausmaßen Kenner und damit in ihren Werken Nutznießer solcher Überlieferungen. Ihr Leben in der Bohème, im Reich des Stadt-Zigeunertums, ihre Beziehungen zu eigenartigen Außenseitern der erwähnten Gruppen, waren in unserem Jahrhundert nicht nur, wie Spießbürger häufig mißverstanden, der Ausdruck wirtschaftlicher Not oder eines »chaotischen Lebensstils«, sondern sie verkehrten gern in alten Stadtteilen oder den letzten abenteuerlichen Gastwirtschaften, weil sie von den Erfahrungen, die hier noch bewahrt und gelebt wurden, unmittelbar angesprochen wurden.

Um besser verständlich zu machen, worauf es den alten Weisen bei der so verwirrend vielseitigen Lehre von den sieben Arten der »Kinder« der verschiedenen Planeten ankam, arbeitete man im Mittelalter mit den entsprechenden Bildern: Man zeichnete den betreffenden Stern als einen »Gott«, also als ein menschliches Wesen mit den entsprechenden Eigenschaften. Im Umkreis dieses »Herrschers eines bestimmten Reiches« kamen noch die Darstellungen von allerlei buntem Volk, stets mit den Verrichtungen beschäftigt, die man mit dem gleichen Gestirn in Zusammenhang brachte.

Da entstand das Gemälde von der Mondgöttin als eines mächtigen Weibes, das man, wie die beigelieferte Erklärung zeigt, sich selbst vorstellen ließ: »Luna, der Monat« sei ihr Name, erklärt sie uns, »kalt und feucht meine Wirkung ist«. Ihr Volk, berichtet sie uns dann selber, sei »unstet und wunderlich« – »Meine Kinder man kaum gezähmen kann, niemand sind sie gern untertan«. Die Gaukler, Bader (also die Ausüber der damaligen Naturheilkunde) und Fischer werden als die Vertreter von Tätigkeiten und Neigungen vorgestellt, über die der Mond oder Monat regiere: ». . . und was mit Wasser sich ernährt.«

Die Zeichnung dazu zeigt uns eine Landschaft mit Wasser- und Windmühle, dazu noch einen Gaukler am runden Tisch, hinter ihm eine Tafel mit Bildern, so daß wir uns ihn als einen Bänkelsänger zu denken haben. Als Sternenkinder, die sich von dem alles durchfließenden Element Wasser »ernährten«, galten also nicht nur diejenigen, die diese Naturkraft unmittelbar verwendeten, wie die Müller, Fischer und die Vertreter der untereinander zusammenhängenden Bade- und Heilberufe. Es waren offensichtlich auch die Schausteller und Zauberer der Jahrmärkte und Gaststätten, diese Meister der »flutenden« Gefühle der Menge. (Bei diesem »unsteten« Volk sah man im übrigen, wegen ihrer fahrenden Lebensweise, gleichzeitig eine enge Verbundenheit mit der Natur. Dazu kam, daß die Gaukler, Geschichtenerzähler und Volksunterhalter auch als Heiler auftraten und damit die Grenze ihres Berufsstandes gegen die Bader kaum scharf zu ziehen war.)

Das orientalische Werk Picatrix rechnet zum Mond alle Angehörigen von »sehr beweglichen Berufen« – also zum Beispiel Postmeister, Kuriere, Gesandte, Reisende, Wanderer, offensichtlich auch alles Volk, das unmittelbar von Wachstum und Abnahme der Kräfte in Erde und Wasser lebt, zum Beispiel Grundbesitzer, Bauern, Geometer (also die Messer des Erdbodens), Dorfschulzen (also die Aufseher der Ordnung auf dem Lande), Seeleute, Wasserleitungsbeamte. Dazu wahrscheinlich auch Leute, die mit den Auswirkungen der Kräfte des Wachstums und der Fruchtbarkeit im menschlichen Körper, so vor allem bei der Schwangerschaft, beschäftigt sind.

Ausdrücklich betont hier Picatrix nochmals die wichtige Bedeutung, die damals nach der Auffassung der magischen Wissenschaft die Kenntnis der Angelegenheiten hatte, die sich auf jedes der sieben Reiche bezogen: »Worauf es ankommt, ist, daß du keinen Planeten um etwas bittest, was nicht zu seiner Natur gehört.«

Von lunaren Kraftsteinen

Die Zigeunersage behauptet, daß die Nomadenstämme bei ihren mittelalterlichen Wanderungen nicht nur viele der magischen Bräuche kennenlernten, treu bewahrten und vermittelten – sie sollen die Wissenschaft von den Sternen und den Edelsteinen in den Ländern ihrer Urheimat, in den westlichen Tälern des Himalaja, kennengelernt und dann nach Chaldäa, später in unsere westlichen Länder gebracht haben.

Als ihren eigentlichen Stein betrachten noch immer viele dieser Sippen den dunklen Magnetstein, dessen Wirkungen sie geradezu als einen Beweis seines heiligen Wesens ansehen. Die Anziehungskräfte, die diesem innewohnen, scheinen den Stämmen schon in Urzeiten bekannt gewesen zu sein, und sie verglichen sie mit denen des Mondes, dessen Einflüsse auf die Welt, so auf Ebbe und Flut, man seit jeher bewunderte.

»Der Mond und der Magnetstein waren für die Ahnen gleichwertige Beweise, daß man viele der Wirkungen, die von allen Dingen ausgehen, nicht sehen kann.« Dies lernte mein Vater unter anderem in den Slums von Paris vom Zigeuner Wanja Romanow. Aus der Beobachtung dieser beiden Naturwunder – davon war dieser Kenner der Künste der ostslawischen und slowakischen Heiler überzeugt – hätten die Menschen erkannt, daß alle Dinge der Welt einander auf unzählige Arten beeinflussen können. Diese Lehre mag uns etwas übertrieben scheinen. Immerhin konnte ich feststellen, daß auch in den Büchern der volkstümlichen Ärzte und »Weisen Frauen« des deutschen Sprachgebietes, die an unsichtbare Beziehungen zwischen sämtlichen Wesen und Gegenständen (Sympathien) glauben, wiederum Magnet und Mond eine besondere Rolle spielen.

Der Magnetstein soll uns auf alle Fälle, vor dem Schlaf in der Hand gehalten und dann über den Kopf oder unter das Kissen gelegt, guten, stärkenden Schlaf schenken. Er soll besonders die Fähigkeit besitzen, alle unangenehmen Alpdrücke und lästigen Traumgesichte zu verscheuchen.

Die klassischen Mondsteine sind die Perlen, unter denen man für magische Zwecke besonders die weißen, wie »atmendes Silber aufglänzenden« schätzte. »Ihre Tugend ist, die lebendigen Geister, so von Herzen kommen, zu stärken.« Dies lehrte Lonicerus.

In den einheimischen und orientalischen Traumbüchern liest man mitunter die Behauptung, daß ihr Vorkommen in Traumbildern »Tränen«, also Unglück verspreche. Man war aber überzeugt, daß dieser die Energien des glückbringenden (also zunehmenden) Mondes in sich konzentrierende Stein gegen die unerwartenden Gefahren das beste Gegenmittel enthalte.

Die Perlen, namentlich bei zunehmendem Mond in der Nacht auf den Montag und dann auch beim Aufstehen am Montagmorgen getragen, sollen unsere Lebenskräfte steigern, die aus deren Abnahme drohenden Gefahren vertreiben und uns damit in einen günstigen Zustand bringen. Eine alte Tradition der Edelsteinhändler von Odessa am Schwarzen Meer soll gelautet haben: »Die Perlen, an die wir glauben, bringen uns mondsilberne Tränen, aber Tränen der Freude.«

Fast in allen Büchern und mündlichen Überlieferungen »dem weiblichen Hauptplaneten der Nacht« zugeordnet ist der farblose, weiße oder milchige Mondstein (Selenith). Im Alpengebiet nennt man ihn gewöhnlich Adular, nach der Adularspitze des St. Gotthard. Da dieser in den Sagen weit im Umkreis als ein schon bei den Heiden und dann bei den mittelalterlichen Christen heiliger Berg gilt, erfreuen sich verständlicherweise seine Steine einer wachsenden Beliebtheit. Wie alle heimatlichen farbigen Edelmineralien sollen sie namentlich den Bewohnern der Länder, »durch die Wasser vom Gotthard her fließen«, gute Hilfe geben. Wer »Gotthardsteine« benütze, der komme auf zahllose Gedanken, um alle Naturkräfte in seinem Umkreis immer heilbringender zu nutzen.

In diesem Sinn versprechen uns die alten und auch die wiederentdeckten okkulten Lehren: Der Gotthardstein stärkt, vor allem wenn wir ihn in der Zeit des leuchtenden Vollmondes gebrauchen, unsere magnetischen Kräfte. Wer aber diese in sich mehren lassen kann, vermehrt unausgesetzt nicht nur die Gesundheit des eigenen Leibes, sondern er wirkt auch selber auf die Geschöpfe, »die mit ihm enge verkehren«, fast wie ein Heilmittel. Er vermittle auch dem Besitzer »die edle Gunst der Elementargeister« und zeige ihm durch wahrsagende Träume, ob eine geplante Reise günstig oder ungünstig verlaufe.

Die Benützung von Steinen von entgegengesetzten Farben, also von schwarzen und weißen, für den Mond, erklärte man aus dessen nächtlich wechselnder Gestalt: Will man die Mondkraft an jenen Mondtagen anrufen, an denen der Mond zunehmend oder gar voll ist, dann müssen sie ähnlich hell aufglänzen wie er selbst. Will man dagegen etwa von den »Geheimnissen des Mondes« träumen, wenn er immer dunkler wird, abnimmmt, dann wählt man den Magneten, »dessen Farbe an die Nacht erinnert, in der der Mond ganz verschwunden ist«.

Traumbilder des Mondes

In den deutschsprachigen Abschriften und den gedruckten Ausgaben des Agrippa von Nettesheim und bei seinen Nachahmern wird immer vom männlichen Mond gesprochen. Es ist natürlich wichtig zu wissen, daß in der lateinischen Urschrift des Werks des großen Magiers die Bezeichnung des Nachttrabanten weiblich ist, so daß man eigentlich die Angaben der Überlieferung besser verstehen würde, wenn man deutsch von Mondgöttin oder Mondfrau redet.

Nach dem Wechsel des Gestirns sind dem Mond dunkle Gegenstände und auch solche, die im ersten bleichen Licht aufleuchten, zugeordnet. In den Träumen sind es der finstere Himmel und entsprechend tiefe Gewässer, über die das Gestirn, schon wegen der von ihm beeinflußten Ebben und Fluten, seine Macht hat. Es sind auch Wasser, in denen sich das weiße Silberlicht des Mondes widerspiegelt. Dem Mond unterstellt sind auch Wege durch dunkle Forste und Höhlenreiche, in denen ferne Helle den Ausgang zeigt.

Nach Agrippa und anderen gehören zum Mond überhaupt die Einöden, die Wälder, die Felsen und die großen Steine, die Berge, Quellen, Flüsse, Meere, Ufer, Schiffe, dazu die öffentlichen Wege und die Fruchtspeicher. (Die eine der beiden letzten Angaben erinnert uns an die Tarotkarte Mond, die das Meer und einen sich in der Ferne verlierenden Weg zeigt. Beim »Fruchtspeicher« muß man an die Annahme denken, daß der Mond nicht nur Ebbe und Flut der Gewässer, sondern die »Feuchte« und die Fruchtbarkeit in der Frau und in der ganzen Erde regiert.)

Von den Mondgeistern vernehmen wir: »Sie erscheinen gewöhnlich von hoher, voller Gestalt.« Ihr Aussehen ist weichlich, phlegmatisch, was man etwa mit wäßrig, bequem, träge, schläfrig, schlafmützig, nachtwandlerisch, dösig, latschig und so weiter übersetzen könnte. Dem Mond unterstellen viele Traumdeuter die Gesamtheit unseres Unter- und Unbewußtseins. Der Mondmensch, lehren sie, empfindet alle Naturkräfte mit seinem wachen, naturverbundenen Gefühl, er kann aber seine Ahnungen nicht verstandesmäßig ausdrücken. Mondträume enthalten demnach tiefe Erkenntnisse, sind aber in ihrer Verschwommenheit, im dauernden Wandel ihrer Symbole schwer zu entwirrren.

Die Mondgeister entlehnen ihre Farbe nach der gleichen Quelle »von einer dunklen Wolke«. Ihre Gestalten werden gespenstisch geschildert, etwa »die Augen rot und triefend«, »die Zähne wie Schweinshauer«. So schildert der Volksglaube häufig auch die He-

Die große Mondgöttin Luna, die mütterliche »Sternflammende Königin der Nacht«, hält in der Hand die Schale der Fruchtbarkeit und der Wachstumskräfte.

xen, also die Frauen, die man in der Überlieferung gern als Dienerinnen des Mondes ansieht, die viele gefühlsmäßige Kenntnisse über die Fruchtbarkeit bei Mensch und Tier haben, wobei ein altes Sinnbild für letztere häufig das Schwein ist. Mit der Fruchtbarkeit der Erde hängt zweifellos zusammen, daß als »Zeichen der Mondkraft« man in seinen entsprechenden Gesichten häufig auch »einen starken Regen« zu schauen glaubt.

Weibliche Sinnbilder, entlehnt aus allen Naturreichen, umgeben allgemein die Erscheinungen der Mondgeister. Hier, wiederum aus den Agrippa zugeschriebenen Aufzeichnungen, einige entsprechende Beispiele: »Ein König mit Pfeil und Bogen (dieser zweifellos an die Mondsichel erinnernd, S. G.), auf einer Hirschkuh reitend. Ein kleiner Knabe (die Kinder gelten an sich, wie weibliche Monatsregel, Schwangerschaft, Geburt, die Zeit des Stillens, als vom Mond beherrscht. S. G.). Eine mit Pfeil und Bogen bewaffnete Jägerin. Eine Kuh, eine Hirschkuh, eine Gans.«

Der Mond bedeutet im Traum die Wandlung aller Dinge in der Natur. Ein altes, im schweizerischen Alpenraum bis in die Gegenwart geschätztes Traumbuch lehrt uns deshalb kurz und nur scheinbar widersprüchlich: »Mond sehen = Gewinn, Kranken den Tod.« Mondträume sollen von fahrenden und seßhaften Heilern besonders gesucht sein: Sie unterrichten oder beraten uns über den Kreislauf unserer Lebenskräfte und die Mittel, ihn bei Störungen wiederherzustellen.

Die Mondträume gelten aus diesem Grunde als wichtige Voraussetzungen, um ein gesundes Wohlbefinden unseres Leibs herzustellen, also einen angenehmen Zustand, ohne den keine erfreuliche Weiter- und Höherentwicklung des Geistes möglich ist.

Das Reich der Marskraft

Das Wesen der Marskraft soll nach unserer volkstümlichen Astrologie schon durch das übliche Symbol des »Kriegs-Planeten« ausgedrückt sein: den Kreis mit dem Pfeil. Es ist dies der Kreis der Welt (der Erde) oder auch des ewigen Kreislaufs der irdischen Zeit. Dieses Zeichen wird aber überhöht vom männlichen Pfeil, dem Sinnbild für die Auseinandersetzung, die Aktivität, das bewußte, entschiedene Handeln, den Willen zum Sichdurchsetzen und Durchhalten, die Entscheidung zur kämpferischen Überwindung aller Hindernisse. »Unsere Taten geben erst unserem Dasein, unserem Leben den Sinn«, so wurde mir von einem fahrenden Wahrsager die Bedeutung des Sternenzeichens gedeutet.

Manchmal, so erklärte mir das einfache Marsbild eine Zigeuner-Astrologin aus der Provence, deutet man den Kreis mit dem Pfeil auch als naive Kinderzeichnung. Fahrende Schmiede sollen es früher als Glückszeichen auf ihren Werkzeugen, auf Hammer und Amboß angebracht haben. »Den Kreis muß man sich als einen Schild denken, hinter dem sich der Krieger vor feindlichen Wurfgeschossen verbirgt. Die Spitze, die man oben sieht, ist einfach der vordere Teil einer Lanze oder eines Schwertes, das der Kämpfer hinter dem Schild hervorblicken läßt, um nun seinerseits mit einem Gegenangriff zu beginnen.«

Es gibt astrologische Bilder, die uns deutlich die Entwicklung des Symbols aus der Darstellung eines »Marsmenschen« aufzeigen wollen. Es ist dann ein kühn und entschlossen vorwärtsschreitender Mann, ganz in das Marsmetall Eisen gehüllt, der ein Schwert vor sich hält, um damit alle Schwierigkeiten aus seinem Lebenskreis zu beseitigen, »alle Zäune zu zerhacken«. Agrippa von Nettesheim faßte eine Unzahl der meistens übereinstimmenden Lehren aus dem Mittelalter, christlich-europäischen wie orientalischen Ursprungs, geschickt zusammen: »Dem Mars gehören unter den Elementen das Feuer, desgleichen alles Scharfe und Brenzlige; unter den Säften die Galle; unter den Geschmäcken die bitteren, scharfen, auf der Zunge brennenden, und die, welche zu Tränen reizen; unter den Metallen das Eisen, das rote Erz, und alles Feurige, Rötliche und Schwefelige.«

Mars mit Marszeichen

Der schweizerische Volks-Astrologe Hans Rudolf Grimm (1665–1749), dessen Bücher im Umkreis der berühmten Gesundheitsbäder des Emmentals eine große Bedeutung besaßen, lehrte unter anderem: »Ein Kind, geboren in der Mars-Stunde, hat rote, krause Haare, ist jähzornig, hat ein spitziges Angesicht, kleine Augen und ein großes Maul, hat lange Zähne, ist ein Spötter, lügt gern, frißt viel, ist den Geistlichen feind, tut gern Schaden, ist mageren Leibs, rächt sich gern an den Leuten, ist räuberisch und allzeit kriegerisch, hat die Weiber nur zeitweise lieb.«

Ich hatte Gelegenheit, gerade diese Stelle der Astrologie der Barock- und Rokoko-Jahrhunderte, die wir schon darum kennen müssen, um die zahlreichen Symbole an Brunnen und Bauten von damals zu verstehen, mit Kennern der volkstümlichen Heilkunde zu besprechen. Sie zeigten mir, daß zwar der Inhalt der meisten unserer »Sternbücher« dem Wesen nach übereinstimmt, daß aber die Wahl der Wörter in die Schilderung der »sieben Planeten-Typen« eine deutlich unterschiedliche Bewertung hineinbringen kann. Sie bewiesen mir, daß gerade der Marsmensch in den Talschaften der Schweiz des 17. Jahrhunderts, die nach dem Schrekken der Religions- und Bauernkriege alles taten, »den Frieden zu bewahren«, eher abstoßend wirkte: Die marsischen Jünglinge des einst wegen seines kriegerischen Sinnes berühmten Alpenlandes zogen deshalb immer häufiger als Söldner zu fremden Herrschern. (Dies habe bewirkt, daß, als 1798 die Armeen der französischen Revolution ins Land fielen, seine Städte und Dörfer sich zur allgemeinen Verwunderung »friedlich um jeden Preis« zeigten und sich fast alle ohne nennenswerten Widerstand erobern ließen.) Die feurigen, »marsischen« Bergler hätten eben auf fernen Schlachtfeldern den Tod gefunden und keine Kinder hinterlassen, oder sie hätten sich in neuen Heimatländern niedergelassen.

So könne man von der Kennzeichnung des »Mars-Kindes« als »Spötter« etwa lobend sagen, es sei fähig, auch in allergrößten Gefahren noch ein scherzhaftes Wort zu finden. Statt der Redewendung, es fresse viel, wäre die Beobachtung richtig, es könne die größten Entbehrungen ertragen, schätze aber als deren Abschluß den Überfluß des Festbetriebs (Siegesgelage). Die Beobachtung, der Marsmensch habe die Weiber »nur zeitweise lieb«, gehe darauf zurück, daß er in seiner wilden Abenteuerlust gelegentlich sogar das andere Geschlecht vergessen mag.

Im Heiligtum des Dienstags

Das Gebet an die Marskraft, am Dienstag, dem Tag des Mars, gesprochen, lautete nach der erwähnten orientalischen Weltbeschreibung des 14. Jahrhunderts: »O du böser, unbeständiger, scharfer, feuriger Herr. Du liebst den Aufruhr, den Mord, die Zerstörung, den Brand und das Blutvergießen.« Die Heiligtümer der kriegerischen Kraft waren nach der gleichen Quelle im Morgenland seit ältesten Zeiten außerordentlich verbreitet: So in der Stadt Tyrus und auch in Jerusalem selbst, das nach den Sabäern, also den Anhängern der Sternenreligion, vor der Zeit des Königs Salomo erbaut worden ist. Vom Aussehen der Tempel des Dienstags wird uns in dieser Quelle versichert: »Dieser hat eine viereckige Form und ist im ganzen rot angestrichen, und auch seine Behänge sind rot. Im Tempel hängen verschiedene Waffen, und auf einem Throne saß eine Gestalt aus dem Marsmetall Eisen.« Aus dem weiteren Bericht geht hervor, daß das Bild »einem rotköpfigen, rotbraunen und rotwangigen Mann« glich. »Dasselbe (also das Eisenbild des Marsherrn auf dem Thron – S. G.) hält in der einen Hand ein Schwert und in der andern einen Kopf an den Haaren; beides mit Blut bestrichen.« Ebenso rot und blutig wie die Darstellung in der erschreckenden Umwelt des Tempels sahen auch die Verehrer der Marskraft aus, wenn sie am Dienstag ihm nahten: »Rot gekleidet, mit Blut bestrichen, mit Dolchmessern und entblößten Schwertern in den Händen.«

Im Dabistân ist die orientalische Sage erhalten, nach der der Marsherr aus einem roten Stein gebildet wurde. Rot war auch die Krone auf seinem Haupt. Es wird im weiteren geschildert, daß Türken seine besonderen Verehrer waren. Wie man weiß, galten im Morgenlande gerade die Stämme aus dem Umkreis der türkisch-tatarischen Kulturen als besonders kriegerisch, von Durchsetzungskraft erfüllt, außerordentlich männlich tätig – dies bis an die Grenzen der Wildheit. Zu dem Kreis, der sich mit dem Mars wesensverwandt fühlte und die Energien, die er darstellt, besonders benötigte, gehörten sonst vor allem Fürsten, Kämpfer (wohl auch bei sportlichen Auseinandersetzungen), Soldaten und überhaupt kriegerisches Volk.

Auch nach den erwähnten Abdrucken von deutschen Zauberbüchern des 18. und 19. Jahrhunderts, die uns bezeugen, daß man Glücksbilder dieser Art noch immer verwendete, wird uns das Marsbild ganz ähnlich geschildert: Der dargestellte Held habe einen »Küraß«, also wohl eine Eisenrüstung getragen. »Dieses Bild setzten sie in einen dazu verfertigten Tempel, ebenfalls auf einen metallischen Stuhl auf einen Altar . . . und gaben ihm ein Schwert von einem erschlagenen Helden in die Hand.« Man habe die Kraft des Mars benötigt, wenn man »beherzt und grimmig«, wie »grimmige Löwen« werden wollte. Das »Buch der Magie«, das wir hier benutzten, versichert im übrigen, von jüdisch-christlichen Traditionen auszugehen. So lehrt es noch zusätzlich, man habe dem Marsbild, das die kriegerischen Energien wecken sollte, noch das aus der Bibel stammende Wort »Samuel« auf die Brust gegossen. »Dieses Magische Bild wurde der Kriegs-Gott genannt.«

Man habe solche Darstellungen ursprünglich nicht als besondere Götzen, sondern als Sinnbilder aller in der Welt (somit auch in uns) enthaltenen kriegerischen Kräfte angesehen, nur für eine Seite des Urwesens der einzigen, alles erschaffenden Gottheit; wenn man will, einen seiner sieben Erzengel. Mit der Zeit und der Zunahme des Aberglaubens wurde es »der vielen Wunder, so dabei vorgingen und augenscheinlich passierten, dafür (für einen echten und besonderen Kriegsgott, S. G.) von denen Israeliten auch gehalten und zur Anbetung auf die Höhen der Berge gesetzt.«

Auch in Mitteleuropa, von den Lehren des ausgehenden Mittelalters der Agrippa von Nettesheim und Paracelsus bis zu den Schriften der Magier von Barock und Rokoko, die noch viel Einfluß an den unzähligen Fürstenhöfen besaßen, war man fest überzeugt: Der »Götzendienst« der Heiden, von dem wir bei unseren Chronisten so viel lesen (wir erinnerten schon an die Lehre von den sieben Planeten- oder Tag-Göttern bei den alten Germanen) sei nicht ursprünglich. Es handle sich hier um ein aus ältesten Zeiten geerbtes Wissen von den verschiedenen Kräften im Menschen, die mit Hilfe des Sammelns all seiner Aufmerksamkeit darauf

Der feurige und eiserne Mars, Herr des Dienstags (französisch mardi), mit seinen Tierkreiszeichen Widder und Skorpion.

außerordentlich gesteigert werden könnten. Die Vergötzung dieser Energien, zum Beispiel jener des Mars, durch einseitig gewordene, entartete Tyrannen sei nur ein späterer Mißbrauch der hohen, ursprünglichen Weisheit um solche Tatsachen.

Dies scheint auch aus den orientalischen Quellen hervorzugehen, in denen wir mehrfach vernehmen, daß einige der großen Gelehrtensippen, wie die der Barmak oder Thabit, Eingeweihte dieser magischen Naturwissenschaften waren. Sie brachten, jede offenbar durch mehrere Geschlechter, Reihen bedeutender Menschen hervor, die in der Regel an den Höfen einflußreicher islamischer Herrscher wirkten. Ohne sie, die später von engherzigen Eiferern oft als Heiden und Ketzer verleumdet wurden, wäre zweifellos viel der Tradition der alten Welt, der Griechen, Iraner und Inder, nicht mehr bewahrt worden. Zweifellos verdanken wir all diesen »Magiern« den poetischen Märchenglanz des morgen- und abendländischen Mittelalters.

Eigenart und Berufe der Marskinder

Das Wesen des Mars wurde von den mittelalterlichen Astrologen als »heiß und trocken« erklärt. Die Welt seiner »Kinder«, der Menschen, in denen sein feuriges Wesen überwiegt, zeichnete man entsprechend wild und abenteuerlich. In dieser Seelenlandschaft ließ man verwegenes Volk sich bewegen, dem man schon in seinem äußeren Erscheinungsbild ansehen konnte, wie sehr es von den inneren Flammen seiner Leidenschaften verzehrt wurde. Marsische Menschen bildete man gern mager, mit langem Leib und braunem Angesicht ab. Ihr ganzes Wesen, ihre ganze stets aggressive Tätigkeit schilderte man als hitzig, zum Zorn geneigt, leicht gewalttätig, sozusagen stets irgendwie kriegerisch anmutend.

Sehr gut zusammengefaßt fanden wir die Marswelt in den Anleitungen der orientalischen Magier, die wiederum als die wahre Quelle ihres Wissens die alten Anhänger der Sternen-Religion, die »Sabäer« nannten: »Mars bitte um Dinge, die du von den Leuten seiner Natur wünschest.« Diese Menschen, deren Wesen in seiner Gesamtheit vorwiegend feurig-marsisch sein soll, werden nun nebeneinander die Reiter, Heerführer, Offiziere, Garden, Soldaten, Helden genannt. Dazu auch die Aufständischen, die Oppositionellen – »all solche, deren Tun darin besteht, Länder zu verwüsten, Menschen bloßzustellen . . .« Als marsisch gelten dazu die Tätigkeiten, die »irgendwie mit Blut oder Feuer zu tun haben«, auch alle, die mit der Bearbeitung oder der Hantierung mit dem Mars-Metall Eisen ihr Dasein verbringen. In die gleiche Gesellschaft gehören Kriegsleute, Stallmeister (also Pfleger des einst zu fast jeder kriegerischen Betätigung notwendigen Rosses), die einst wegen ihres häufig besonders trotzigen und kriegerischen Charakters berühmten Hirten, im übrigen auch die Gegner, Widersacher jeder Art, die Diebe und die Räuber.

»Ferner magst du Mars um alles bitten, was immer zu seiner Natur gehört, wie Krankheit des Unterkörpers, Aderlaß und Schröpfen.« Marsisch ist damit nach den griechisch-europäischen und morgenländischen Auffassungen alles, was mit dem eigentlichen Kräftehaushalt des Geschlechtslebens und überhaupt mit dem zu wenig oder zu viel des »feurigen« Blutes zu tun hat. Hatten sie auf all diesen Gebieten einen Mangel, so wandten sich auch Menschen, die in ihren ganzen Neigungen sonst zu viel friedlicheren Kräften neigten, an den roten Planeten der Krieger.

Ergänzend zu den Auffassungen der sabischen und islamischen

Die »Marskinder« sind ihrem ganzen Wesen nach »wie wilde Flammen«, kriegerisch, maßlos unternehmungs- und abenteuerlustig.

Orientalen kann man die entsprechenden astrologischen Lehren der rosenkreuzerischen und alchimistischen Mystiker des deutschen 17. bis 18. Jahrhunderts betrachten. Wozu man hier nochmals deren zahlreiche Behauptungen berücksichtigen muß, daß die Begründer ihrer philosophischen Richtungen kühne mittelalterliche Ritter und Wahrheitssucher waren, die ihre Lehren aus ihren Begegnungen mit den Weisheitsschulen des Ostens entwickelten. Georg von Welling, dieser noch von Goethe und den Romantikern geschätzte Sammler dieses Wissens, nennt zum Beispiel als Marsvolk »treffliche Kriegsleute, die alle Gefahr verachten«. Marsisch sind ihm Menschen, »die nicht gern untertan sind, keinen Reichtum achten«. Aus dieser Grundkraft kommen die die Menschen zu kühnen Taten mitreißenden Häuptlinge (großen Capitaine), die mit ihrem geradezu ansteckend feurigen Wesen ihre Umwelt in Bewegung bringen.

Marsisch ist demnach, wie man es manchmal aus naiven Astrologiebüchern, zumindest wenn man deren einst allgemein bekannten Voraussetzungen nicht kennt, mißverstehen könnte, nicht etwa nur eine Tat der äußeren Gewalt, die sich in Schwert und Blut äußert. Marsischer Geist verwirklicht sich auch in Taten des Geistes, die durch ihre Art beweisen, daß sie als Widerstand gegen Unterdrückung entstanden, also Handlungen, die ohne einen heiligen Zorn gar nicht möglich wären, in denen aber der, von dem sie ausgehen, uns deutlich zeigt, daß er aus seiner freiheitsliebenden Gesinnung heraus alle Gefahren verachtet und ganz sicher nicht auf irgendwelche wirtschaftlichen Überlegungen Rücksicht nimmt. Diese Haltung wurde eben früher als »Nicht-Achten des äußeren Reichtums« umschrieben.

So sehr aber die vorsichtigen Anhänger der alten Sternkulte die Wichtigkeit der guten Beziehung zur Marskraft betonten, warnten sie gleichzeitig vor der übertriebenen Liebe zu ihr, da sie von ihrer völligen Entfesselung doch zuviel Zerstörung, Brand und Blutvergießen befürchteten. Wenn sie über ihren Nutzen schrieben, warnten sie doch im gleichen Atemzuge: »Gegen ihn (den Mars) mußt du Venus zu Hilfe rufen; denn sie löst, was er bindet (sie befreit uns also aus der Macht seiner kämpferischen Leidenschaften – S. G.), und macht gut, was er schadet.«

Von den roten Kraftsteinen

Nahezu unbestritten fanden wir in den alten und neuen Stein- und Traumbüchern wie in den mündlichen Überlieferungen, die ich anhören konnte, die Zuordnung des Rubins (von lateinisch rubeus = rot) zum feurigen Kampfplaneten Mars. Einige Mißverständnisse sind bei den volkstümlichen Erforschern der großen Tradition wahrscheinlich deshalb entstanden, weil es ihnen nicht in jedem Fall bewußt war, daß der gleiche Stein in den alten Büchern häufig unter dem schönen Namen Karfunkel erscheinen kann.

Diesen Namen führten unsere Vorfahren gern auf die Worte »klar« und »funkeln« zurück; er kommt aber einwandfrei vom lateinischen carbunculus, also »kleine Kohle«. Der mittelalterliche Gelehrte und Heilige Albertus Magnus erklärte: »Der Carbunculus, der griechisch Antrax und bei einigen Rubinus heißt, ist ein äußerst durchsichtiger, roter und harter Stein, der unter den anderen Steinen das ist, was das Gold unter den Metallen. Er soll zudem die Kraft aller andern Steine haben ... Seine besondere Wirkung aber ist, daß er Gift in Luft- und Dampfform vertreibt. Und wenn er wirklich gut ist, leuchtet er in der Finsternis wie Kohle; und solches sah ich. Wenn er weniger gut ist, schimmert er im Finstern, wenn er mit reinem, klarem Wasser in einem schwarzen, sauber geglätteten Gefäß übergossen wird. Der aber auf keine Weise im Finstern leuchtet, der ist nicht vollkommen edel.«

»Ähnlich dichtete auch Volmar im 13. Jahrhundert: »Der rechte rote Rubin / Der gibt nächtlich Schin (Schein) / Das man ihn sieht in der Nacht wohl / Als eine glühende Kohl.«

Die alten Alchimisten wußten viel über die inneren wunderwirkenden Strahlkräfte der Edelsteine zu berichten, und auch Goethe hat sich mit solchen Auffassungen beschäftigt. In seinem »Faust«, weitgehend nach den Überlieferungen der gelehrten und volkstümlichen Magie gedichtet, lesen wir: »Schon hellen sich die Finsternisse; / Schon in der innersten Phiole / Erglüht es wie lebendige Kohle, / Ja, wie der herrlichste Karfunkel, / Verstrahlend Blitze durch das Dunkel: / Ein helles, weißes Licht erscheint.«

Diese Angaben der alten Gelehrten, nach denen der Karfunkel »in der Nacht so helle geleuchtet wie ein Feuerfünklein«, hat man dann im 18. und 19. Jahrhundert als Aberglauben verlacht. Zweifellos überlebte aber der gleiche Glaube nicht nur in östlichen Ländern, sondern in der Welt der entsprechenden Überlieferungen von West-Europa: »Die Hexen (witches) sind überzeugt, daß vom Stoff Strahlen ausgehen, die Menschen beeinflussen können, ähnlich wie die ultravioletten und die X-Strahlen.« Auch eine Reihe der modernen Wissenschaftler, die sich von den Dogmen der materialistischen Ideologen zu lösen wagen, erwägen in zunehmendem Maße die Möglichkeit, daß es Kräfte gibt, die man noch nicht mit Geräten festzustellen vermag, die aber Menschen mit besonders empfindlichen Sinnen zu jeder Zeit wahrnahmen.

Aus der besonderen geheimnisvollen Leucht- und Strahlkraft des Rubins stammt sicher die Auffassung des Albertus Magnus, nach der gerade dieser Stein alle feinstofflichen Giftwirkungen (»in Luft- und Dampfform«) vertreibe. Wohl das gleiche meinte zweifellos die heilige Hildegard von Bingen, wenn sie versicherte: »Überall, wo sich ein Karfunkel befindet, können die Luftdämonen ihr Teufelswerk nicht vollführen, weil sie ihn meiden und ihm ausweichen.« Er ist damit ein wunderbares Schutzmittel wider alle schlechten äußeren Einflüsse: »So hält dieser Stein im Menschen alle ansteckenden Krankheiten nieder.«

Als besonders stark betrachtete man darum den Schutz des roten Karfunkels oder Rubins gegen alle schlechten Wirkungen: »Wenn jemand Kopfschmerzen hat, lege er einen Karfunkel für eine kurze Stunde auf den Scheitel, so lange nämlich, bis seine Kopfhaut von ihm erwärmt ist. Dann nehme er ihn sofort weg, weil ja die Kraft des Steins seinen Kopf schneller und stärker durchdringt, als es die teuerste Salbe oder Balsam vermöchten. Auf diese Weise wird es seinem Kopf besser gehen.« Die alten Inder faßten die Wirkungen des Rubins so zusammen: »Glück bringt er, wenn man ihn trägt.«

Der Arzt Wittich, der die Steine so gern benützte, lehrte geradezu: »Der Rubin aber dienet gegen böse Träume.« Ähnlich versicherte Lonicerus: »Der ihn bei sich trägt, ist vor bösen, die Furcht erregenden (forchtsamen) Träumen sicher.« Auch Veröffentlichungen der zwanziger Jahre, als esoterische Kreise in der allgemeinen Krise nach Wurzeln in den magischen Überlieferungen suchten, verteidigten den Rubin-Einfluß wider böse Träume und den gefürchteten Trübsinn. Damit galt er auch als das natürliche Hilfsmittel, sich von »Energielosigkeit und Faulheit«, sehr häufig nur Folgen melancholischer Stimmungen, zu befreien.

Hier müßte man selbstverständlich noch eine Reihe von andern roten Steinen anführen, die man neben dem Rubin schätzte: den Granat, der »das Herz fröhlich macht und die Traurigkeit vertreibt«. Dann die rote Koralle, die »Herz und Geblüt fröhlich macht«. Nicht zuletzt auch den Carneol »von echter Fleischfarbe«.

Traumbilder des Mars

Ist eine Traumlandschaft feurig, leuchtend blutig, glühend, in die Farbe rot getaucht, dann kündet dies eine Zeit von vermehrten Leidenschaften, die natürlich auch die Steigerung der Gefahren bringen kann, aber auch, »wenn man diese durch Gottvertrauen überlebt«, den Gewinn von seltenen Erfahrungen. Solches vernahm ich bei den Gesprächen unter Flüchtlingen. In den volkstümlichen Quellen der Schweiz, noch verbreitet unter den einheimischen Wahrsagern und Hellsehern, fand ich grundverwandte Angaben: Feuer sehen und in diese fallen bedeutet »Schaden oder großen Zorn«. Habe man im Traum Feuer unter den Füßen, so sei dies »Läufern gut«, dagegen für andere Leute ein »böses« Vorzeichen. Auch ein »roth Kleid anlegen (schweizerisch mundartlich für anziehen – S. G.)« bedeute einen baldigen Zornzustand.

Als Beispiele der feurigen und blutigen Marsorte erwähnte Agrippa von Nettesheim die glühenden Öfen und ihre heiße Umgebung, darum auch die Backstuben. Ferner die Schlachthäuser, die Galgen und überhaupt die Hinrichtungsstätten; die Kampfplätze, also wahrscheinlich nicht nur die eigentlichen Schlachtfelder, sondern auch sonst die Gebiete der kriegerischen, militärischen

Die Sinnbilder des Mars erinnern regelmäßig an seine »Eisenhärte«.

Übungen jeder Art. Dann selbstverständlich die Folterkammern. Darunter fallen – zumindest werden solche Stellen bei den Alten entsprechend erklärt – alle Räume, in denen Schmerzen zugefügt werden, ob dies nun durch Zwang geschieht oder sich ihnen die Menschen freiwillig unterwerfen.

Über das Aussehen der Mars- oder Feuergeister unterrichtet wohl am ausführlichsten der noch heute von volkstümlichen Wahrsagern und Hellsehern gern benutzte vierte Band der »Okkulten Philosophie« des Agrippa von Nettesheim. Obwohl er bereits im 16. Jahrhundert auftauchte, wird er meistens als eine von Nachahmern hergestellte Fortsetzung des unbestrittenen Werks des Magiers angesehen. (Immerhin ist hier nachzutragen, daß ihn ein Kenner der Zauberbücher wie Carl Kiesewetter für echt hielt und er zumindest an einigen Stellen ganz gleiche Gedankengänge und Fachausdrücke enthält wie die anderen Bände.)

Das Werk von Agrippa (oder eben eines seiner Nachahmer) sagt über die Gestalten der Marsgeister: »Sie erscheinen jähzornig und häßlichen Anblicks (gemeint ist wohl ihr von Haß, also maßlosen Leidenschaften entstelltes Aussehen – S. G.), von bräunlichroter Farbe, mit Hörnern, die dem Hirschgeweih nahe kommen; und sie haben Greifenkrallen. Sie brüllen wie wütende Stiere und bewegen sich nach der Art der verzehrenden Flamme. Ihr Zeichen ist der Blitz und der Donner.«

Typische Bilder, die uns zeigen, daß wir bei ihrem Auftauchen mit den Marskräften in unmittelbarer Verbindung stehen, sind nach der gleichen Quelle vor allem folgende: »Ein König, vollständig bewaffnet und auf einem Wolf reitend. Ein Bewaffneter. Ein Weib, das einen Schild am Schenkel hält. Ein Bock. Ein Pferd. Ein

Hirsch. Ein rots Kleid . . .« Agrippa und seine Schüler waren überzeugt, daß es wichtig ist, solche Sinnbilder der Planetengeister gut zu merken, denn »zu den Träumenden sprechen sie in Orakeln« also in bestimmten Symbolen, die mit ihnen in Verbindung stehen und uns, wenn wir über sie nachdenken, einigermaßen einleuchtend erscheinen. (Die erwähnten Tiere: Bock, Hirsch und Pferd galten wegen ihres kämpferischen, aktiven, leidenschaftlichen Liebeslebens als besonders »marsisch«. Ohne das Roß waren in den früheren Jahrhunderten die größeren kriegerischen Unternehmungen gar nicht denkbar.)

Traumdeuter versichern, daß Marsträume sehr häufig an ihrem eigentlichen Anfang ein richtigs Bild aus dieser Welt enthalten: Vor dem Träumer befindet sich etwa ein Flammenkreis, durch den er gehen muß. Oder er geht über ein verlassenes Schlachtfeld, auf dem noch zerschlagene Helme und Schwerter herumliegen. Oder er muß durch ein Tor treten, das mit feuerfunkelnden Rubinen besetzt ist. Oder er steht vor einer Tür mit Wächtern, die Rüstungen aus dem Marsmetall Eisen tragen. Oder er tritt in ein Lager mit rothäutigen Wilden, die er natürlich sofort mit den Indianern seiner Kinderbücher zusammenbringt, die noch zum Überfluß ihre Gesichter mit der Kriegsfarbe rot geschmückt haben. Oder er muß über eine Treppe, auf deren Stufen frische Blutflecke zu sehen sind.

Die Tatsache, daß ich unter den Flüchtlingen recht häufig von solchen Träumen hörte, wird verständlich, wenn man bedenkt, daß diese Menschen fast alle aus den Regionen der Kriege und Revolutionen kamen. Sie empfanden ihren Zustand noch immer nicht als einen Zustand des Friedens, sondern höchstens als den einer Rast während eines Feldzuges, von dem sie nur hoffen konnten, daß er möglichst bald ein glückliches Ende finden werde.

Das Reich der Merkurkraft

Das astrologische Merkurzeichen wird volkstümlich ziemlich übereinstimmend gedeutet: Das Kreuz unten ist das Bild der Welt mit ihren vier Weltrichtungen, gebildet aus den vier Elementen. Der Kreis mit zwei Hörnern oben stellt zwei Schlangen dar, die sich umschlingen und die auf den alten Bildern der Gott Merkur an seinem Stab emporhält.

Die sich emporringelnden Schlangen deuten verschiedene Kenner der Tarotbilder und ähnlicher Traditionen als die »von der Erde und allen ihren Dingen« emporsteigenden Lebenskräfte. Ihre Zweiheit soll demnach andeuten, daß die das Dasein der Welt bestimmenden Energien zueinander im Widerspruch zu stehen scheinen, miteinander in dauernde Kämpfe verwickelt sind. Sie verschlingen sich aber am Merkurstab zu einer liebevollen Einheit, bilden sozusagen »ein leidenschaftlich sich ohne Ende miteinander vereinigendes Ehepaar«. Viele Wahrsager glauben, daß die Gegensätze an sich notwendig, »vom Schöpfer erfunden sind, um dadurch den berauschenden Reichtum der Welt möglich zu machen«.

Der Merkurmensch ist intelligent genug, um gerade diese Gegebenheit zu durchschauen. Die Alten zeichneten den Merkur mit Flügeln am Kopf und an den Beinen. Dies bedeutet seine aus der geschilderten Erkenntnis stammende geistige und leibliche Beweglichkeit. Sie ermöglicht ihm auch, aus fernen Ländern, die die Masse mit Mißtrauen anblickt, Waren herbeizuholen. Er kann auch Ideen und Stoffe verbinden, die auf den ersten Blick nicht zusammengehören – und aus ihnen »neue« Dinge erschaffen, die dann jedermann begeistern und zum Kauf anlocken.

In diesem Sinn lehrte Agrippa von Nettesheim: »Merkur beherrscht unter den Elementen das Wasser, obgleich er eigentlich ohne Unterschied allem Bewegung verleiht. (Wozu mir ein Kenner der Astrologie der Fahrenden 1958 erklärte: ›Natürlich nur das Wasser als bewegliches Element, wie es die Alten zum Treiben ihrer einfachen Maschinen verwendeten, auch noch der ersten Dampflokomotiven. Ohne dieses merkurische Wesen des Elements Wasser wäre ja der ursprüngliche Handel mit Fluß- und Meeres-

Merkur und Merkurzeichen

schiffen gar nicht möglich gewesen.‹ S. G.). Er beherrscht desgleichen die Säfte, besonders die gemischten. Auch den Lebensgeist leitet er. Unter den Geschmäcken die mannigfaltigen, fremdartigen und gemischten.«

Der merkurische Mensch galt als besonders »gesprächig und witzig«. Daraus erklärte man seine Fähigkeit, seine Zeitgenossen so ziemlich zu allem überreden zu können – also auch zum Kauf von Dingen, die sie eigentlich gar nicht notwenig brauchten. Als typisches Beispiel erzählte man mir aus dem bernischen Emmental folgende Geschichte: Ein fahrender Händler überredete die Frau eines Kleinbauern – selbstverständlich in dessen Abwesenheit – zum Kauf eines teuren Radios. Der Mann sieht die Anschaffung und eilt wutschnaubend ins Geschäft der Stadt, die überflüssige Ware dorthin zurückzubringen. Ganz kleinlaut kehrte er aber, nach viel verlorener Zeit, wieder zu seinem Weib zurück. Ein listiger »Merkurier« hatte sich zwar untertänigst entschuldigt, aber das Gerät nicht nur nicht zurückgenommen – sondern dem Kunden noch »preisgünstig und für ihn sehr verbilligt« ein zum Radio gehöriges Tischchen aufgeschwatzt.

Das Aussehen der Merkurmenschen wird in dem volkstümlichen, im Gebiet der Schweizer Alpen im 18. und 19. Jahrhundert gern gelesenen »Planeten-Büchlein« als »bleich doch fröhlich« geschildert – also stets munter –, im Besitz einer unentwegten Lust an Unternehmungen. Er »studiert gar gern«, worauf man seine Sprachkenntnisse und seine übrigen, ihm Überlegenheit gegenüber festgefahrenen Mitmenschen sichernden Kenntnisse zurückführte. Die übrigen Angaben, etwa daß er »gern still« sei und »wenig Bosheit« habe, werden uns verständlich, wenn wir ihn etwa mit dem »Mars-Kind« vergleichen: Während dieses gern rasch, kühn, entschieden und gelegentlich unüberlegt handelt, hält sich der »Merkurier« zurück, läßt den andern ohne offenen Widerstand herumtoben und verwirklicht dann, höflich und doch mit viel Beständigkeit, seine längst entwickelten Geschäftspläne.

Im Heiligtum des Mittwochs

Was die alten Darstellungen des Planeten Merkur angeht, so finden wir auch in den ausführlichen Schilderungen des Dimeschqi aus dem 13. und 14. Jahrhundert offensichtliche Lücken. Wichtig ist die Angabe, daß die Verehrung von dessen Kräften am Merkur-Tag, also am Mittwoch, stattfand: »Mitten in diesem Tempel steht ein Thronsessel auf vier Stufen, die ihn zirkelförmig rings umgeben. Der Tempel hat vier Pforten.« Von der eigentlichen Darstellung des Merkur, zu der man also von allen vier Seiten hinzutreten konnte, heißt es nur: »Dieses Idol verfertigten sie aus allen Metallen und aus chinesischem Ton und machten es inwendig hohl. In diese Höhlung gossen sie viel Quecksilber hinein.« Weiter vernehmen wir, daß man die Figur mit einem äußerlich braunen und feingebildeten Schreiber verglich, der für seinen Erfolg geistig gewandt, also beweglich, vielseitig und geschickt sein müsse.

Der belesene Orientalist Chwolsohn ergänzt diese Ausführungen: »Wie der Planet Merkur selbst hier dargestellt wurde, ist nicht angegeben; aber auf späteren Darstellungen wurde er mit einer Rolle auf den Knien abgebildet.« Man nannte ihn im Orient geradezu »Schreiber«, also, wenn man von der Vieldeutigkeit dieses Ausdrucks im Morgenlande ausgeht, als unübertroffener Meister aller »intellektuellen« Berufe, sozusagen der Kopfarbeiter.

Immerhin findet sich eine überzeugende Schilderung eines Merkur-Bildes im Buch Picatrix, diesem Schlüsselbuch der orientalischen und christlichen Magier des Mittelalters. Man benützte es, liebte es »unter allen Umständen«, wenn man wünschte, aus dem Kreis der entsprechenden Berufe »der Schreiber, Rechner und Verwalter« Gunst und Hilfe zu erhalten: Es war »das Bild eines Mannes, der auf einem Stuhl mit Zeltdach sitzt (ein Zeichen der Achtung im heißen Orient, das dem Menschen darunter angenehmen Schatten gewährt – S. G.) mit einem Schreibrohr in der Rechten und einer Schreibrolle, auf die er schreibt, in der andern . . .« In der gleichen Quelle findet sich auch vom »Schreiber«, also dem Merkurbild, noch eine weitere Schilderung, die auf den griechischen Weisen Apollonios und andere Magier des Altertums zurückgehen soll: Der in den Übersetzungen etwas mißverständliche »Stab«, den das Bildnis in der rechten Hand hält, ließe sich als »Schreibrohr« deuten – in der Linken hält der »Schreiber« ein Blatt. »Sein Gewand ist ganz von buntscheckiger Farbe.«

Im Dabistân ist einer der Arme des Merkurs im Merkurtempel weiß, der andere schwarz. (Auch dies ist zweifellos die Fähigkeit des Meisters der geistigen Berufe, verstandesmäßig die verschiedenen, scheinbar einander entgegengesetzten Möglichkeiten zu begreifen und mit ihnen zu spielen.) »In der einen Hand hatte er eine Feder, in der andern ein Tintenhorn.« Wichtig ist in dieser Nachrichtenquelle über die morgenländischen Kulte die Aufzählung der Berufe, die von der Merkurkraft ihre Vervollkommnung erwarten: Wesire, also die Berater der Fürsten; dann Philosophen, Astrologen, Ärzte, Rechnungsführer, Steuerverwalter, Minister und andere Amtsleute des Staates, Sekretäre, Kaufleute, Architekten; Schneider, Schriftsteller. Die Diener des Merkur trugen Goldringe, was man als Zeichen des Reichtums ansehen kann, den die Verehrung seiner Kräfte schenken sollte.

Die Tempel der sieben Grundkräfte der Welt werden uns als eine Art Hochschule des menschlichen Gesamtwissens geschildert, die die alten Philosophen der Sternenwissenschaften eben in sieben Teile ordneten. Hier wirkten und lehrten, sozusagen als begeisterte Priester der betreffenden Kraft, die Fachleute der entsprechenden Wissensgebiete und der Möglichkeiten, sie geschickt und nutzbringend anzuwenden. Hier trafen sich auch, sozusagen wie in einem gemeinsamen Heim, die Vertreter der verwandten Künste aus den verschiedenen Ländern, tauschten ihre Erfahrungen aus und fanden wesensverwandte Gesinnungsgenossen für gemeinsames Arbeiten. Oder wie es der Dabistân gerade bei der Schilderung des Merkurtempels zusammenfaßt: »Das Wissen, erforderlich für solche Wissenschaften und Tätigkeiten, wurde dort ebenfalls vermittelt.«

Allerdings kommen wir hinsichtlich des Verständnisses solcher Belege nur weiter, wenn wir durch Vergleich mit anderen kulturgeschichtlichen Quellen möglichst großzügig vorgehen. Daß zum Beispiel die Schneider auch zu den merkurischen Berufen gehören, ist wohl darauf zurückzuführen, daß deren Kunst einst eher unter die intellektuellen Wirksamkeiten gezählt wurde, schon weil sie eine vorwiegend sitzende Tätigkeit voraussetzte. Auch lassen die orientalischen Märchen und Chroniken über die glänzenden alten Königreiche kaum einen Zweifel darüber zu, daß man unter einem

Meisterschneider einen Mann mit viel List, Geschick und Verstand begriff, also eher fast das, was wir heute unter einem Modeschöpfer verstehen. Gelegentlich konnte er angeblich sogar – siehe unser Märchen vom tapferen Schneiderlein – zum Berater und Verwandten von Fürsten aufsteigen.

Der rasche Herr des Merkur und des Merkurtages (französisch mercredi) mit seinen beiden Schlangen, dem vielbegehrten Geldsack und seinen beiden Tierkreiszeichen Jungfrau und Zwillinge.

Eigenart und Berufe der Merkurkinder

Den Umlauf des Merkur berechnete die mittelalterliche Astrologie auf 334 Tage, also um einen Monat kürzer als das Jahr der Erde: Die »Kinder des Merkur« sah man entsprechend als etwas rascher, beweglicher als die Mehrheit der übrigen Menschen, also diesen gegenüber stets einen gewissen Vorsprung und damit Vorteil besitzend. Den Merkur ließ man in dem den Planeten gewidmeten Bilderbuch erklären: »Warm bin ich bei einem warmen Stern – und kalt bei einem kalten gern.« Die Merkurier, geziert, listig, kunstreich, schreib- und redegewandt, hielt man darum für besonders weich und anpassungsfähig. Man traute ihnen die Fähigkeit zu, sozusagen die Wellenlänge eines Mitmenschen auffangen und sich dann auf ihn vollkommen einstellen zu können. Er sollte die Fähigkeit besitzen, die inneren Gefühle und Wünsche eines andern geschickt und rasch herauszuspüren und sie ihm dann, oft zu dessen Erstaunen, sogar besser erklären zu können, als er es selber vermocht hätte.

Das mittelalterliche Bild der merkurischen Beschäftigungen zeigt eine Fülle von entsprechenden Tätigkeiten, so zum Beispiel auch das Malen, da man an dessen Vertretern vor allem die geschulte Fähigkeit der Beobachtung aller Züge, aller seelisch-körperlichen Eigenarten der Mitmenschen bewunderte.

Auf der gleichen Darstellung sehen wir auch die merkurische Kunst des Rechnens und Berechnens in jedem Sinn, also auch das Ausüben der mechanischen Wissenschaften und damit etwa die Herstellung von Uhrwerken. Wir gehen hier sicherlich kaum fehl, wenn wir diese Neigung zum Rechnen, die der merkurische Mensch nach der mittelalterlichen Wissenschaft hat, nicht nur auf Maschinen bezogen verstehen. Der Merkurier kann die andern bewundernswürdig gut beobachten und sich sozusagen in sie hineinversetzen. Er begreift daher häufig die Gesetzmäßigkeit hinter ihren Handlungen und vermag darum die Wahrscheinlichkeit, wie sie künftig vorgehen werden, gelegentlich verstandesmäßig vorauszuberechnen. Ein Anhänger der alten Astrologie faßte darum mündlich zusammen: »Merkurier machen, wenn sie vom materialistischen Zeitgeist angesteckt sind, sehr häufig den Fehler, daß sie ihre an sich richtigen Beobachtungen verallgemeinern. Da sie bei vielen Menschen tatsächlich sehr häufig durch ihre genaue Beobachtungsgabe voraussehen können, wie sie handeln werden, verfallen sie dem Aberglauben, der Mensch sei überhaupt eine Art Maschine, jeder habe sein festes Schema, aus dem er sich nicht herauslösen könne und nach dem er in jedem Fall vorgehe. Wenn man ihn gut studiert habe, könne man ihn spielend lenken. Dies ist sicher ein Aberglaube, aber es ist natürlich auch einer, anzunehmen, jedermann handle zu jeder Zeit aus einem völlig freien Willen heraus.«

Aus diesen Gedankengängen heraus erklärt sich die bei den Flüchtlingen der ersten Hälfte unseres Jahrhunderts sehr häufige Auffassung, die totalitären Ideologien, unter denen sie unsagbar leiden mußten, seien die Entartung des »Merkurischen»; hier erscheine der menschliche Geist nur als Ausdruck irgendwelcher ihn völlig prägender »wirtschaftlicher Vorgänge«, und derjenige, der dies studiert habe, könne ihn wie ein willenloses Spielzeug steuern.

Vor solchen an sich verständlichen Vorurteilen gegen das Merkurische müsse man sich aber hüten, wurde ich belehrt, denn, wie es Agrippa betont habe, gebe es »ohne Unterschied allem Bewe-

Die »Merkurkinder« beherrschen die Kunstfertigkeiten, berechnen die Welt und wissen ihre sämtlichen Fähigkeiten stets gewinnbringend einzusetzen.

gung«. Ohne diesen Geist in sich zu kennen und zu benützen, gibt es demnach keine richtige Selbstbehauptung im Dasein. Ohne die merkurischen Kräfte in sich um Hilfe zu bitten – dies war die Auffassung der Sternenreligionen des alten Orients –, ziehe man in einer Unzahl der entsprechenden Angelegenheiten immer den kürzeren; das heißt, wenn man zu tun hat mit Sekretären, Rechnungsbeamten, Astronomen, Predigern, Rednern, Gelehrten, Leuten der religiösen Diskussion (also Menschen, für die der Glaube nicht Gefühl und innere Neigung, sondern mehr eine Angelegenheit der verstandesmäßigen Auseinandersetzung ist! S. G.), allerlei Vorstehern, Literaten, Steuereintreibern, Beherrschern der theoretischen und praktischen Künste, Prozessierenden und so weiter. Wenn wir auch schon viele ähnliche Hinweise bei den Schilderungen des verehrenden Volks um die alten »arabischen« Tempel und Hochschulen des Merkurgeistes gefunden haben, so scheint uns doch der folgende Gedankengang der magischen Bücher des Mittelalters wichtig: Den Merkur »bat« man um seine Hilfe zusätzlich bei allen Angelegenheiten, die mit jungen Knaben und Mädchen und mit »Hermaphroditen«, also Männern und Frauen in Übergangsformen, zu tun hatten. Er regierte also die Menschen, die während ihrer Jugend (und dann als Minderheit auch im späteren Alter) in ihrem Aussehen und Verhalten nicht ganz eindeutig ihr eigenes angeborenes Geschlecht sein wollten oder sein konnten.

Von den bunten und gelben Kraftsteinen

Nach der Überlieferung über die Wirkung der Edelsteine, die vor allem in den Flüchtlingskreisen in unserem Jahrhundert eine Auferstehung erlebte und die ich in Paris, in der Provence und der Schweiz kennenlernte, stehen die »hellgelben« und »vielfarbigen« Steine mit der Merkurkraft in Beziehung. Besonders berühmt ist als Merkur-Stein der Topas, dessen Namen man geradezu aus dem Altindischen »tapas« für Glut, also ihm innewohnende feurige Lebenskraft deutete: »Die als Edelsteine hochgeschätzten Stücke haben als Hauptfarbe ein mehr oder minder intensives Gelb. Auch in der Dichtersprache wird Topasfarbe so sehr mit Gelb gleichgesetzt, daß darüber die immerhin nicht ganz seltenen grünen, blauen, rötlichen und farblosen Topase ganz vergessen werden« (Lüschen). Für die Inder war der Topas geradezu der »gelbe Edelstein« (pitamani), und je gelber und stärker glänzend er war, desto sicherer mehrten sich »Ansehen, Mut, Freude, Lebensdauer und Besitztum« seines glücklichen Trägers.

Auch vom Topas versichern die europäischen magischen Überlieferungen, daß er schlechte Strahlungen und Einflüsse aller Art abwehrt und die eigenen feinstofflichen Kräfte reinigt und vermehrt. Dadurch sollen die eigenen Fähigkeiten zu Hellsehen und Wahrsagen besonders begünstigt werden, und wie ich selbst feststellen konnte, ist er darum bei modernen Traumforschern wie unter dem »Fahrenden Volk« und den Seßhaften sehr beliebt.

Dem Merkur zugeordnet wird meistens auch der Achat, von dem ebenfalls gelbliche und gelb-bräunliche Stücke besondere Wirkungen besitzen sollen. Von diesem Stein behaupten die Anhänger der okkulten Bräuche noch (oder wieder) in der Gegenwart: »Beinahe alle Hexen und Hexenmeister haben einen.« Er soll vor bösen Einflüssen schützen, die eigenen magischen Begabungen erhöhen und darüber hinaus die Fähigkeit zu Traumreisen fördern. Lonicerus: »Zum Haupt des Schlafenden gelegt, zeigt er ihm vielerlei Bildungen der Träume.« Jean von Mandeville versichert, daß der Achat sehr redegewandt werden lasse: Er mache geradezu geistreich, lasse schlechte Werke vermeiden, befreie aus Gefahren und gebe »Sieg«.

Ähnlich benützte man gelegentlich den Opal, von dem man wiederum deutlich die Stücke mit gelber Farbe bevorzugte. Man versicherte aber, daß sein Gebrauch für eigennützige Menschen nicht ungefährlich sei, daß er aber »den Kontakt mit der Astralwelt«

stärke (Spiesberger). Er soll darum gerade in der Nacht auf den Merkurtag ebenfalls die Möglichkeit zu Traumreisen begünstigen.

Als merkurisch gilt häufig der Beryll, bei dem ebenfalls deutlich die gelben oder goldfarbenen Steine gepriesen wurden: »Macht lustig und wacker« (Lonicerus). »Er macht seinen Träger reich, klug, fröhlich und beliebt, heilt Augenleiden, Drüsenschwellungen und Nervenschmerzen, ist ein Beschützer in allen Gefahren und zieht bei Angriffen sichtbare und unsichtbare Helfer herbei.« Dies geschehe, wenn man ihn dauernd und unsichtbar trage, sich freilich einer ziemlich reinen Lebensweise befleißige: »Sein Träger muß sich vor Alkohol und Tabak hüten.« Gelegentlich finden wir sogar die Angabe: »Fördert magische Experimente, besonders das Hellsehen; gibt warnende Traumgesichte; begünstigt den Kontakt mit Elementarwesen, Gnomen, Nixen, Elfen und so weiter.« (Spiesberger)

Als merkurisch gilt der Bernstein. Sein griechischer Name Elektron kommt von »Elektor = die strahlende Sonne«, und von dieser Bezeichnung hat die Elektrizität ihren Namen erhalten, weil man am Bernstein deren Wirkungen zu beobachten vermochte. Es wird uns versichert: »Sagen des Samlandes, Pommerns und Mecklenburgs zeigen, wie der Bernstein die Phantasie des fabulierenden Volkes lebhaft anregte.«

Leicht belegbar durch unzählige Beispiele aus den volkskundlichen Schriften vernehmen wir: »Umgehängte Ketten aus Bernsteinperlen galten im frühen Mittelalter als Schutzmittel. Eine bereits im Altertum geübte Sitte, Kindern Bernsteinketten um den Hals zu legen, lebt heute noch in ganz Deutschland weiter, ursprünglich als Abwehrmittel . . .« (Handwörterbuch des deutschen Aberglaubens). Die Strahlung des Bernsteins, dies hörte ich noch mehrfach im Berner Gebiet, soll vor den meisten schädlichen Einflüssen schützen, das Kopfweh heilen, die Entspannung von Leib und Geist fördern und darum den Schläfer geradezu in »gute Träume« leiten.

Die Merkurträume sind nach einer Mehrheit der Wahrsager sozusagen Gleichnisse des Alltags auf unserer Erde. Das Gestein, die ganze Umwelt, sogar das strömende Gewässer – alles ist bunt, wechselt die Farben. Merkurisch ist selbstverständlich die Fülle der entsprechenden Gegenstände, von denen man annehmen kann, daß sie durch menschliche Kunstfertigkeit ihr Aussehen verändern und dadurch auch an Handelswert zunehmen.

Die Beleuchtung, die in Merkurträumen herrscht, ist häufig eine unruhige Silberfarbe. Bei Agrippa wird uns übereinstimmend von der Erscheinungsart der Merkurgeister versichert: »Die Farbe ist hell, die Bewegung gleich einer Silberwolke.« Solche Auffassungen erklären uns, warum man als Metall dieses Planeten in der Regel das schimmernde, bewegliche Quecksilber wählte und es häufig geradezu »Merkur« nannte.

Vom beweglichen Quecksilber waren die alten Alchimisten und Astrologen fest überzeugt, daß es nahe beim Gold (Aurum) stehe. Ihre Bücher enthielten darum eine Unzahl von schwerverständlichen Anleitungen, wie man es »fest« machen und dann in das wertvolle Edelmetall umwandeln könne. Dies erklärt uns die Tatsache, daß ja auch einige der wichtigsten Merkursteine (Topas, Achat) trotz ihrer oft verwirrenden Buntheit besonders dann geschätzt werden, »wenn in ihnen die Farbe gelb vorkommt«. (Dies geht so weit, daß verschiedene der Erforscher der Glücksbringer und ihrer Wirkungen geradezu gelb als die Merkurfarbe bezeichnen.)

Als ich Material über die Deutung der Traumsymbole sammelte, konnte ich sogar aufschreiben: »Gelb ist die Farbe von Gold und Sonne. Spielt sie in einem Traum die wichtigste Rolle, dann verkündet sie die Zunahme des Wohlstandes.«

In den Tarotkarten, die zweifellos bis ins Mittelalter zurückreichende Überlieferungen enthalten, beherrscht der Merkur die beweglichen, bald silbrig oder bunt, dann wieder gelb oder goldigglänzend dargestellten runden Geldmünzen. Diese stehen wiederum mit dem Erdelement in Verbindung, das als Entstehungs- und Aufbewahrungsort der meisten unserer Reichtümer gilt. Träume von natürlichen oder auch von Menschen im Boden versenkten Schätzen, ihrem Gewinn durch Erdgeister oder auch durch menschliche Arbeiter und natürlich auch ihrer Verwendung gelten darum meistens ebenfalls als »merkurisch«. Für die Traumdeuter gelten solche Gesichte, besonders wenn man sie auf den »Merkur-

Den Merkur versah man an Kopf und Füßen mit Flügeln, dem Zeichen seiner Beweglichkeit »im Geist und in der Materie«.

tag Mittwoch« hin hat, als Hinweise auf wertvolle Nachrichten, die zu einem leichten Gewinn führen können.

Als merkurisch gelten bei Agrippa und seinen Jüngern alle Orte, an denen es, selbstverständlich nicht zuletzt wegen des Handels im weitesten Sinn, sehr bunt und farbig zugeht, also alles möglichst rasch seinen Besitzer wechselt. Die Zuordnung zur gleichen Planetenkraft gilt auch für Plätze, an denen die Menschen ihre Intelligenz entwickeln und schulen können, was ihnen schließlich die Grundlage für ihre wirtschaftlichen Vorteile verschafft. Das wären also Kaufläden, die Märkte und ähnliches. Heute müßte man selbstverständlich vor allem auch Banken, Börsensäle, die Räume von Zeitungen und anderen Massenmedien anführen, ohne die die raschen Bewegungen des Zeitgeistes und damit der Moden gar nicht denkbar wären. Als merkurisch gelten auch die Werkstätten von Industrien, an denen aus der Natur gewonnene Stoffe für ihren verwirrend mannigfaltigen Gebrauch umgewandelt werden. Merkurisch sind selbstverständlich auch die Schulen aller Stufen. Wenn sich ein Traum mit dem Betreten eines der aufgezählten Orte ankündet, werden noch heute die meisten Traumdeuter im Sinn der alten Überlieferungen behaupten, sie hätten vor allem etwas mit der Geisteswelt der Merkurkraft zu tun.

Als »Merkurgeister« gelten den okkulten Philosophen Menschengestalten von mittlerer Größe, mit kaltem, feuchtem aber schönem Körper; sie sind gesprächig . . . Auffallend sind ihre häufig bunten Kleider und ihre bereits erwähnte Beweglichkeit. Eins ihrer weiteren Merkmale ist ihr plötzliches Erscheinen, ihre allgemeine Unruhe und rasche Verwandlungsfähigkeit. Dies erklärt wohl die ebenfalls bei Agrippa vorhandene Behauptung, daß sie bei ihrem Auftauchen zuerst oft »Schrecken einjagen«.

Das Reich der Jupiterkraft

Das astrologische Jupiterzeichen, »ein Kreuz mit einem starken Haken auf der einen Seite«, deuten die einheimischen Wahrsager, die eine lange Ahnenreihe von Vorläufern zu besitzen scheinen, als die vereinfachte Darstellung des Blitz- und Donnergottes Jupiter: Der senkrechte Strich wäre ein Hinweis auf den stehenden Mann, der Haken seitwärts ein Hinweis auf dessen »Feuerszepter«, den Zacken-Blitz, den Donnerhammer in seiner Hand. Auch auf alten Darstellungen der Gewittergötter der indogermanischen Stämme wird der Blitz in den Händen des Götterkönigs, den die Völker bei ihren großen Wanderungen anriefen, gern zum Szepter stilisiert.

Dies gilt für die europäischen Griechen und Lateiner wie für die Inder der Urzeit, deren Indra bis in viele Einzelheiten hinein an die Gestalten der wesensverwandten abendländischen Mythologien mahnt, also an Jupiter, Zeus, Thor, Donar, Perun, Perkunas. An den »Zauberstab aus Himmelsfeuer« erinnerten zweifellos auch die reich mit Edelsteinen geschmückten Szepter in den Händen der alten Herrscher, die schließlich ihre Macht als von göttlichen Mächten verliehen betrachteten.

Der »jupiterische« oder »joviale« Mensch sieht als den höchsten Sinn der Welt die Begründung einer kosmischen, also auf ewigen Gesetzen ruhenden Ordnung: Als ihr Erhalter und Beschützer, Helfer und Errichter von Staaten und Gemeinwesen erscheint in den indischen heiligen Büchern der Veden der Donnergott Indra, ganz ähnlich wie die Blitzkönige in den großen Sagen Europas.

Agrippa von Nettesheim lehrte: »Dem Jupiter gehören unter den Elementen die Luft, unter den Säften das Blut sowie der Lebensgeist; auch alles, was auf die Ernährung sich bezieht. Unter den Geschmäckern die süßen und lieblichen.« Dies ist nach alter Auffassung das Wesen eines leutseligen Herrschers: Er zieht den Segen »von oben« sozusagen an und verteilt ihn gerecht und großzügig unter den Wesen, die zu ihm aufschauen. Von seiner Höhe überwacht er »adlergleich« die Bewegungen der verschiedenen Machtgruppen in seinem Reich: auf daß keine unter ihnen aus einseitigen Überzeugungen heraus die anderen verge-

König Jupiter und stilisiertes Zeichen für Jupiter in der Astronomie.

waltige und die Möglichkeiten ihrer unabhängigen Entfaltung unterdrücke.

Das schweizerische »Planeten-Büchlein«, aus dem Auszüge lange in den Händen einheimischer Heiler und auch Maler der Sinnbilder an Bauernhäusern zu finden waren, faßt über die »Jupiter-Kinder« zusammen: Sie seien »weltweise (also weise, was die Angelegenheiten ihrer Umwelt angeht – S. G.) und vernünftig«. Weiterhin vernehmen wir aber: »Legt jedoch Leib und Seele an das zeitliche Gut, ist falsch.« Auch hier muß man wissen, daß diese Worte während der lebensfeindlichen Stimmungen der Reformationszeit niedergeschrieben wurden, da man vielfach dazu neigte, jeden Versuch, eine Ordnung im Diesseits zu errichten, von vornherein als falsch anzusehen. (Der gleiche volkstümliche Astrologe dichtete sogar: »Drum meine Seele, sehne dich / Nach dem, das bleibet ewiglich; / Hier ist kein Ruh zu finden.«)

Das »falsch« Reden bedeutet im übrigen die Fähigkeit des stark von Jupiter Beeinflußten, oft vorsichtig taktisch, also klug berechnet und zweckdienlich, im Sinn seiner weitreichenden Pläne – meistens aber im Dienst seiner ganzen Gemeinschaft – zu reden. Noch im 17. und 18. Jahrhundert war man der Meinung, daß die »Kinder« dieser Himmelskraft ein »schönes, breites Angesicht« und »langes Haar« besäßen. Im Wesen seien sie »barmherzig«, also auch in ihren soeben erwähnten Listen von einem Wohlwollen für ihren ganzen Kreis, für den sie sich verantwortlich fühlen, bewegt.

Weiter vernehmen wir im gleichen Sinn: »Hat die Weiber lieb (man vergleiche all die Liebesgeschichten um die alten indogermanischen Donnergötter Indra, Zeus und Jupiter – S. G.) und auch die Frommen, kann guten Rat geben, hat Gerechtigkeit lieb, liebet die Blumen, ist allzeit fröhlich, hilft auch öfters gern den Leuten.« So der alte Volks-Astrologe Hans Rudolf Grimm.

Im Heiligtum des Donnerstags

Die mittelalterliche Überlieferung von Damaskus behauptete, das dortige, für die ganze islamische Welt so wichtige Heiligtum sei ursprünglich von den Sternen-Verehrern für den Jupiter erbaut worden, dessen Tag der Donnerstag sei. Der aus Ägypten mit seinem Nomadenvolk einwandernde Moses habe es erst nachträglich »in ein Bethaus der Juden umgewandelt, und zwar bis zur Zeit der Entstehung des Christentums, zu welcher Zeit es zur Kirche gemacht wurde, bis zur Zeit des Islams, worauf er dann zu einer Moschee umgewandelt wurde. Dieser Tempel war also rund 4000 Jahre lang ein Betort.« Unabhängig vom Wechsel der herrschenden Religionen hätten sich im syrischen Vorderasien die Überlieferungen von den ursprünglichen Bräuchen des Landes erhalten.

Entsprechend der Bedeutung der Jupiter-Kraft habe der Tempel ganz in der ihr zugeordneten Farbe geleuchtet: »Gebaut ist er aus grünen Steinen; die Wände sind grün angestrichen und mit grünen, seidenen Vorhängen behangen.« Das Bild des Jupiter sei aus dem diesem zugeordneten Metall Zinn gewesen, »oder aus einem Stein, der auf Jupiter Bezug hat«.

Über die Art der orientalischen Magier, diesen Gott darzustellen, belehrt uns das Buch Picatrix: »Apollonios der Weise sagt, daß er die Gestalt eines Mannes hat, der Gewänder trägt, in denen er sich einhüllt. Er sitzt auf einem Adler, mit den Füßen auf den Schultern des Adlers.«

In diesem Sammelwerk gibt es auch Nachrichten aus dem riesigen Raum von Spanien bis Indien, darunter auch oft stark abweichende Schilderungen des so geschätzten Jupitergeistes. So gravierte man etwa auf einen Glücksstein »von grünem Korund das Bild eines Mannes mit Löwengesicht und Vogelfüßen. Unter seinen Füßen ist ein Drache mit einem Kopf. Er (Jupiter) hat eine Lanze in der Rechten, mit der er in den Kopf des Drachen sticht . . .« Möglicherweise konnte diese Lanze mit dem Blitz in den Händen der antiken Jupiterbilder zusammenhängen, und der Adler (oder Drache), auf dem er unbesiegbar reitet, mit den wunderbar gebildeten Wolken, diesen Reittieren, Thronträgern und Luftschiffen der alten Gewittergötter.

Ebenfalls auf dem Korundstein bildete man ihn, wohl als Herr der vier Elemente, die die irdische Welt bilden, als einen gekrönten Mann ab, »auf einem Thron mit vier Füßen, deren jeder auf dem Nacken eines stehenden Mannes steht. Die Männer haben Flügel,

Jupiter, der Herr des Donnerstags (französisch jeudi), mit Blitzpfeilen, Herrscherstab und seinen Tierkreiszeichen Schütze und Fische.

und er (Jupiter – S. G.) hat betend die Hand erhoben ...« Im uralten Orient, so wird uns versichert, habe man zum Jupiter am Donnerstag gebetet: »O du Herr des Guten, der das Böse nicht kennt, sondern selbst das beglückende Glück und Spender des Glücks ist.«

Der Franzose Desbarolles, ein Kenner des romantischen Okkultismus des 19. Jahrhunderts und auch einiger Zigeunerkünste, zeichnete als Jupiter-Sinnbild ebenfalls einen Herrscher auf dem Thron, der stolz mit der Rechten sein Szepter emporhält. Verehrend knien vor ihm die Männer. Um ihn herum ist alles, was man unter »Königtum« (royauté) verstehen kann, also mit dem Stolz und dessen Befriedigung zu tun hat, dem Ehrgeiz, anerkannt zu werden, »dem Gelingen im Gewinn von Ehren«.

Diese Kraft suchten nach dem orientalischen Dabistân vor allem Männer, die nach hervorragenden Stellungen trachteten oder sie bewahren wollten: Gelehrte, Edelleute, Vertreter der weltlichen und geistlichen Obrigkeit, Berater von bedeutender Wichtigkeit, Richter. Die Verehrer, die die Jupiter-Kraft brauchten, beteten etwa: »Heil über dich, du erhabener, herrlicher, großer Stern, du Gütiger, der du Sorge trägst für die Angelegenheiten der Wissenden und den Geistern der Reinen einen Weg bahnst ...«

Sein Grundwesen wird sehr ausführlich in folgender orientalischer Anrufung geschildert, in der es unter anderem heißt: »... Herr des schönen Lobpreises, der Duldsamkeit, des Respekts, der Versöhnung, der Überwindung, der Gunsterweisung, des Gelingens, des Siegs, der Herrschaft, der Regierungsgewalt, der Könige, der Edlen und Großen, des Begehrens nach Geld ..., der Almosen, der Freigebigkeit, der Gabe, der Unterstützung des Menschen zum Guten, der Liebe zum Kulturland und bewohnten Stätten, der Barmherzigkeit gegen die Menschen, der Treue im Vertrag, der Erstattung des anvertrauten Gutes, des Scherzes, der Fröhlichkeit, der Pracht, der Form, der Freude, des Lachens, des vielen Redens und Zungenwetzens (also offenbar des fröhlichen Geplauders, ebenfalls als Teil des Lebensgenusses, S. G.), der Liebe zum Beischlaf und zum Guten, des Abscheus vor dem Schlechten, des Anhaltens des zu Billigenden und des Abhaltens des zu Mißbilligenden.«

Eigenart und Berufe der Jupiterkinder

Der Planet Jupiter galt den alten Astrologen als »warm und feucht«, und damit dessen gesamte Welt nicht nur in ihrem Wesen sinnlich, sondern auch von einer starken Ausstrahlung auf die Mitmenschen, damit außerordentlich gesellschaftsbildend. Als »jupiterisch« galt, wie man schon den orientalischen Schilderungen der entsprechenden Tempel entnehmen konnte, ein züchtiges, sittliches, friedliches, glückseliges, gerechtes, kunstreiches, vornehmes, in seinem ganzen Erscheinungsbild wie ein schönes Gemälde wirkendes Geistesleben. Als jupiterisch betrachtete man »ein hübsch rosiges Angesicht, als ob es zum Lachen gerichtet wäre«. Jupiterhafte Menschen können um sich einen Lebensstil der Freude aufbauen und diese Lebenslust auf ihre Umgebung ausstrahlen.

Ihre Neigung zum fröhlichen Zeitvertreib hat man in entsprechenden bildhaften Darstellungen festgehalten. Man zeichnete etwa ein buntes Hofleben oder eine Lustbarkeit im Wald, also in der grünen Natur. Die von der adligen Gesellschaft als Vergnügen empfundene Jagd war hier weniger ein angestrengter Kampf um den Lebensunterhalt, wie es sich ein Spätgeborener der Stadtzivilisation vielleicht vorstellt; es war auch kein grausamer Sport. Den Jäger mit Jupitercharakter zeichnete man deshalb mit einer schö-

Die »Jupiterkinder« verwandeln ihr ganzes Dasein in ein Kunstwerk, verschönert durch sinnvolle Unterhaltung.

nen Dame im Sattel; das Ganze war also eher ein gemeinsamer Lebensgenuß in der Natur und gleichzeitig die Aufrechterhaltung des notwendigen Gleichgewichts in Wald und Feld.

Die Waffen und Rüstungen, in denen man einst gern jupiterhafte Männer malte, sollen auch deutlich ein würdiger, geschmackvoller »königlicher« Rahmen für ihre Erscheinung sein, nicht wie bei den »Helden des Mars« ernsthafte Wehr für harte Kämpfe. Die Jünger der mittelalterlichen Sternverehrung wandten sich deshalb an Jupiter nicht nur, wenn es um ihren Nutzen in der Welt der Hochgestellten, Angesehenen, Mächtigen und Gebildeten ging, sondern in allen Angelegenheiten, bei denen man mit Weisheit und entsprechender Voraussicht gute Beziehungen gewinnen und einen erfreulichen friedlichen Zustand erhalten wollte.

Eine uns sehr einleuchtende Schilderung der Welt der Jupiterkraft fand ich bei Georg von Welling, auf den sich im übrigen, wie man mir mehrfach in der Schweiz erzählte, geschlossene esoterische Kreise noch um die letzte Jahrhundertwende stützten. Er lehrte von dieser Kraft: »Macht aufrichtige, andächtige, berühmte, gerechte, guttätige, annehmliche (also in ihrer Wirkung für ihre Zeitgenossen in jeder Beziehung angenehme – S. G.), getreue, wahrhaftige, großmütige Herrscher (Regenten).«

Solche Vertreter der Jupiterkraft mußten für ihn auch in ihrem Wesen verantwortungsbewußt und idealistisch sein, auf dem gesamten von ihnen beherrschten Gebiet »nach hohen Dingen trachten«. Deshalb ist die Kritik unberechtigt, die die Lehre von den sieben Sternen-Typen durch den kindischen Hinweis zu widerlegen versuchte, sie hätte früher den königlichen Menschen als Leitbild genommen – während doch heute die Fürsten weitgehend abgeschafft worden seien. Jemand mit Überblick, Ausstrahlungskraft im Umgang mit den Menschen und Sinn für Verantwortung für alle Leute in seinem Umkreis ist auch heute überall notwendig, unabhängig davon, für welchen Tätigkeitsbereich er zuständig ist.

Jupiterisch bezeichnete Georg von Welling seine Zeitgenossen »mit vernünftiger Mäßigkeit (moderation), die ihre Geschäfte wohl verstehen, weise, ordentlich lebende, freimütige, freigebige, geschickte Menschen«. Die Seelenkräfte, die eine solche Grundhaltung möglich machen, rief man an, wenn man auf peinliche Zustände stieß, in denen die entsprechende Ordnung zu ihrem Gegenteil entartet war, wenn man erkannte, daß die Macht in den Händen von »unmäßigen« Leuten lag, die bei der Verwirklichung ihrer Ideen keine Rücksicht auf das Wohlergehen ihrer Umgebung nahmen, und in den Händen von Herrschern, die ihre Pflichten verletzten, aus maßlosem Hochmut Dinge wagten, auf die sie sich nicht ernsthaft vorbereitet hatten, die nicht ordentlich lebten, sondern heimlich genau das betrieben, was sie ihren Untergebenen verboten.

Von den grünen Kraftsteinen

Die Zuordnung der Steine von grüner Farbe zum Donnerstag und dessen Planet Jupiter, die man unter den Anhängern der orientalischen Sternenreligion finden kann, fand ich in europäischen Büchern eher umstritten; doch auch in ihnen stehen sie vielfach in Beziehung zu besonders angenehmen Gedankengängen, zur mit Ehren verbundenen Lebensfreude, zur Lust am großzügigen Genuß des Daseins.

Zuerst wäre hier der vor allem als »grün« gesehene Türkis zu nennen, mit dessen Namen der mittelalterliche Mensch auf dessen Herkunft aus türkischen Ländern hinwies. Wegen der großen Ausdehnung, die die Reiche der sprachverwandten türkisch-tatarischen Stämme zeitweise hatten, war das Wort »türkisch« für unsere Vorfahren oft gleichbedeutend mit »orientalisch«. (Wie wir schon mehrfach erwähnten, waren sogar die russischen und polnischen Fürstentümer noch das ganze 17. Jahrhundert hindurch an die mit dem türkischen Reich locker verbundenen Krim-Tataren tributpflichtig.) Der Türkis war also für die westlichen Europäer lange der Stein, den sie mit den Herren der ihnen damals bekanntesten mächtigsten Reiche der Welt in Gedankenverbindung brachten. »Man trug Türkise«, auch das hörte ich von einem astrologiekundigen Russen türkisch-tatarischer Herkunft, »weil man glaubte, sie brächten ihrem Besitzer etwas von der prächtigen Traumwelt der Herrscher des Morgenlandes«.

Das Tragen von Türkisen als Schutzsteine durch vornehme Türken, Tataren, Perser und Afghanen, wobei der Brauch anscheinend auch (sicher durch zeitweise Durchdringung der Kulturen) beim russischen Adel verbreitet war, sollte vor allen schlechten Einflüssen schützen. Im europäischen Okkultismus der Gegenwart ist man überzeugt, daß der Türkenstein hellseherische Fähigkeiten verleiht und überhaupt gewisse magische Anlagen steigert.

Zum Jupiter gehört nach Agrippa auch der Jaspis, von dem in der Vergangenheit offensichtlich vor allem jener von besonders schöner grüner Farbe geschätzt wurde. In der »Lithika« des Orpheus, in der vieles vom Steinglauben der Antike zusammengefaßt ist, steht: »Wer mit dem geglätteten frühlingsfarbenen Jaspis kommt und Opfer bringt, erfreut das Herz der Götter, und sie werden ihm die dürren Felder mit Wolken tränken.«

Nach dem deutschen Nibelungenlied trug der Held Siegfried einen Jaspis im Knauf seines magischen Schwertes Balmung – er war »grüner denn Gras«.

Wittich behauptet, daß »viele sagen«, der Jaspis lasse die Menschen, die seine Wunderkraft kennen, »angenehm, mächtig und sicher« werden. Auch von diesem Stein wird uns noch heute versichert, daß er »Hellsehen und Wahrträume« bewirke. Nach der heiligen Hildegard von Bingen half er den Menschen, die erschreckende Traumbilder hatten. Wenn sie den Stein bei sich hatten, blieben solche Gesichter ihnen fern, und sie konnten ihre Ruhe genießen.

Jupiterisch ist bei Agrippa der wegen seiner grünen Farbe geradezu sprichwörtliche Smaragd. Von den alten Herrschern wird uns versichert, daß sie besonders ihre Kinder solche Steine tragen ließen, weil sie von ihnen den Schutz für deren Gesundheit erwarteten. Der Smaragd stärkt eben nach dem alten Glauben »das Gehirn, stillet die Bewegung des Gemüts, und wer ihn unter der Zunge hält, der soll von zukünftigen Dingen reden können. Er ist auch dem Gesicht (also dem Sehsinn – S. G.) sehr dienlich. Desgleichen, so man ihn trägt, bringt er dem Herzen gute Gefühle (affecten), macht Freude, friedsam und andächtig, gibt auch Liebe und Lust zu den Studien . . .« (Wittich). Auch heute empfiehlt man ihn noch gegen »schwere Träume und Alpdrücke«.

Zu den grünen Steinen rechnete man auch den Serpentin. Von diesem war man überzeugt, daß er die Schlangen und überhaupt giftige Wirkungen vom Menschen abhält. Schutzwirkungen hat man mit grünem Jade in Verbindung gebracht, und es ist möglich, daß man von Steinen dieser Art schon in vorgeschichtlicher Zeit heilende Kraft erwartete. Obwohl man aus dem alten Europa, besonders aus der Schweiz, Prunkbeile aus Jadeit kennt, kommt die moderne Liebe zum grünen Jade – als Mittel für prächtige Träume – wahrscheinlich aus der hohen Schätzung der entsprechenden Steine (Yü) in der Hofkultur und der Mythologie von Ostasien.

Traumbilder des Jupiter

Der Eintritt in die Jupiterwelt wird in den Träumen durch großartige, prächtige, meistens dazu noch harmonische Bilder dargestellt. Sie zeigen uns stets Orte, die Weite haben und von denen wir gleichzeitig das Gefühl haben, daß man an ihnen in jeder Beziehung ruhig und sicher seine Zeit verbringen kann.

Der Jupiter gilt als der König der Luftgeister, und so als der Herr aller glänzenden, reinen, mit mannigfaltig erfreulichen und gesunden Wohlgerüchen erfüllten Plätze. Es gehören dazu, wie wir es in den alten Büchern lesen, die Stätten der höheren Bildung und die Plätze der Versammlung der oberen Vertreter der Regierung. (Letzteres wird uns nur verständlich, wenn wir im Orient wie auch in europäischen Gegenden, die von den letzten Weltkriegen und der gleichschaltenden Bauweise weitgehend verschont geblieben sind, die Denkmäler der entsprechenden Architektur betrachten. Man gestaltete solche Plätze bewußt möglichst großzügig, »königlich« weitläufig, und versuchte, an ihnen die Gegebenheiten der Natur und das Menschenwerk zu einer harmonischen Einheit werden zu lassen.)

»Jupiterisch« sind nicht nur im Traum solche Räume, die den Eindruck von Freiheit und Lebenslust erzeugen, sondern damit soll alles zusammenhängen, was die Alten als »sanguinisch« be-

Den Jupiter umgab man gern mit Sinnbildern einer Weisheit, »die das Herz fröhlich macht«.

zeichneten, also alles, was einen freudig, fröhlich, leichtlebig stimmt. Sanguinisch gestimmt fühlen wir uns in Gegenden und durch menschliche Kunst entstandenen geschmackvollen Gemächern, die uns ermöglichen, »den Himmel voller Geigen« zu empfinden. Jupiterisch sind im Traum auch großartige Erscheinungen der Luftwelt, wie vor allem Blitz und Gewitter, bei denen nach uralten Vorstellungen der Donnergott, mag er nun bei den verschiedenen Völkern Zeus, Jupiter, Thor, Perun oder Indra heißen, die himmlische Lebenskraft die Erde durchdringen läßt, auf daß alles wächst und erblüht.

Die Erscheinungen, die mit dem Jupiter zusammenhängen, sollen darum in der Regel »sanguinische« Gestalten zeigen, also in jeder Beziehung lebensfreudige Wesen. Die Jupitergeister erscheinen nach dem umstrittenen vierten Band des Agrippa von Nettesheim mittelgroß, »sanften Blicks, sanft sprechend«. Dieser Hinweis ist schon darum bemerkenswert, da wir gleichzeitig die Bemerkung lesen, daß sie ebenfalls mit Blitz und Donner verbunden auftauchen können. Auch wird behauptet, daß sie gelegentlich ein Bild des cholerischen, also feurig-leidenschaftlichen Wesens offenbaren können. Schauen und reden sie aber gleichzeitig »sanft«, so soll dies bedeuten, daß sie in jedem Fall (dies im Gegensatz zu marsischen oder merkurischen Bildern) einen Eindruck der inneren Ruhe, der Beherrschtheit, des inneren Gleichgewichts vermitteln.

Als besonders jupiterisch galten Agrippa und seinen Jüngern zum Beispiel folgende Gestalten, die vor ihnen in ihren magischen Zuständen auftraten, wenn sie die entsprechende Urkraft zu ihrer Unterstützung hervorzurufen versuchten: »Ein König, auf einem

Hirsch reitend, mit entblößtem Schwerte. Ein Mann, der eine Mitra trägt, in langem Kleide. Ein Mädchen, mit einem Lorbeerkranz und mit Blumen geschmückt.« Wiederum erkennen wir aus solchen Beispielen, daß man mit dem Gestirn des Donnerstags alle Eindrücke zusammenbrachte, die uns an großartige, hochgemute Stimmungen und Menschen, die sie ausstrahlen, erinnern. »Die uns das Herz aus stolzer Begeisterung und Lust schneller schlagen lassen«, wie mir ein Anhänger der volkstümlichen Astrologie erklärte.

Es ist, wenn wir von jupiterischen und venusischen Sinnbildern reden, sehr auffallend, wie sie sich häufig miteinander vermischen, ineinander übergehen. Auch hier erklärte es mir ein alter Kenner der Wahrsagekünste: »Der Jupiter und seine Macht öffnet uns sozusagen das Tor zum Garten der Liebesgöttin. Dank ihm erhalten wir erst die Möglichkeiten, unser Leben im Sinn unserer Wünsche meistern und einteilen zu können; dank ihm bekommen wir die dafür notwendige Lebenskraft, für die seit jeher ›das Feuer in der Luft‹, also der Blitz, das sprechende Symbol war. Haben wir die Macht des Jupiter, dann können wir uns erst mit venusischen Dingen abgeben, also mit der Pflege von gutem Geschmack, Schönheit und Kunst, mit denen man die sanguinische Lebenslust steigern kann.«

Das Reich der Venuskraft

Das Venuszeichen ist ein Stab mit einem querliegenden Balken oben, von einem Kreis gekrönt. Ein Astrologe und Wahrsager in Paris erklärte mir dies als »den stehenden Menschen mit ausgebreiteten Händen, der bereit ist, allen Segen der Welt zu empfangen«. Der Kreis oben wäre eine Art Heiligenschein um sein Haupt, also die Fähigkeit, die Freuden der göttlichen Schöpfung zu erkennen und auch zu genießen.

Sonst wird das alte Zeichen auch als Spiegel gesehen, den die Göttin Venus auf vielen ihrer Bilder in den Händen hält. Dies soll freilich nicht nur ihre Eitelkeit bedeuten, »weil sie sich nur mit ihrer Schönheit und ihrem Schmuck beschäftigt«. Der Spiegel gilt auch als Sinnbild der Selbstbetrachtung, des Erkennens seines tiefsten Seelenwesens. Er ist seit jeher, genau wie die Kugeln aus Bergkristall, ein Mittel der echten Wahrsager, durch Meditation den Sinn der Welt zu erkennen.

Agrippa schrieb: »Unter den Elementen gehören der Venus die Luft und das Wasser; unter den Säften der Schleim nebst dem Blut und dem Samen; unter den Geschmäckern der süße, fette und angenehme . . .« Nach Georg von Welling wirkt die Venuskraft vor allem in »schönen, wohlgestalteten, fröhlichen Liebhabern aller Lustbarkeiten«. Sie sind barmherzig, friedliebend, zu aller Wollust geneigt. Sie hassen Zank und Zorn und sind andächtig.

Diese Art von Frömmigkeit, die das Göttliche lobt, weil es die Welt alles in allem mit viel der Freuden für die sterblichen Wesen erfüllt hat, war freilich seit jeher für die Ideologen der Lebensfeindlichkeit sehr verdächtig. So ist es verständlich, daß im schon mehrfach erwähnten »Planeten-Büchlein« von 1716, also unter der Herrschaft von engen Sittenwächtern und Ketzerverfolgern, die »Venus-Kinder« eher mißtrauisch geschildert werden. Sie seien »unfruchtbar, doch geil und unkeusch«, heißt es zum Beispiel. Sie betrachteten nicht als einzigen Zweck der Liebe nur die Kindererzeugung.

Weiter vernehmen wir von den Venusleuten: »Hat zu niemand rechte Liebe, seine Gedanken sind ausschweifend.« Das erste bezieht sich auf einen zum sogenannten höflichen und höfischen

Frau Venus
und Venussymbol

Wesen neigenden Charakter. Der Venus-Mensch betrachtet gern Menschen als Spielgefährten, pflegt mit ihnen möglichst geschmackvollen gesellschaftlichen Umgang, versucht aber, sie nicht zu nahe an sich herankommen zu lassen. Die zweite Behauptung verweist auf die von den Astrologen vielfach den »Venus-Kindern« zugeschriebene Gabe der Phantasie, die Kunst, »Wolken-Paläste« zu bauen, was man auch gern als Fata Morganas bezeichnete. (Die Fata oder Fee Morgane ist eine Art Venus der keltisch-mittelalterlichen Sagenwelt.)

Der anschließende Hinweis auf die »Wankelmütigkeit« des Wesens der Venusier ist offensichtlich zu den vorangegangenen Behauptungen ergänzend zu verstehen. Der Venus-Mensch spielt nach den Traditionen der Wahrsager gern mit seinen Gedanken und Träumen, schreckt aber meist zurück, wenn man seine Ideen in die Wirklichkeit umsetzen will. Verwirklichungen in der irdischen Materie würden ihm viel Zeit rauben, die er für seine meist launigen und anregenden Gedankenkünste braucht.

Im übrigen vernehmen wir noch als Zusammenfassung der Überzeugungen des 17. und 18. Jahrhunderts von den Menschen, bei deren Geburt und Entwicklung die Venuskraft wirkte: »Ist scherzhaft, doch züchtiger Red und fröhlichen Gemüts; liebet alles Singen und Spielen auf den Instrumenten, besonders auch die schönen Kleider.« Die Kunst ist also für ihn nicht für die Ewigkeit, die Nachwelt oder fachkundige Betrachter gemacht. Sie ist dazu da, aus der Phantasie heraus den schönen Augenblick vollkommen zu gestalten, also einen Eindruck zu erschaffen, der genau gleich gar nicht wiederholbar ist, der aber allen, die ihn mitgenießen durften, lange in der Seele bleibt.

Die schöne Herrin des Venussterns und des Freitags (französisch vendredi) mit Spiegel, Lebensbaum und ihren beiden Tierkreiszeichen Stier und Waage.

Im Heiligtum des Freitags

Am Freitag gingen die »Sternen-Anbeter«, die Sabäer, in den Tempel der Venus. Die orientalischen Quellen enthalten eine Reihe von Hinweisen, die uns zeigen wollen, wie sehr dieser Kult im Altertum nicht nur über Vorderasien, sondern um das ganze Mittelmeer herum verbreitet war. Ein Heiligtum habe es in Hierapolis gegeben und eines sogar im spanischen Andalusien. Die ägyptische Königin Kleopatra habe es angeblich gegründet. Solche Vorstellungen scheinen bis in unsere Gegenwart hinein nachzuwirken.

Ein Zigeunermusiker aus Südfrankreich versicherte mir, daß auch der Adel aus der Provence und Katalanien »früher zu seinen Festen gern fahrende Musiker und Tänzerinnen aus Andalusien einlud, das bei ihm immer noch als das Land der Venus galt. Nicht nur wegen ihrer Kunst schätzte man solche Menschen, sondern wegen ihres ganzen Wesens, ihrer Ausstrahlung. Man glaubte geradezu, daß sie den ganzen Zauber, den man sich in der Liebe wünschte, mit sich brachten.«

Die Venus habe man in ihren Tempeln, offenbar unabhängig davon, ob sie in Europa, Nordafrika oder Asien standen, folgendermaßen angerufen: »Wir sind zu dir gekommen, o du aufregende, beglückende, ausgelassene und freudige Herrin!« Das ganze Heiligtum war in jedem Fall der Mittelpunkt einer der Liebesfreude geweihten Kunst: »Im Tempel befinden sich verschiedenartige, aufregende und ergötzende musikalische Instrumente, und die Dienerschaft des Tempels, von denen die meisten jungfräuliche Mädchen sind, hört nicht auf zu singen und auf musikalischen Instrumenten zu spielen.«

Mitten im Venustempel befand sich ein Thronsessel mit fünf Stufen, auf denen die Darstellung der Planetengottheit aus Kupfer saß. Über die Art der Venusbilder haben wir in den Büchern der orientalischen Magie recht viele Angaben, die sie in Verbindung zu leicht verständlichen Symbolen bringen: »Apollonios der Weise sagt, daß sie die Gestalt einer stehenden Frau hat, mit einem Apfel in der rechten Hand. Nach dem ›Buch der Erklärung der pneumatischen Talismane‹ hat sie die Gestalt einer stehenden Frau mit einem Apfel in der Rechten und einen Kamm in der Linken.« Man findet Darstellungen dieser Art auf den berühmten Glückssteinen, mit denen man sich nicht nur die Zuneigung des andern Geschlechts, sondern auch die der andern Wesen überhaupt zu gewinnen hoffte. »Man graviert gleichfalls auf einen Lasurstein das Bild einer stehenden Frau mit einem Apfel in der rechten Hand.«

Die Bilder dieser Art, stets ausdrücklich als Erbe der Urzeit und des Altertums geschildert, wirkten nicht nur im Mittelalter und in der Renaissance nach. Das deutsche, noch während der Romantik wohlbekannte Zauberbuch des 18. Jahrhunderts versichert sogar von seinen magischen Darstellungen der Venusfrau: »Das Wunderwürdigste aber an diesem Bilde war, daß ob es schon durch seinen Einfluß (seiner Influenz nach) zur Liebe gewaltig gegeneinander reizte, es dennoch keinen unreinen Menschen oder einen, der nicht keusch lebte, vertragen oder leiden konnte . . .« Leute, die der Unzucht lebten, verloren also angeblich die Fähigkeit, von der Venus eine Steigerung ihrer Kräfte zu erleben.

Der Göttin sollen nach dem Dabistân vor allem Damen der Oberschicht, fromme und wohltätige Menschen, Künstler und Kunsthandwerker wie Maler, Musiker und Goldschmiede nahen. Die Gebiete, die die Venus regiert, wurden im Buch Picatrix unter anderem in folgenden Stichworten geschildert: Reinlichkeit, Scherz, Liebe zum Gesang, Spiel, Lachen, Schmuck, Freude, Tanz, Flötenspiel, Bewegung der Lautensaiten, Hochzeitsfeiern, musikalische Kompositionen, Wohlgerüche, Gesellschaftsspiele, darunter Schach. Leichtsinn, Müßiggang, sinnlich-lüsterne Gespräche, sich Wohlfühlen im Kreis der Frauen, höfisches Benehmen, Edelmut (also Ritterlichkeit), Freigebigkeit, Freiheit der Seele, Nachsicht, angenehmer Charakter, Schönheit, Pracht. Liebe zu berauschenden Getränken und anderen »Drogen« (von denen man eine Luststeigerung erwartete). Neigung zum Geschlechtsleben mit Phantasie, Liebe zu Kindern, Liebe zur Unterhaltung auf der Straße (hier muß man sich das bunte Treiben in den alten orientalischen und griechischen Städten vorstellen), Liebe und Liebeswerben, Flechten und Schmücken von Kränzen, Herstellung von Kronen (war in Altertum und Mittelalter ein Höhepunkt des Kunsthandwerks), süße Rede, Freude an schönen Dingen aller Art, Herstellung von Farben, Goldschmiedekunst, Aufenthalt in Gotteshäusern (was bei verschiedenen Religionen neben der Befriedigung der Frömmigkeit auch höchsten Kunstgenuß bedeutete).

Alle Menschen, denen es um solche Dinge ging, versuchten vor allem am Freitag, mehr Venuskräfte zu gewinnen.

Eigenart und Berufe der Venuskinder

Die Göttin des Venussterns wurde besonders in der aristokratischen Kultur hoch verehrt, und dort, wo der entsprechende Lebensstil fast bis in die Gegenwart überlebte, sah man selten Gärten, Festräume oder künstlerisch gestaltete Schlafzimmer ganz ohne ihre Darstellungen. Sie gilt als feucht und kalt. Aus dem ersten Teil dieser Kennzeichnung erklärte man ihr sinnliches Grundwesen, aus dem zweiten eine gewisse »Kühle« des Verstandes, die ihr ermöglicht, viel und gut zu denken und damit ihre Umwelt geschmackvoll auszugestalten.

Von den »Kindern der Venus« nahm man an, daß ihr Denken und Trachten eigentlich nicht sehr beständig sei, darum verbrächten sie ihr Dasein eher in abenteuerlicher Weise: »eine Zeit arm, die andere Zeit reich«. Es ging ihnen darum, »fröhlich hier auf Erden« zu leben. Das »Minne-Pflegen«, also die Liebe, sah man als den Mittelpunkt all ihrer Tätigkeiten, aber nicht nur des Sexuallebens im engeren Sinne,wie in den Ländern der westlichen Zivilisation in den letzten Jahrzehnten. Den Venusiern gehe es vor allem um »Tanzen, Halsen, Küssen«, also das Liebesleben mit vielfältigem künstlerischem Beiwerk: »Harfen, Lauten, Singen, alle Saitenspiel hören sie gern.«

Wenn man die Welt der Venuskinder im Bild darstellte, sieht

man etwa ein Paar in einem Liebesbad in überwachsener Laube. Eine Helferin bringt ihnen, zur Steigerung ihres allgemeinen Genusses, zu diesem Glücksort auserlesene Speisen. Im Hintergrund wird Musik gespielt, damit ja alle Sinne gleichzeitig angeregt seien. Kultur als Verbindung aller Annehmlichkeiten der Natur und der Kunst, um einzigartige schöne, möglichst lange anhaltende Stimmungen hervorzubringen, wäre demnach für unsere Vorfahren eine Schöpfung der Venuskräfte in uns gewesen.

Die »venusische« Anlage wird heute, so in neueren astrologischen Veröffentlichungen, etwas vereinfacht verstanden, so daß wir hier ebenfalls zu alten Schilderungen zurückgreifen müssen. Diesbezügliches schrieb man früher (ähnlich wie über die Bayern gewisser Gegenden) über die entsprechenden Begabungen der Schwäbinnen. Johannes Bohemus erklärte: »Die Schwaben sind über die Maßen der Liebe zugetan ...« Bauer ergänzt sogar diese Stelle mit dem wichtigen Hinweis: »Und die Kosmographen des sechzehnten und der folgenden Jahrhunderte schreiben Bohemus kritiklos nach.«

Auf die ganze Vielseitigkeit dieses Begriffs »Liebe« ging aber der Ulmer Mönch Felix Fabri (gestorben 1502) ein: »Wie also, wenn ich unpassendes vergleichen darf, die Freudenhäuser aller unserer Länder Schwäbinnen haben, so auch fast alle Klöster in der Fremde, und die Schwäbinnen sind in den Klöstern beliebt und nutzen mehr als andere wegen ihrer guten Art. Daher kommen manche aus fremden Ländern, die wissen, daß das weibliche Geschlecht in Schwaben sich so vermehrt hat, dorthin und kaufen (! S. G.) die Mädchen um Geld und führen sie mit sich fort, entweder zur Besorgung des Hauswesens, weil sie arbeitsam, flink und treu sind, oder in den Dienst des Verbotenen, weil sie liebreizend und fein sind ...«

Dieses »Gehen in andere Länder« taten aber die Schwäbinnen häufig ganz aus freiem Willen. Fabri versichert zumindest, daß sie »fast alle Gegenden durchstreifen« und gern den Leuten »in den häuslichen Geschäften dienen«: »... meistens aber sich dem Dienst der Venus ergeben, dem sie so sehr zugetan sind, daß sie den übrigen (also den Frauen aus andern Stämmen! S. G.) vorgezogen werden und den ersten Platz in den Tempeln der Venus innehaben; andere durcheilen gewissermaßen mit Venus auf der Suche nach Adonis die Welt ...«

Die Frauen mit vorwiegend venusischen Anlagen sind also nicht mit dem Erstbesten zufrieden, sie suchen ihr Ideal, ihren Traummann. Von Frauen dieser Art hörte ich schon als Kind erzählen,

Die »Venuskinder« lieben das Liebesspiel, die den Alltag veredelnden Künste und überhaupt das Schöne.

daß sie wie die griechische Apollo-Priesterin Sappho von Lesbos oder Mira Bhaj, indische dichtende Prinzessin und Anbeterin des göttlichen Helden Krishna, da sie keinen ihnen zusagenden sterblichen Mann fanden, sich in klösterliche Einsamkeit zurückzogen, um dort für ihren »himmlischen Bräutigam« zu singen, zu tanzen und zu musizieren. Sie taten es, nicht weil sie etwas gegen den Mann an sich hatten, sondern weil sie in Verfallszeiten keinen würdigen Spielgefährten für ihre sehr hohen geistigen Ansprüche fanden.

Als Osteuropa, Polen und Rußland noch bis Ende des 17. Jahrhunderts von den Krim-Tataren beherrscht wurden – auch das wurde mir erzählt –, seien viele europäische Mädchen (die wohl ähnlich den erwähnten Schwäbinnen waren) mit Hilfe von Kosaken und Zigeunern nach dem noch den ganzen Balkan und das Schwarze Meer beherrschenden Orient geflüchtet. In dessen Harembetrieb hofften sie eher den erträumten venusischen Lebensstil anzutreffen als in dem immer mehr dem Kult der materiellen Güter verfallenden »puritanischen« Abendland.

Ziemlich übereinstimmend wird in den alten Büchern, die wir einsehen durften, der kornblumenblaue Lapislazuli, Lazurit Cyaneus oder Himmelsstein mit dem Freitag und dessen Planet Venus in Verbindung gebracht. Dies mag schon aus den Urkulturen stammen. Im sumerisch-babylonischen Epos »schwört die höchste Göttin bei ihrem Lasurstein-Amulett«. Der große Held Gilgamesch »schreitet durch einen finsteren Berg in den Edelsteingarten, wo auch ein Baum aus Lasurstein steht« (Lüschen).

Man behauptete in den alten Büchern der Heilkunde: »Dieser Stein, an den Händen getragen, macht gut Geblüt, benimmt die Melancholie ... An der jungen Kinder Hals gehängt, benimmt er denselben alle Furcht (Lonicerus). Auch in den Traumbüchern wird uns als besonders günstig angeführt, wenn man ihn in den Gesichten der Nacht schaut. Er soll dann eine ehrliche und treue Liebe versprechen, was zweifellos wiederum mit seinem venusischen Wesen zusammenhängt.

Spiesberger, der verdienstvollerweise die verschiedenen heutigen Steintraditionen nebeneinander stellte, schreibt vom Lasurstein, daß er »erfrischenden Schlaf« gewähre. Er gelte geradezu als »Stein der weißen Magie«, stärke die ganze »odisch-magnetische Strahlkraft« seines Trägers und erleichtere »den Austritt des Astralleibs«. Letzteres vernahm auch ich schon in Okkultistenkreisen in den vierziger und fünfziger Jahren. Der blaue Stein sollte den Anhängern dieser Schulen, die sich um die Erforschung europäisch-asiatischer Überlieferungen bemühen, den Traumweg in »blaue Welten« erleichtern. Man durfte dank ihm hin und wieder durch »himmlische Seligkeiten« wandern oder im Geist in Zeiten versetzt werden, »da die Menschen die Ruhe und das Gefühl hatten, dem Schönen zu leben, den Himmel zu betrachten und das, was sie in ihrer Phantasie in ihm schauten, auch auf Erden nachzuvollziehen«. (Damit mag die häufige Verwendung des »Himmelssteins« in der Kunst der Schlösser unserer unmittelbaren Vergangenheit zusammenhängen. Er sollte ihre Besitzer daran mahnen, in ihren Taten »etwas Himmel auf Erden zu bringen«.)

Der ganze Glaubenskreis scheint uralt. Eine etwas umstrittene Stelle in einer indischen Fachschrift scheint mit der babylonischen Hochschätzung des Steins in Übereinstimmung zu stehen. Demnach hatte man dem Lapislazuli geradezu Namen gegeben, die ihn »für die Stirn eines Königs geeignet« bezeichneten oder gar als

»Stirnjuwel« umschrieben, denn wie wir schon hörten, waren farbige Steine auf der Stirn von Götterbildern und Herrschern häufig Sinnbilder für deren höhere Fähigkeiten oder, wie es mir eine alte russische Theosophin erklärte, »Zeichen für den Besitz einer Spur der Fähigkeit, die Dinge der Welt so schön und so sinnvoll zu sehen, wie es Gott tat, als er sie liebevoll erschuf«.

Es ging für die Anhänger der Seelenreisen mit Steinen keineswegs um die Suche nach auf dem Juwelenmarkt besonders wertvollen Steinen, ebensowenig um die genaue wissenschaftliche Bestimmung derselben. Ein blauer Himmelsstein mußte für sie einfach von einer schönen Farbe sein, damit er die von ihnen gesuchten Gedankenverbindungen auslösen konnte. Er mußte möglichst rein und strahlend sein, »damit er so wirke, als ginge von ihm ein Leuchten auf die Umgebung aus«. Benützt wird darum neben dem echten Lapislazuli auch der gelegentlich als Schmuckstein verwendete, ebenfalls himmelblaue Lazulith. In meinem Besitz ist ein solcher Stein mit wunderschön blau aufleuchtenden Azuritspuren, der aus den Alpen von Graubünden stammt und den man in dieser Gegend ebenfalls unter das Kopfkissen legte in der Hoffnung, in jeder Beziehung beglückende, den Trübsinn verjagende, »blaue Träume« zu bekommen.

Die Nähe und Verwandtschaft der Welten von Jupiter und Venus, des Donnerstags und Freitags, aber auch die der grünen und blauen Farbe, macht uns erklärlich, daß in vielen Werken die Steine beider Planeten miteinander ausgewechselt werden. So ist zum Beispiel beim Dichter Rabelais eine der Venus geweihte Säule aus Smaragd gebildet. Von himmelblauen Türkisen, die hohe, phantasievolle, sich um Liebe drehende Gedanken und Träume »machen« sollen, hörte ich schon über deren Zuordnung »zur Nacht auf den Freitag und der Göttin der geistigen und seelischen Lust«.

Traumbilder der Venus

Die Venusträume haben, im Gegensatz zu den Träumen der vorangegangenen Wochentage, nicht unmittelbar mit den Welten der vier Elemente zu tun. Gilt der Jupiter, der Herr des Donnerstags, als Meister der Luft mit ihren Wolken und Gewittern (als Donnergott), so ist die Venus die Göttin des »höheren« Himmels, der »über der Luft ist«. Die Vorstellung, das Blau als die Farbe der höheren Kräfte zu sehen, wurde in der Neuzeit von einem Wissenschaftler wie Wilhelm Reich neu aufgenommen. Im Blau des Himmels glaubte er die Erscheinung der Lebenskraft »Orgon« zu erkennen, von deren Bestehen nach ihm alle Wesen abhängen und die in einem Menschen, der der Liebe nicht mehr fähig ist, abnimmt und damit dessen vielfältige Erkrankung ermöglicht.

Blau erklärte man in der überlieferten Traumdeutung, die ich im russisch-zigeunerischen Umkreis der Pariser Flüchtlinge (1946–1965) fand, als »die Farbe des Himmels und dessen ewiger Ordnung, dazu verständlicherweise auch der menschlichen Treue«. Träume, in denen ein schönes Blau eine besondere Bedeutung hat, »daß man meint, man nähere sich Gottes Himmel«, und das Betreten von himmelblauen Landschaften – wären somit eine Bewegung im Liebesreich der Venus. An sie mahnen im Traum alle auffallend blauen Gegenstände, etwa wiederum Edelsteine, blaue Blumen, blaue Vögel und dergleichen.

Solche Erscheinungen erklären Traumdeuter vielfach entsprechend: Es kann ein Vorzeichen dafür sein, daß ihm eine große Liebe bevorsteht, oder, wie ich von einer Wahrsagerin theosophischer Richtung hörte: »Es naht eine Beziehung, bei der es sich nicht nur um eine flüchtige Verliebtheit handelt. Letzteres würde eher dadurch angezeigt, daß man mit jemand vom andern Geschlecht über eine liebliche grüne Wiese wandert. Es ist auch nicht eine reine sinnliche Leidenschaft. Auf eine solche würde eher ein Traum deuten, in dem viel rote Farbe vorkommt. Wenn wir im blauen Land sind, dann kommt eine Liebe, die ewig ist, bei der es uns sofort, wenn wir den andern kennenlernen, vorkommt, als hätten wir ihn schon immer gekannt. Es scheint uns dann, als sei es eine Liebe, die schon aus früheren Leben stamme und also auch mit dem körperlichen Tode nicht aufhören werde. Steht man, wenn man einen ›blauen Traum‹ hat, schon in einer festen Verbindung, so kann er die Mahnung zur Treue sein, besser zur Vorsicht, sein Glück nicht leichtfertig zu verspielen.«

In der Traumwelt der Venuskraft befinden wir uns auch, wenn wir in die Landschaften treten, die die alten Geheimwissenschaften ihr zuordnen. Agrippa von Nettesheim scheint dazu jede Umwelt gerechnet zu haben, die wir als lieblich bezeichnen und die auch häufig auf den Gemälden der romantischen Künstler vorkommen: Letzteres sicher aus deren sehr wachem Gefühl für die Zusammenhänge heraus. Zweifellos war aber die alte Überlieferung in ihrer Zeit noch sehr lebendig, und wie man heute immer besser nachweisen kann, beschäftigten sie sich fast ausnahmslos mit magischen, vor allem astrologischen Büchern und Handschriften.

Die Venus zeichnet man sehr gern zusammen mit ihrem Sohn, dem Gott der Liebe (Amor, Eros, Kama).

Als solche Venusorte werden uns vor allem blühende Landschaften genannt, also solche, deren Durchwandern zu zweit auf keinen Fall Anstrengungen oder gar Gefahren mit sich bringt. Dazu gehören zum Beispiel liebliche Quellen, blühende Gärten, freundliche und ruhige Gewässer, in denen sich der blaue Himmel spiegelt, »daß wir nicht wissen, ob der Himmel über oder unter uns ist«; blühende Gärten, geschmückte Beete; schmucke Häuser, die für die Liebeslust gemacht sind; Ufer mit Bädern, wobei es sich um solche für »Badefreuden« im Sinn unserer Vergangenheit handelt; natürlich auch geschmückte Tanzsäle und ähnliches.

Wenn Agrippa von Nettesheim (oder seine Schüler) von der Begegnung mit Venusgeistern schrieben, behaupteten sie, man sehe zuerst häufig »spielende Mädchen erscheinen«, die zum Mitspielen einladen. Venuswesen haben demnach immer eine schöne Gestalt, weder groß noch klein, eben gleichmäßig, harmonisch. Sie sind freundlich, liebenswürdig, hell, strahlend, etwa auch grün gekleidet. Zu den Erscheinungen aus der Venuswelt zählten die Magier geschmückte (oder sich schmückende), auch nackte Mädchen, natürlich den Venusvogel Taube und das Kamel. Letzteres führte ein aus Astrachan stammender Okkultist auf die Tatsache zurück, daß die Kamele früher aus den orientalischen Ländern den Schmuck, Duftstoffe, Gewänder und dergleichen brachten, also vieles, was zur Frauenzier diente, und daß deshalb diese Tiere als Diener der Liebeskultur galten.

Man hat mir gesagt, ohne daß ich es durch Selbstversuche bestätigen könnte, daß Venusträume auch häufig mit entsprechenden Venussymbolen beginnen: Man geht durch eine Höhle aus Lazurstein, wandert durch einen Blumengarten, tritt durch einen Spiegel »wie durch eine Türe«.

Das Reich der Saturnkraft

Das astrologische Saturnzeichen, sehr beliebt auf den Umschlägen der Bücher mit »alten Weisheiten« und auf Gefäßen (oder Truhen) als Aufbewahrungsorten magischer Gegenstände, ist ein Kreuz »mit einem Bogen darunter«. Letzteren deutet man gern als Sichel oder Sense des Saturn (griechisch Kronos) – »ein Hinweis auf das Durchschauen alles Vergänglichen, der zeitbedingten Täuschungen, der Illusionen und Tageslügen. Alles auf der Welt ist vergänglich, hat unabwendbar ein Ende, ist zum Tode verurteilt. Auch den volkstümlichen Wahrsagern, besonders den Kartenlegern, ist häufig bekannt, daß die alten Darstellungen des Todes (vgl. Tarottrumpf 13 »Der Tod«) als »magerer, einen mächtigen Schädel besitzender Sensemann« mit den uralten Saturnbildern zusammenhängen.

Abergläubische Menschen fanden deshalb das Saturnsymbol als Traurigkeit erzeugend, erschreckend, böse. Die magische Überlieferung des Mittelalters sah es freilich oft anders. Im orientalischen »Buche des Nutzens der Steine«, das auf den Weisheitsgott Hermes selber zurückgeführt wird, besitzt der Saturn die Gestalt eines stehenden Mannes, der mit einer Hand einen Fisch über seinem Haupt erhebt und mit den Füßen auf einer Eidechse steht. Dies erinnert uns an die spätmittelalterliche Darstellung einer heidnischen Gottheit germanischer Stämme, die ebenfalls als »Saturn« bezeichnet wird: Die Gestalt hält ein Rad mit sechs Speichen in der einen Hand, in der andern ein Gefäß mit Rosen. Sie steht auf einem Fisch. Die Behauptung des alten Chronisten, daß man sie bei Frost, also gegen die Todesmacht des Winters und für die Wiedergeburt des Lebens anrief, ist zumindest erwähnenswert.

Spätere phantasievolle und oft ungenau berichtende Chronisten und Gelehrte haben versichert, daß auch slawische Völker den Saturn oder Kronos sich ähnlich vorstellten, ihn als Herrn des Samstags ansahen und als »Sity-wrat« (des Lebens Wiederkehr) bezeichneten. Ob es sich hier überall um Spuren echter Volksüberlieferung handelt oder um neuentstandene astrologische Mythen des 15. bis 18. Jahrhunderts, ist umstritten. Bemerkenswert ist freilich der romantische Hinweis, daß hinter all diesen nordeuropäischen

Herr Saturn
und Saturnsymbol

wie orientalischen Saturnbildern das Symbol des indischen Gottes Vishnu zu sehen sei, den ursprünglich asiatische Stämme nach dem Westen brachten. Er entsteigt als gekrönter Mensch, nach der Sintflut, einem Fischleib und hält das Chakra-Rad (als Sonne oder ewiger Kreislauf des Jahres gedeutet) in der einen Hand, in der andern das Buch der Veden, also die für die menschliche Kultur nötigen, von der Gottheit in jedem Zeitalter geretteten ewigen Weisheiten.

Als saturnisch gilt auf alle Fälle auch im griechischen und lateinischen Abendland die Suche nach dem erhaltenen Wissen und damit den Erinnerungen an die Goldene Zeit, die Jugend der Völker. Wenn damit häufig unfruchtbare Nostalgie, die Klage um Entschwundenes, verbunden ist, so ist dies nach der alten Auffassung die notwendige Voraussetzung eines Neubeginns, der Neuschöpfung einer auf uralten Grundlagen beruhenden Kultur. Zerstört, »mit der Sichel oder Sense gemäht«, wird dann nur das, was der Vergänglichkeit angehört – damit das neue Leben seinen guten Platz erhält.

»Saturnisch« sind darum nach Georg von Welling, der das Wissen der Wahrheitssucher des 17. und 18. Jahrhunderts zusammenfaßte, die Leute, die man oft unter dem Namen »Rosenkreuzer« bezeichnet: »Ernsthafte, ansehnliche, tiefsinnige Liebhaber verborgener, heimlicher Wissenschaften, verschwiegene, die Einsamkeit liebende Menschen, die niemandes Rat folgen, sondern nur ihrem eigenen Sinn. Sie lieben den Ackerbau und die Bergwerke. Sie lieben den königlichen Stand und wohnen gern in Schlössern.« (Letzteres bezieht sich offenbar auf die Zeit des Herrn von Welling, als »Saturn-Kinder« sich besonders gern an den damals zahlreichen Fürstenhöfen aufhielten, wo sie am leichtesten die Mittel für ihre eigenwilligen, oft »ketzerischen«, von herrschenden Ideologien und ihren Knechten meist unabhängigen Forschungen und Wiederentdeckungen fanden.

Äußerlich schilderten die Planetenbücher den langsamen und verinnerlichten Saturnmenschen gern als »schwermütig, von bleicher, gelber Farb und dunkelhaarig«.

Im Heiligtum des Saturn

In dunklen Kleidern begaben sich nach orientalischen Quellen die Sternenverehrer am Samstag zum Tempel des Saturn. Für wie wichtig man diesen ansah, beweisen uns die Belege aus dem Umkreis der arabisch-islamischen Kultur, nach denen auch das Heiligtum von Mekka, in dessen Mitte der berühmte schwarze Stein steht, ursprünglich dem Saturn geweiht war. Schon lange vor dem Propheten Mohammed hätten die Stämme von weither zu ihm ihre Wallfahrten unternommen. Schilderungen aus dem 13. und 14. Jahrhundert, so wie sie offenbar bei den Gelehrten von Damaskus erhalten waren, beschreiben einen Tempel dieser Art: »Dieser hat eine sechseckige Form und ist aus schwarzem Stein verfertigt und mit schwarzen Vorhängen behangen. In ihm befindet sich das Bild des Saturn, dargestellt als ein schwarzer indischer Greis, der eine Axt in der Hand hat; ferner als ein solcher, der in der Hand ein Seil hat, durch das er einen Eimer aus einem Brunnen holt; ferner als ein Mann, der aufmerksam über die alte verborgene Weisheit nachdenkt; dann als ein Arbeiter in Holz; endlich als ein König, der auf einem Elefanten reitet, um den Rinder und Büffel sich befinden. Alle diese Bilder befinden sich auf den Wänden.

Mitten im Tempel aber steht ein Thronsessel auf einem Postament, unter dem eine runde Stufe sich befindet, die breiter ist als jenes (das Postament, S. G.). Dieser schließt sich dann eine noch breitere runde Stufe an. Dann schließt sich wieder eine noch breitere Stufe an – bis zu neun Stufen. Auf dem Thronsessel befindet sich ein Götzenbild aus den Stoffen des Saturn gebildet, nämlich aus schwarzem Blei oder aus schwarzem Stein.«

Auch andere Arten der Darstellung des Saturn verbinden mit seinem Wesen viel Unheimliches, Geheimnisvolles, Dunkles. Im »Buch der Erklärung der pneumatischen Talismane« hat er die Gestalt eines Mannes mit dem Gesicht eines Raben und den Füßen eines Kamels ... Nach dem Buche des Philosophen Apollonios hat

Der langsame und uralte Herr Samstag (französisch samedi), der Sternengott Saturn oder Kronos mit seinen Tierkreiszeichen Wassermann und Steinbock.

er die Gestalt eines Mannes, der auf einem Katheder (mimbar) steht. Hier wird er offensichtlich zu einer Art Hochschullehrer, der seinen Jüngern die schon erwähnte »alte verborgene Weisheit« lehrt.

Auch im Dabistân finden wir die Schilderung, nach der Tempel und Götterbild des Saturn aus »schwarzem Stein« waren. Die Diener des Heiligtums waren aus Völkern von dunklem Aussehen erwählt, »sie trugen blaue Gewande«. Seine Hilfe benützten vor allem Leute, die auf die Zunahme ihres Wissens angewiesen waren: Doktoren, also Gelehrte; Einsiedler, Mathematiker, Zauberer. Zu ihm gingen auch Bauern und Ehemänner. Letzteres steht möglicherweise mit den Berichten von griechischen und lateinischen Quellen im Zusammenhang, nach denen in einer glücklichen Urzeit, als Saturn ein König der Welt war, die Menschen ländlich und in treuen und seligen Verbindungen untereinander lebten.

Die Verehrung dieser Sternkraft durch bestimmte Berufsgruppen und besonders veranlagte Stämme wird uns besser verständlich, wenn wir die Liste der Angelegenheiten betrachten, auf die die Saturnkraft nach den alten Magiern wirken soll: Widerspruch, Undurchdringlichkeit und Heimlichkeiten aller Art, das mißtrauische Meiden des Verkehrs mit Menschen (wohl durch

Enttäuschung seiner ursprünglichen Gutgläubigkeit), Unterwerfung, Gefangennahme, Ermüdung, Anstrengung, Schwäche, Treue im Wort und in der Liebe, Beständigkeit, hohes Alter, Undurchdringlichkeit, Grübeln, Erfahrensein, langes Nachdenken, alte Dinge, Wissen um Geheimnisse und Verborgenes. Er ist auch zuständig für Arbeiten in Gärten und für die Landwirtschaft.

Eine besondere Bedeutung hatte der Saturn, weil man mit ihm das ganze düstere Reich des lebensfeindlichen, jeden Genuß vergällenden Trübsinns in Verbindung brachte. Verzweiflung, Ängste, schwarze Gedanken an Tod und Jenseits galten als besonders saturnisch. »Man war überzeugt«, sagte mir in Avignon ein zigeunerischer Jahrmarkts-Astrologe und Händler mit Glückssteinen, »daß zunehmendes Wissen, das man meistens mit dem Wirken der Saturnkraft in uns in Zusammenhang brachte, zwangläufig Enttäuschungen bringt, weil man immer mehr der Täuschungen und Lügen des Alltags durchschaut. Das Gegenmittel ist aber nicht die Abwendung vom Saturn, dem Herrn der Weisheit, dem Herrscher des Samstags (le baron samedi), es ist vielmehr der Weg, noch weiser zu werden und damit die Gegenmittel gegen den Trübsinn zu schaffen, die für einen gut sind.«

Offensichtlich hatten die mittelalterlichen Magier schon ungefähr die gleichen Auffassungen wie ihre heutigen Nachfahren und Jünger: »Wenn du traurig bist oder eine melancholische Krankheit hast . . ., so richte die Bitte an ihn (den Saturn, S. G.).«

Eigenart und Berufe der Saturnkinder

Der Planet, dem der Tag Samstag zugeordnet wurde, erklärt auf dem Bild mit der Darstellung seiner Welt: »Saturnus bin ich genannt,/Der höchst Planet wohlbekannt.« Er nennt sich selber »trocken und kalt« und entsprechend oft traurig, bleich, grau, dürr, alt sollen seine Kinder anmuten.

Er wurde mitunter mit einem Drachen auf der Fahne dargestellt, wohl als Zeichen der für Unwissende oft unheimlichen Kräfte, mit denen sich die Weisen unter seinen Vertretern beschäftigen. Dazu zeichnete man manchmal noch, als Sinnbild der saturnischen Landschaft, einen ebenfalls unheimlichen Berg mit einer entsprechenden Höhle. »Das Erdreich sie durchgraben gern«, heißt es von seinen »Kindern«. Dies bezog sich zweifellos nicht nur auf ihr

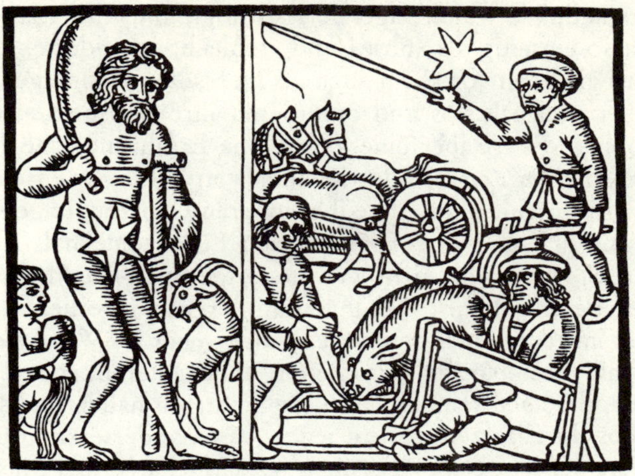

Die »Saturnkinder« durchschauen sämtliche Zwecklügen und Zwänge und galten als weise Pfleger der Erde: »Wenn sie nicht in der Jugend der Melancholie verfallen, schaffen sie in ihrer Umgebung die Erinnerung an die goldene Zeit.«

Forschen nach den Schätzen der Erdtiefen, also nach Edelmetallen, Edelsteinen und natürlich nach den Überresten aus dunklen Vergangenheiten. Es war dies sicher auch ein Symbol ihres tiefsinnigen Grübelns, ihrer Versuche, sogar die Tiefen unserer Seele zu erforschen.

Als saturnisch galt darum nicht nur, was mit dem im Erdboden Verborgenen oder mit uralter Weisheit zu tun hatte. Man rechnete dazu alles, was sich auf die Vergangenheit bezog, zum Beispiel die Angelegenheiten mit Eltern, Großeltern, älteren Leuten, verständlicherweise auch mit Erbschaftsverwaltern und ähnlichen Leuten. Wichtig ist in der orientalischen Magie die bereits festgestellte Tatsache, daß man zwar die Krankheit des Trübsinns, entstanden aus Enttäuschungen über die Dinge des Alltags, für saturnisch ansah, bei Saturn aber vor allem das Heilmittel dazu suchte. »Wenn du traurig bist und eine melancholische Krankheit hast und etwas, was zu seiner Natur gehört, so richte deine Bitte an ihn, wie ich es dir vorschreiben werde.«

Auf den Darstellungen des Saturnvolkes, beispielsweise auf dem Holzschnitt von Hans Sebald Beham, der um 1530 entstand, spielen allerlei Bettler, Vagabunden, Flüchtlinge, Gefängnisinsassen und deren Betreuer eine Rolle. Fast die Hälfte der hier sorgfältig dargestellten Leute kann man leicht dieser unglücklichen Menschengruppe zuordnen, und dies erklärt, wie eine spätere, zahllose

Mißverständnisse weitertragende Astrologie die Einflüsse des Saturn oft so einseitig als »böse« und »schlecht« schilderte.

Saturn gilt eben vor allem auch als Herr aller tiefsinnigen Idealisten, aller rücksichtslos und opferbereit ihre Weisheit suchenden Philosophen. Es ist aber eine allgemeine Erfahrung, daß in einer materialistischen Zeit gerade viele der wertvollsten Menschen dieser Art fast unfähig sind, ohne ihre inneren Überzeugungen aufzugeben, für sich und ihre Familien den Lebensunterhalt heranzuschaffen. Sie sind arm, nicht weil sie zu wenig Wissen haben, sondern gerade umgekehrt, weil ihnen ihre ererbte Überlieferung und Weisheit im rücksichtslosen Lebenskampf eher im Wege steht. Sie sind damit scheinbar viel dümmeren, unbegabteren, roheren Zeitgenossen, die aber keine inneren Hemmungen haben und sich bedenkenlos durchsetzen, fast in jeder Auseinandersetzung unterlegen. Wer, wie ich, oft Gelegenheit hatte, in Paris oder New York die wehrlosen Massen hochgebildeter Menschen kennenzulernen, die aus untergegangenen Gebieten noch fast mittelalterlicher, mystischer Kulturen stammten, aber unfähig sind, sich im harten Wirtschaftskampf zu behaupten, wird diese Tatsache bestätigen können.

Von hier scheint teilweise das Sinnbild zu stammen, nach dem »der Saturn seine eigenen Kinder auffrißt«. Im Holzschnitt von Hans Sebald Beham scheint mir deshalb die rechte Seite des Bildes besonders vielsagend. Zwei Bettler- und Flüchtlingskinder werden hier von Mönch und Nonne mit gütigen Gesichtern gefüttert, das heißt: Die Kinder können überleben. Als saturnisch galt eben auch die weise Weitergabe geistiger und körperlicher Nahrung an den Nachwuchs mit guten Anlagen.

Den Kreislauf des Saturn um die Sonne, also das Saturnjahr, bestimmten die Astrologen (ein wenig aufgerundet) auf 30 Jahre, was unter den sieben Planeten die längste Umlaufzeit ist. Seine »Kinder« hätten somit »am meisten Zeit«, meinte man und rief den Saturn unter anderem auch für Zunahme der Weisheit und des guten Gedächtnisses bis ins hohe Alter und überhaupt mit der Bitte um Langlebigkeit an. Die Kraft des Saturn, den man im Altertum geradezu mit dem Gott der Zeit (Chronos) gleichsetzte, ermöglichte sozusagen, den längeren Atem zu haben, sein Dasein so einzuteilen, »als lebe man ewig«. »Wer den Saturn in sich kennt«, dies lehrte mich in Paris ein mystischer Ikonenmaler namens Tschestowsky, »der kann als Flüchtling im Elend aufwachsen, dann jahrelang studieren, ganz als habe er reiche Eltern, und am Ende noch sein Glück machen, wenn andere schon lange aufgaben und als hilflose, närrische Greise dahindämmern«. Den Saturn rief man also besonders an, wenn man ruhig und zielbewußt seinen Lebensweg gehen und ein noch fernes Ziel zu erreichen wünschte.

Von violetten und nachtdunklen Kraftsteinen

Im modernen Okkultismus gilt der blaue Saphir häufig als ein Venus-Stein. Im Widerspruch dazu steht freilich die Annahme der Sprachforscher, die seinen Namen als indisch ansehen und als »vom Saturn geliebt« (saniprijam) erklären: Es scheint aber erwiesen, daß man in bestimmten Zeiten häufig vom Saphir redete und darunter den venusischen Lasurstein verstand. Dies würde genau der alten Lehre der magischen Astrologie entsprechen, die mit der eigentlichen Sternkraft des Saturn eher ins Finstere gehende Töne zusammenbringt: »Das Himmelsblau, wenn die Nacht naht«, also dunkelblau, indigo, vor allem violett. Lonicerus schreibt, daß im echten, für die Heilkunde seiner Zeit verwendeten Saphir »der klare Himmel« – »die blaue Farb überwindet«. Der unter diesen Steinen ist somit nach ihm »der beste, der finstere Wolken hat«. Dies entspricht zweifellos den altindischen Angaben, die den »dem Saturn geweihten Edelstein« (sauriratna) als den Stein von »gesteigertem«, sehr starkem Blau kennen (maha-nila).

Geradezu als Hauptstein des Saturn kennt den Saphir im übrigen auch in Europa die esoterische Überlieferung, was wir zum Beispiel bei Rabelais finden. Vom Saphir war man in unserer Vergangenheit nach Lonicerus fest überzeugt: »Er macht freudig, frisch und andächtig, stärkt das Gemüt in guten Dingen. Zum Frieden ist er gnadenreich.« Seit jeher scheint man aber auch geglaubt zu haben, daß gerade er, wenn man ihn tragen und seine vollen Wirkungen genießen wollte, die niedrigen Begierden des Trägers direkt hasse: Wer ihn besaß, der mußte sich geradezu einer »himmlischen Lebensweise« befleißigen.

Für Albertus Magnus, diesen großen Heiligen und Naturwissenschaftler des Mittelalters, »schafft er Frieden und Eintracht und macht den Menschen gegenüber Gott andächtig und rein.« Das heute wieder bekannt gewordene Wissen der Zigeuner über die Edelsteine, für mich die eigentliche Übermittlungsweise der sonst beinahe vergessenen indisch-mittelalterlichten Weisheit, versichert: »Der Saphir steht für Hoffnung und Ruhe, Wahrhaftigkeit und

Tugend und ist besonders glückbringend für Liebende (Petulengro).« Mit solchen Grundauffassungen decken sich die Lehren der modernen Okkultisten, nach denen dieser Stein das gesamte Nervensystem stärkt und beruhigt, vor Kopfschmerzen bewahrt, Heiterkeit und Ruhe des Gemüts verleiht.

Der violette Amethyst entspricht – ebenfalls nach einer Auffassung der Zigeuner – dem Tierkreiszeichen des Wassermanns, das bekanntlich dem Saturn zugeordnet wird. »Seine mystischen Kräfte flößen Tugenden und hohe Ideale ein.« Nach den französischen Okkultisten setzt uns dieser Stein in Beziehung zu Naturgeistern, und nach dem Edelmann Jean de la Taille de Bondaroy sendet er Träume (esmeut les songes) – und verjagt gleichzeitig schlechte Einflüsse von Zauberern.

Ähnlich lehrt man noch heute, daß er unseren Geist stärke und die Erfüllung unserer Gebete fördere. »Wohl aus diesem Grunde finden wir katholische und mohammedanische Rosenkränze aus Amethystperlen.« In verschiedenen Quellen finden wir die übereinstimmende Aussage: »Verleiht angenehme Träume« (Spiesberger). In jeder Beziehung war man von ihm, was man nicht genug wiederholen kann, mit dem im 14. Jahrhundert wirkenden Konrad von Megenberg überzeugt: »Vertreibt die bösen Gedanken (gedänk) und bringt gute Vernunft.« (Hier muß man sich natürlich bewußt sein, daß im Mittelhochdeutschen, im Gegensatz zu unserer heutigen Gebrauchsweise des gleichen Worts, Vernunft »das Vernehmen durch äußere oder innere Sinnestätigkeit« bedeutete.)

Als ein klassischer Stein zum Wecken der inneren Sinne, also als berühmter Traumstein, gilt der dunkle Onyx. So wichtig dieser »Stein der Magier« auch in alten Überlieferungen ist, so bin ich aus Platzgründen gezwungen, da ich über ihn bereits nach schriftlichen und mündlichen Überlieferungen schrieb, hier bei dieser Andeutung zu bleiben. Seine Ausstrahlung galt als so stärkend, daß die heilige Hildegard von Bingen von ihm geradezu behauptete: »Wenn du aber vom Trübsinn befallen bist, blicke den Onyx aufmerksam an und stecke ihn dann ohne Verzug in deinen Mund, und deine Depression wird verschwinden.«

Traumbilder des Saturn

Die Farbe des Saturn, die auch in den ihm zugeordneten Träumen vorherrschen soll, ist ein »trauriges« Dunkel. Da moderne Heiler und Hexen gerade diese Kraft, meistens am Freitag abend, als »Lehrer« ihrer Geheimwissenschaften anrufen, haben ihre abergläubischen Verfolger oft diesen »Baron Samedi« (den Freiherrn Samstag oder Saturn) mit der Macht des Bösen gleichgesetzt.

Dies ist natürlich falsch. Während die Planeten Mars bis Venus für den Genuß der Farbigkeit der Welt stehen, ist der »dunkle Planetenkönig«, »der Meister des Laufs der Zeit«, die Zusammenschau aller anderen Fähigkeiten, also die Möglichkeit der großen Erfahrung. Daß diese auch viel der »Ent-Täuschungen« in sich birgt, weil man viele Irrtümer, viel Schein, viel oberflächlichen Aberglauben durchschauen muß, um zum tiefen Wissen zu kommen, ist selbstverständlich. Darum gilt es als vielfach bestätigte Tatsache, daß der Mensch auf dem »Saturnwege« oft bekümmert, traurig wirkt, weil er sich mit jedem Schritt von ihm gewohnten, liebgewonnenen Illusionen, Täuschungen, sich eingeredeten Zwecklügen, eben vom »Schein« befreien muß. Dies ist »das Dunkel, das zum Licht führt«. Dies sind die in den Sagen vielgenannten mörderisch schweren Prüfungen, die zu freudigen Einweihungen in die Weisheiten führen . . .

Wenn man besser hinschaut, »seine Angst überwindet«, lehrten mich, gleichermaßen unter den Flüchtlingen wie im Alpenland, die Kenner der Wahrsagekünste, löst sich das saturnische Dunkel in wunderschönes Dunkelblau, in höchsten Genuß bereitendes Violett auf. Dieses (das Violett) bezeichneten mir auch russische Zigeuner als Farbe »ganz hoher Boten des Himmels«. Es ist für die Erkenntnis der Kulturzusammenhänge wichtig zu wissen, daß auch die höchsten indischen Götter dunkelblau oder veilchenblau strahlen. Wie man mich belehrte, soll dies auf den heiligen Bildern die Verbindung tiefer Weisheit mit »ewiger Heiterkeit« bedeuten.

Saturnlandschaften sind nach den Lehren unserer magischen Bücher, die weitgehend mit griechisch-latenischen, vorderasiatischen und indischen Lehren in Übereinstimmung zu stehen scheinen, alle finsteren, unterirdischen Orte, die den Menschen an die Vergänglichkeit und den Tod erinnern, also Kirchhöfe, Grabstätten, vom Volk verlassene und durch das Alter verfallene Wohnungen (Ruinen). Saturnisch sind nach den gleichen Quellen alle dunklen Plätze, von denen abergläubische Zeitgenossen Geschichten voll von schauerlicher »gotischer« Romantik zu erzählen wis-

Saturnbild mit sprechenden Symbolen der Vergänglichkeit.

sen. Dazu gehören einsame Grotten, Höhlen und Gruben – also genau die Umwelt, die seit jeher viele Sippen von fahrenden Heilern und Hexen für ihre Begegnungen, aber auch für den Unterricht ihrer Schüler in den uralten Geheimwissenschaften aufsuchen. Die Agrippa zugeschriebenen Schriften rechnen zu diesem Bilderkreis auch unheimlich wirkende, oft für den Unvorsichtigen Gefahren bergende, fast unbewegliche, stille, meistens ebenfalls finster wirkende Gewässer: Fischteiche, Pfützen, Sümpfe.

Die »Geister des Saturnus«, die man vor allem in der Zeit des Samstags schauen kann, werden von den Magiern so geschildert: »Diese erscheinen von hohem und schmächtigem Körperbau, mit drohenden (eine Agrippa-Handschrift redet von ›düsteren und dunklen‹ – S. G.) Mienen; sie haben vier Gesichter, eines am Hinterkopfe, ein anderes vorn, beide mit Schnäbeln versehen. Auch an jeder Kniescheibe erblickt man ein Antlitz. Ihre Farbe ist schwarz und sehr glänzend.« Dies entspricht genau den dunklen, dunkelblauen und violetten Edelsteinen, die der Saturnwelt zugeordnet werden. Mit ihnen sind in den Traumbildern der jetzt geschilderten Art häufig die Wege und Tore belegt oder umsäumt, die zu tiefen Geheimnissen führen sollen. Gespenstisch, wie die erwähnten Gestalten, sollen auch die Wächter, »die Hüter der Schwelle« des Saturnreichs sein. Hat man aber den Mut weiterzugehen, dann gewinnt man nach den Wahrsagern »fast immer« sichere Aufschlüsse über das Wesen uns noch verborgener Wissenschaften und Künste.

Die Erscheinungen der Saturngeister zeigen uns auch immer Gestalten, die im Volksbewußtsein und in unseren Träumen Bewahrer »steinalter« Weisheiten sein können: »Ein bärtiger König, auf einem Drachen reitend. Ein bärtiger Greis. Ein altes Weib, das sich auf einen Stab stützt.«

Das Reich der Sonnenkraft

Das astrologische Sonnenbild ist bekanntlich ein geschlossener Ring mit einem Punkt in der Mitte. Er wird als »der Weltenkreis« erklärt, der von einem Brennpunkt, aus »dem Schöpfer« sein Leben erhält. Manchmal sehen die Volkssagen ja sogar die Sonne als »Auge Gottes«.

Auf alten Zigeunerbildchen, von denen man mir unter den Okkultisten in Paris und der Provence erzählte, sah man (ähnlich wie auf Götter- und Heldenbildern des indisch-tibetanischen Kulturkreises) ein Sonnenzeichen auf den Stirnen magisch veranlagter Menschen – wie man es mir zu umschreiben versuchte, als Hinweis auf ihre »Erleuchtung«, Gottnähe, ihre wunderbaren Begabungen und hohen Erkenntnisse. Agrippa von Nettesheim faßte zusammen: »Unter den Elementen sind solarisch (sonnenhaft) das Feuer und die lichte Flamme; unter den Säften das reine Blut und der Lebensgeist; unter den Geschmäcken der scharfe, mit Süßigkeiten vermischte.«

Solar (sonnig) sind nach den uralten Auffassungen die Menschen von der allerbesten, »vollkommensten« Wesensart: »Hitzige, weise, keusche (also möglichst rein lebende – S. G.), getreue, gerechte Freunde.« Sie gelten als besonders ehrerbietig, werden darum von ihrem ganzen Kreis für ihre Tugenden geehrt, und sie ehren auch selber jedermann, zumindest wenn sie in ihm erfreuliche Eigenschaften zu entdecken vermögen.

Man schreibt ihnen noch besonders zu, »wahrhafte Träume« zu haben. Ihr Unterbewußtsein soll durch keinerlei niedere Irrtümer, aus Neid entstammende Begehren und abergläubische Ängste aufgefüllt sein. Sie verbreiten darum auch in ihrem ganzen Wirkungskreis geradezu die Gedanken der Liebe zum Guten. Sie verstehen durch ihr ganzes gerechtes Wesen, in allen Geschöpfen in ihrer Nähe deren beste Anlagen sichtbar und wirksam werden zu lassen.

Die volkstümliche Astrologie unserer Vorfahren war darum überzeugt: »Ein Kind geboren in der Sonne Stund, kommt zu Ehren, ist schön von Angesicht.« Es besitze einen »klugen Sinn« und sei »wahrhaft«. Es führe »grobe Rede«, womit man wohl erklären wollte, daß es gern ohne alle geistigen Schachzüge, Listen und

Das Sonnensymbol und die Darstellung der Sonnenkraft (mit Füllhorn aller guten Dinge).

Hintergedanken zu sprechen pflege. An der Brust seien solare Menschen haarig und im Gesicht bärtig, womit man wohl auch ihre besonders starke Männlichkeit andeuten wollte, da man sie bekanntlich sehr häufig mit dem Löwen verglich: »Ist freigebig, tut niemand Unrecht, ist gern bei großen Herrn, ist kunstreich . . .« Sie seien auch große Liebhaber der Frauen und offensichtlich überhaupt der sinnlich-anregenden, geschmackvollen Umgebung, liebten auch besonders »schöne Kleider«. Wichtig erscheinen uns hier vor allem die Worte, die zumindest die volkstümliche astrologische Menschenkunde noch immer verwendet, wenn sie vom sonnigen Menschen redet: »ist fröhlichen Gemüts«.

Als berühmte Sonnensymbole gelten für Agrippa, wie auch für seine zahllosen Vorläufer und Erben, neben dem hochgemuten, alle Wälle und Schwierigkeiten durch seinen für die bodengebundenen Geschöpfe schwindelerregenden Flug spielend überwindenden Adler – der märchenhafte Phönix. Er gilt als einfach nicht zu töten, und, wie ich es ebenfalls von Okkultisten meiner Jugend hörte, als ein Sinnbild des Sonnenmenschen, auf dessen Seite es, wenn man vorausschauend ist, viel besser ist, bei einer Auseinandersetzung eine Niederlage einzustecken, als bei seinen siegreichen Gegnern zu sein.

Gegen den solaren Typus kann man sich sozusagen totsiegen. Niederlagen nimmt er heiter entgegen, weil er von seinem Recht überzeugt ist und fest vertraut, daß die Zeit für ihn arbeitet. Diejenigen, die gegen ihn gewinnen, werden wegen seiner selbstsicheren Haltung immer unsicherer und verlieren jedesmal an Energie. Es ist ihnen beinahe, als müßten sie nur darum Hindernisse auf dem Siegesweg des Sonnenmenschen spielen, damit sein endgültiger Triumph durch ihre peinlichen Widerstände am Ende um so glorreicher erscheint.

König Sonne, Herr des Sonntags (französisch dimanche), mit Weisheitsbuch und seinem Tierkreiszeichen, dem noblen Löwen.

Der Phönix, Sinnbild der Sonne und der Menschen »ihrer Art«, wird meistens dargestellt, wie er im Alter aus den Flammen, die alle andern Lebewesen töten, in unsterblicher, strahlender Jugend neu emporsteigt.

Im Heiligtum des Apollo (»Herr Sonntag«)

Besonders reich und vornehm schildern uns die orientalischen Gelehrten den Tempel der Sonne, des »Glanzlichts«, »des reinen Lichts«, der besonders am Sonntag besucht wurde. »Mitten im Tempel ist ein Sitz auf sechs Stufen (Zeichen, daß die Sonne über den sechs andern Planeten steht? – S. G.), auf dem ein goldenes Götzenbild, mit Perlen (also einfach mit hell glänzenden Edelsteinen? – S. G.) behangen und mit einer Königskrone auf dem Haupte sich befindet.« Im Umkreis war anscheinend eine Fülle der Darstellungen von Helden, die in ihren Zeitaltern und Räumen von ihren Mitmenschen als besondere Träger der Sonnenkraft angesehen wurden. Oder wie wir aus der mittelalterlichen Schilderung vernehmen: »Unter diesem Götzenbilde befinden sich auf allen Stufen ringsherum Götzenbilder aus verschiedenen Stoffen, zum Beispiel aus Holz, Stein, Metall und zusammengesetzten Materien verfertigt, von denen die meisten Könige darstellen, die verstorben sind und Standbilder »von sich hinterlassen haben, durch die man ihrer gedenken möge.«

Die Verehrer dieses Gestirns, die besonders am Sonntag zu ihm kamen, um etwas mehr seiner Kräfte in sich bewußt werden zu lassen, wollten offensichtlich schon in ihrem Aussehen diesen sonnengleichen Herrschern aller Zeiten gleichen. Sie erschienen nach der gleichen Quelle »mit Schmucksachen geschmückt, in weiten Kleidern, mit Kronen und Schleiern auf den Häupten«. Ihr Sonnengebet lautete: »Gepriesen seist du, o mächtigstes Glanzlicht, welches das Feuer und das, was durch dasselbe verbrannt wird, verzehrt. Du bist der lichtreiche Herr, der Besitzer des alldurchdringenden Lebens, der universellen Seele und des reinen Lichts!«

Gerade über die Strahlkraft des Sonnenbildes scheinen unter den Sternenmystikern wunderbare Sagen umgegangen zu sein. Die deutsche Zauberschrift von 1745, offenbar ein geheimes alchimistisches Lehrbuch, versichert den Lesern, daß »das Bild der Sonne (in seiner Umgebung – S. G.) alles in Brand« zu bringen vermochte: »Daher wurde es auf hohe Berge gesetzt oder in weite Täler gebracht, damit solches keinen Schaden tun konnte.« Weiterhin wird im selben seltenen Werk, das ausdrücklich sogar das Weiterwirken dieser Verehrung in Europa bezeugen will, versichert: »Diesem Bild war auf der Brust das Wort Michael eingegossen; sie setzten es in die Sonne; da erhitzte es sich, und wurde ungemein entzündet. Auch denen, so es von ferne ansahen, schien es, als ob sich solches immer bewege. Auch gab es des Nachts (! S. G.) einen Schein wie lauter Feuer von sich und war daher recht abenteuerlich anzusehen.« (Diese seltsamen Eindrücke des Lebens und Leuchtens, die die Menschen um das Sonnenbild wahrnahmen, wurden offenbar auch um die andern Planeten-Darstellungen beobachtet. Zumindest fährt das gleiche magische Buch unmittelbar nach dieser Stelle weiter: »Also verhielt es sich auch mit den andern Bildern, davon ein jedes seine besondere Wirkung hatte . . .«)

Über das genaue Aussehen der Sonnenbilder finden wir in den Büchern der mittelalterlichen Magier, die sich auf altorientalische und griechische Werke stützen, eine Reihe von ausführlichen Schilderungen. Nach dem »Buche des Nutzens der Steine« sah man etwa die Gestalt eines Mannes, »der so dasteht, als ob er jemand grüßte«. Man wollte offenbar darstellen, daß man freundliches, leuchtendes, leutseliges, strahlendes Wesen mit dem Lichtgestirn in Zusammenhang brachte. Nach dem »Buche der Erklärung der pneumatischen Talismane« von Kriton, das in der arabisch-syrischen Welt eine besondere Bedeutung besaß, gab man der Sonne »die Gestalt eines Königs, der auf einem Thron sitzt mit einer Krone auf dem Haupt; vor ihm ist das Bild eines Raben und unter seinen Füßen ein Drache.«

Nach dem Dabistân wurde das Sonnenbild, das im übrigen mit einer Kette von Diamanten (!) um den Hals geschmückt war, vor allem von den Familien der Kaiser und Könige, von Häuptlingen, Männern mit viel Macht, Adeligen, hohen Regierungsleuten und Verwaltern aufgesucht. Sie hofften alle, dadurch immer mehr der Kräfte in ihrem ganzen Wirkungskreis gewinnen zu können. Das berühmte Magiebuch Picatrix versichert darum: »Vor die Sonne hintreten und zu ihr beten muß derjenige, der Verbindung mit einem König wünscht oder ihn um etwas bitten will, oder ihn sich gewogen machen oder sich freundliche Aufnahme in seinem Herzen verschaffen will. Oder wer die Verleihung von Ämtern und Regentschaften will, der soll sich an die Sonne wenden zur Zeit ihres Aufganges, und zwar an ihrem Tage und zu ihrer Stunde.«

Ausdrücklich wurde im Mittelalter empfohlen, bei solchen Gebeten gleichermaßen die arabischen, persischen, griechisch-byzantinischen und indischen Namen des Sonnengottes zu verwenden. Stets mußte sich der Verehrer der Gestirne bewußt sein, etwas zu tun, das schon bei seinen Ahnen in den verschiedenen Reichen und Zeiten der Vergangenheit fester Brauch gewesen war.

Eigenart und Berufe der Sonnenkinder

Die astrologische Handschrift »De Sphaera«, die aus dem Italien des 15. Jahrhunderts stammt, zeigt als das Bild der Sonne (Sol) die Darstellung eines geistig und körperlich vollkommenen Menschen. Es ist ein König mit goldglänzender Krone, die seine äußere Würde zeigt; aber der äußere Schmuck strahlt weniger als die Sonne, die von seinem Unterleib aus leuchet. Der Schein des Sonnenmenschen, also das, was von ihm die Welt sieht, ist prächtig – aber sein verborgenes Wesen ist demnach noch vollkommener.

Als Zeichen für seine Ausgeglichenheit und Vielseitigkeit hält er in der einen Hand ein Buch, in der andern den Stab des Herrschers. Sein langes Haar und der Bart sind weiß, doch sein ganzer Leib ist der eines starken Mannes und wirkt jünglingshaft. In seinem Umkreis sieht man das Volk, in dem seine Kraft lebendig ist:

In einer harmonischen Landschaft, in der Wald und Wiesen sich angenehm abwechseln, betreiben sie fröhlich Spiel und Sport jeder Richtung, offensichtlich um alle in ihnen verborgenen Fähigkeiten gleichmäßig auszubilden.

Auch die Zeichnung der deutschen Handschrift des ausgehenden Mittelalters, die aus dem Kreis des Adels stammt, zeigt die »Kinder der Sonne« bei gesunden Körperübungen oder beim vornehmen Gastmahl, bei dem wohlklingende Musik gleichzeitig das Gehör erheitert. Der Gegensatz zwischen den Dingen, die wir für schön ansehen, und denen, die wir als nützlich und heilend kennen, scheint demnach in der Sonnenwelt seine Entsprechungen zu haben. Den Menschen dieser Anlage macht genau das Spaß, was ihnen gleichzeitig hilft, stets in der besten Verfassung zu sein.

Neben der Darstellung von Spiel und Fest sehen wir auf dem gleichen Bild auch eine religiöse Stätte: Der fromme Glaube und eine erfreuliche Lebensweise, für die Zeit des Puritanismus nach der Reformation als unversöhnliche Gegensätze angesehen, ergänzen sich im Weltbild der Sonne. Die Religion lehrt eine Lebensweise, die ihre Anhänger gesund und in ihrer Umgebung immer glücklicher macht. Der Genuß der Güter der Welt erzeugt umgekehrt kein schlechtes Gewissen, sondern eine zunehmende Dankbarkeit gegenüber dem ewigen Schöpfer, dem gütigen Vater aller sichtbaren Dinge.

Um das Treiben der fröhlichen Sonnenmenschen sehen wir auf dem gleichen tiefsinnigen Bild ein sie vor der Außenwelt beschützendes Mäuerchen. Ein ähnliches umgibt auch auf dem Tarot-Trumpf »Die Sonne« ein Paar im Garten vor dessen ganzer Umgebung. Dies enthält wiederum eine uralte astrologische Weisheit, ohne die ein dauerhaftes Glück nicht möglich sein soll.

Ein Liebespaar (einsam und allein kann nun einmal kein Mensch glücklich sein), ein Kreis von zusammengehörenden Sippengenossen und ihren Freunden, vielleicht ein Stamm, kann zusammen ein Gleichgewicht finden, das ihm ermöglicht, ein einigermaßen erfreuliches Leben zu führen. Das Glück der weiteren Umwelt kann man aber unmöglich erzwingen, da nun einmal die geistigen und auch körperlichen Bedürfnisse sehr verschieden sind. Will man allen das bringen, was man für sich als gut und in jeder Beziehung als nützlich empfindet, so entstehen nur Verwirrung und daraus Leid. Nicht nur die zwangsweise »Beglückten« haben nichts von den ihnen unverständlichen Gaben – die nicht eingeladenen Heilsbringer geraten nur von einer Enttäuschung in die andere, fühlen sich in ihren besten Absichten mißverstanden und erreichen höch-

Die »Sonnenkinder« ahnen in Brauch und Kunst überall göttliche, auf himmlische Gesetze hinweisende Zusammenhänge.

stens, daß sie nach und nach in ihrem eigenen glücklichen Zustand geschädigt werden.

Sonnenmenschen, so lehrt uns die Sternenweisheit des Mittelalters, neigen zu »Saitenspiel und Singen«. Es gelingt ihnen, wenn sie ihrem Gestirn und Leitbild die Treue halten, ein Leben zu führen, das sie so stark mit Glück erfüllt, daß sie bereit sind, aus ihrer Begeisterung heraus die göttlichen Kräfte der Welt zu preisen und auch alle zu fördern, die sie bei ihrer künstlerischen Krönung des Genusses der Welt unterstützen. Während der erste Planet, der Mond, das gefühlsmäßige Erkennen der Fülle der Kräfte in Erde und Himmel schenkt, gibt die Sonne deren verstandesmäßiges Begreifen, ihr rücksichtsvolles Ausnützen zur Freude eines ganzen Kreises und damit den Genuß der Erde, auf der man wandert.

Zur Sonne wandten sich die Sabäer, die Gläubigen der Sternenreligionen, wenn es ihnen darum ging, im scheinbaren Durcheinander ihrer Zeit die Harmonie und die langsame günstige Entwicklung zu schauen. Von der Sonnenkraft in sich erhofften sie den Gewinn der siegreichen Gewißheit, daß sich das Gute in ihrem Leben doch so sicher durchsetzen werde wie die Sonne gegen Dunkelheit und Winter.

Der Diamant erscheint in vielen der alten Werke als der eigentliche Stein der Sonne, weil er an ihren Lichtglanz erinnert, der alle Farben in sich enthält und sie sichtbar macht. Der Sonne zugeordnet findet er sich ebenfalls beim alten Rabelais wie in verschiedenen modernen Lehren der okkultistischen Gemeinschaften. Aber auch in Indien finden wir unter seinen Namen einen, der übersetzt »Feuer« und gleichzeitig »Sonne« bedeutet. Sonst heißt er unter anderem »Indras Waffe«, also das Werkzeug, mit dem der Blitz- und Donnergott die jede menschliche Kultur bedrohenden bösen Mächte vertreibt. Eine wesensverwandte Achtung gegenüber dem Lichtstein findet sich bei der heiligen Hildegard von Bingen: »Der Teufel ist diesem kleinen Stein feindlich gesonnen, weil er der Kraft des Teufels widersteht. Daher verabscheut ihn der Teufel bei Tag und bei Nacht.«

Diese Angaben werden in den Büchern, die die Tugenden der Naturkräfte für den Menschen darzustellen versuchen, auf alle denkbaren Arten wiederholt. Nach Lonicerus ist er gut »wider Krieg, Hader und Gift (also gegen alle Vergiftung der Seele und des Körpers – S. G.), Anlauf der Fantasey und bösen Geistes, (also wider die schädlichen und gefährlichen Einbildungen – S. G.)«. Der russische Dichter und Volkskenner Lesskow bezeugt 1885 den ihm bekannten Volksglauben, nach welchem »der Diamant böse Träume verscheucht«. Von hier verstehen wir erst die Bedeutung des Steins, die sich bis in die Gegenwart in den Geheimphilosophien des Abendlandes erhalten hat. »Der Diamant, Sinnbild des Reichtums, stand im Mittelpunkt der Forschungen der Alchimisten . . .«

In dieser Bedeutung wird er fast nur noch vom Lichtstein der Alpen, dem Bergkristall, übertroffen. Auch von diesem finden wir sehr viel in den Werken der gleichen alchimistischen Schulen: »Das ›reine Gefäß‹, das integre Werkzeug aus Bergkristall soll helfen, die ›prima materia‹ oder den ›Lapis philosophorum‹ zu heben.« Sehr wichtig zum guten Verständnis solcher Stellen, nach denen der rätselhafte »Stein der Weisen« aus dem Bergkristall erstrahlt, sind die sogenannten Steinbücher, die von Orpheus, diesem heiligen Helden der griechischen Urzeit, kommen sollen. Sie scheinen in der Zeit des Übergangs des heidnischen Altertums zum christlichen Mittelalter niedergeschrieben worden zu sein und sind eine sehr wichtige Zusammenfassung der damals noch erhaltenen

Überlieferungen in einer unsicheren Zeit des chaotischen Überganges: »Dort steht der Kristall an der Spitze der Edelsteine, er stammt vom ›feuerstrahlenden Himmelsglanze‹. Wer mit ihm in der Hand den Tempel betritt, dessen Gebet wird erhört« (nach L. Hansmann).

Die alten Inder nannten den Bergkristall, der für sie als der »weiße, durchsichtige und fleckenlose« Edelstein galt, geradezu den »Edelstein der Götter«, und er war besonders Shiva (also der weiß dargestellten Gottheit der Erleuchtung) lieb: »Ein Rosenkranz aus Bergkristall verleiht den Betern einen unsagbar größeren Erfolg.« Gerade in den Alpengebieten sehen die Volkssagen die Kristalle als Kunstwerke und Geschenke der Naturgeister in den Gebirgen.

Noch unter den einheimischen Wahrsagern der Gegenwart findet sich die Auffassung von der Einzigartigkeit des Kristallsehens für »gute Gesichte«. In ihrer Überlieferung vernahm ich von den verschiedensten Möglichkeiten ihres »aus Sonnen- und Erdkraft der Berge geborenen Steins der hohen Erleuchtung«. Man hält ihn etwa in den Händen beim Meditieren, blickt in ihn, »bis man Bilder von Zukunft und Vergangenheit schaut«, legt ihn unter sein Kissen »als Traumstein« oder hat ihn in der heiligen Ecke, wo er Glück und schöpferische Eingebungen ausstrahlen soll.

Gerade aus der Schweiz wurde mir recht zuverlässig erzählt, wie vielfach politische Flüchtlinge während der Weltkriege zu »Kristallschauern« gingen und durch deren Hilfe »gute Träume für die Zukunft, Kraft und Mut« erhielten. Noch immer gilt in diesen Kreisen dieser »Stein aus den hohen Bergen« als Sinnbild der Reinheit, nur noch dem Sonnenlicht und dem frischgefallenen Alpenschnee zu vergleichen. »Die Zigeuner warnen: Für schlechte Zwecke darf man die Kristallkugel (noch heute fast überall das Berufssymbol der magischen Künste – S. G.) nie verwenden. Es heißt, daß sich in diesem Fall die bösen Absichten mit katastrophalen Folgen gegen den Besucher (also den, der mit schlechten Gedanken in die Glanzwelt des Kristalls hineinblickt – S. G.) selbst wenden. Die Kristallkugel diene nur dem guten Zweck« (K. Martin).

Mögen die Saturnträume und die aus ihnen strömenden Erkenntnisse teilweise erschrecken oder bekümmern (zum Beispiel wenn man aus ihnen Hinweise über Heuchler, falsche Freunde und dergleichen erhält), so bedeutet die Welt der Sonne das reine Glück. Nach den Trägern der alten Überlieferung haben wir hier die verstandesmäßige und gleichzeitig aus dem Gefühl stammende Erkenntnis, daß göttliche Kräfte ewig die Welt regieren und damit das Gute eigentlich immer siegt.

Die Sonne ist die höchste Klarheit: Die Edelsteinschuppen der Wunderschlange, die in unseren Sagen wie auch in den Träumen häufig vorkommt und die alle Schätze der Welt bewacht und für den Eingeweihten hütet, erstrahlen in allen denkbaren Farben: Auf ihrem Kopf, als Krone oder geheimnisvolles Sternenauge, leuchtet der Edelstein, der auf alle Arten schimmern kann und der doch von einer reinen Klarheit ist. Vom König und magischen Abenteurer, der in der mystischen Dichtung des Persers Nizami durch die Reiche der sieben Planeten reist, glauben seine Mitmenschen darum zum Schluß: »Er ist offenbar verwandelt in ein Juwel, wie es im Hirn von Schlangen als Heilmittel sich verbirgt.«

Sonnenlandschaften, wie sie auch heute in den schönsten Träumen häufig vorkommen, besitzen als ihre Bühnen vor allem heitere und helle Orte, wie sie etwa bei den Magiern der Schule von Agrippa aufgezählt werden: Paläste von Königen und Fürsten, die schließlich, wie man aus orientalischen wie europäischen Chroniken weiß, ihre Umwelt besonders gern »sonnenhaft« zu gestalten versuchten, so daß sie selber von ihren begeisterten Anhängern häufig mit der Sonne verglichen wurden. Ähnlich »der Sonne zugehörig« galten Schaubühnen und Theater, die ja, zumindest früher, als Besinnungsorte »auf alles Gute und Schöne« galten und deren Aufführungen meistens den Sieg über alles Trübe und Böse zu veranschaulichen suchten. Sonnenhaft sind überhaupt alle Bilder, die den Beschauer auf »königliche«, herrliche, erhabene Gedanken brachten.

Eintritt in Sonnenträume, die die Annäherung an hohe Ideen versinnbildlichen sollen, sind häufig Landschaften und Gebäude »wie aus glänzendem Glas«. Diese Angabe mag noch aus den Jahrhunderten stammen, da dieser Stoff selten und nur an den Gebäuden der Vornehmen zu sehen war. Ähnlich wie in vielen Sagen und Märchen hörte ich auch von Traumdeutern, daß es sich bei

Die Sonnenkraft ruft man an, um in seinen Lebenskreis »königliche Ordnung« zu bringen.

diesem »glänzenden Glas«, aus dem geschaute Berge ebenso bestehen können wie ganze Schlösser, eigentlich um entsprechende Edelsteine handelt, also vor allem wiederum um Bergkristall und Diamant. Lichte, durchscheinende, klare Erscheinungen und Gegenstände bedeuten übrigens in der üblichen Traumdeutung gute Ideen von nahen Menschen, »die alles günstig verändern« können. Gelegentlich lesen wir sogar in den volkstümlichen Deutungsbüchern, wie sie die Vorfahren regelmäßig nach dem Schlaf benützten: »Licht, so klar ist = Sicherheit.«

Die Sonnengeister sind nach den Lehren des Agrippa-Kreises in der Regel großgewachsen, wirken in jeder Beziehung lebenslustig (sanguinisch) und sind drum von angenehmem Aussehen, wohlbeleibt. Ihre »Bewegung«, also die ganze Wirkung, die von ihnen ausgeht, »ist wie das Leuchten des Himmels«. Es soll, wenn er mit ihrer Kraft in Beziehung kommt, im Seher ihrer Pracht der Schweiß ausbrechen. Als Sonnenbilder gelten nach der uralten Aufzählung ferner: »Ein König, mit einem Szepter geschmückt, auf einem Löwen reitend. Ein gekrönter König (gemeint ist wahrscheinlich einer auf seinem Throne sitzend). Dieser wird ja bei Agrippa ausdrücklich als Sonnensymbol genannt, da er als ein Mittelpunkt eines ganzen Reiches galt – S. G.) oder eine Königin mit einem Szepter.«

Als Sonnenbilder galten selbstverständlich auch alle Gesichte, in denen die als zum Tagesgestirn gehörenden Tiere auftraten: der schon erwähnte Löwe, in den Märchen und Fabeln »der König der Tiere«, der hochfliegende Bergvogel Adler, von dem man überzeugt war, er allein könne in den Sonnenglanz blicken, ohne dabei blinzeln zu müssen, auch der Hahn, der schließlich als erster die Sonne begrüßt. Im Altertum zeichnete man schließlich auf gewissen Edelsteinen, was ihre Glückwirkung steigern sollte, als Symbol der göttlichen Kraft den »Abraxas« mit Schlangenleib und Hahnenkopf. Auch dieses Bild legt man heute wieder unter sein Kissen, wenn man am Sonnabend (Samstag) in sein Bett geht »um durch das Diamant-Tor in das Reich der harmonischen Sonnenträume zu wandern«.

Die Glückskräfte der sieben Planeten

Planeten und Tage	Planetenzeichen	Planeten-Tugenden
Mond (Montag)	☾	Gibt starke Gesundheit
Mars (Dienstag)	♂	Macht sieghaft wider alle Feinde
Merkur (Mittwoch)	☿	Macht kunstreich, sinnreich, geschickt und geschwind in seinen sämtlichen Sachen
Jupiter (Donnerstag)	♃	Macht wohlgemut und im besten Sinn überlegen
Venus (Freitag)	♀	Macht lieb und angenehm allen Leuten, und daß man einem keine Bitte zu versagen vermag
Saturn (Samstag)	♄	Gibt tiefes Wissen und verhilft zum Glück des Landlebens
Sonne (Sonntag)	☉	Erhöht den Menschen zu verdienten Ehren und ehrlichem Gut

Die deutsche Volkstradition der Wirkungen der Planeten und »ihrer« Tage. (Ähnlich etwa in »Sammlung der größten Geheimnisse«, Köln 1725, Seite 171 f.)

Die sieben Planeten und die Wochentage

Deutsche und englische Wochentage	Germanische Himmelskräfte	Himmelskräfte in der antiken Mythologie	Französische Wochentage (aus dem Lateinischen)	Astrologische Zeichen der 7 Planeten und ihrer Wochentage
Montag engl. Monday	Mond	Luna (Selene)	lundi	☾
Dienstag engl. Tuesday, in der Schweiz mundartlich Zischtig, dänisch Tirsdag	Tiu, Ziu, Tyr (Name des Kriegsgotts)	Mars (Ares)	mardi	♂
Mittwoch engl. Wednesday	Wode, Wodan, Odin (Gott der Bewegung)	Merkur (Hermes)	mercredi	☿
Donnerstag engl. Thursday	Donar, Thor	Jupiter (Zeus)	jeudi	♃
Freitag engl. Friday	Freija (Göttin der Schönheit und der Liebe)	Venus (Aphrodite)	vendredi	♀
Samstag engl. Saturday	Sater, Krodo (bei alten Chronisten und Mythologen angeführt)	Saturn (Kronos)	samedi	♄
Sonntag engl. Sunday	Sonne (etwa mit dem Lichtgott Balder gleichgesetzt)	Sol (Helios, Apollo)	dimanche	☉

Die sieben Planeten, ihre Farben und Kraftsteine

Planeten	Farben	Kraftsteine
Mond (Montag)	zunehmender Mond, Vollmond: weiß	weißer Mondstein (St.-Gotthard-Stein, Adular), weiße Perlen, weißer Achat
	abnehmender Mond, Schwarzmond: metallschwarz	Echter Magnetstein, dunkler Mondstein, schwarzer Achat schwarze Perle
Mars (Dienstag)	rot	Steine »wie Blut oder Feuer«: Rubin, rote Koralle, »feuriger« Granat, roter Spinell, »fleischfarbiger« Carneol
Merkur (Mittwoch)	gelb, goldgelb, orange, gelbbraun, verschiedenfarbig (mischfarbig)	Topas, Achat, Opal, Beryll, Bernstein, Turmalin, Zirkon, goldbraunes Tigerauge
Jupiter (Donnerstag)	grün	Jade, grüner Türkis, Jaspis, Smaragd, Serpentin, Malachit, grüner Peridot
Venus (Freitag)	himmelblau	Lazurit (Lapislazuli) oder Himmelsstein, blaue Türkise, Lazulith, hellblauer Saphir, blauer Topas, lichtblauer Aquamarin, bläuliche Smaragde
Saturn (Samstag)	dunkelblau, indigo, violett, dunkel	dunkle (violette) Saphire, Amethyst, dunkler Onyx
Sonne (Sonntag)	durchsichtig, kristallklar	Diamant, Bergkristall. Auch andere Edelsteine, wenn sie farblos, »licht« sind (etwa entsprechende Formen von Zirkon, Turmalin, Topas)

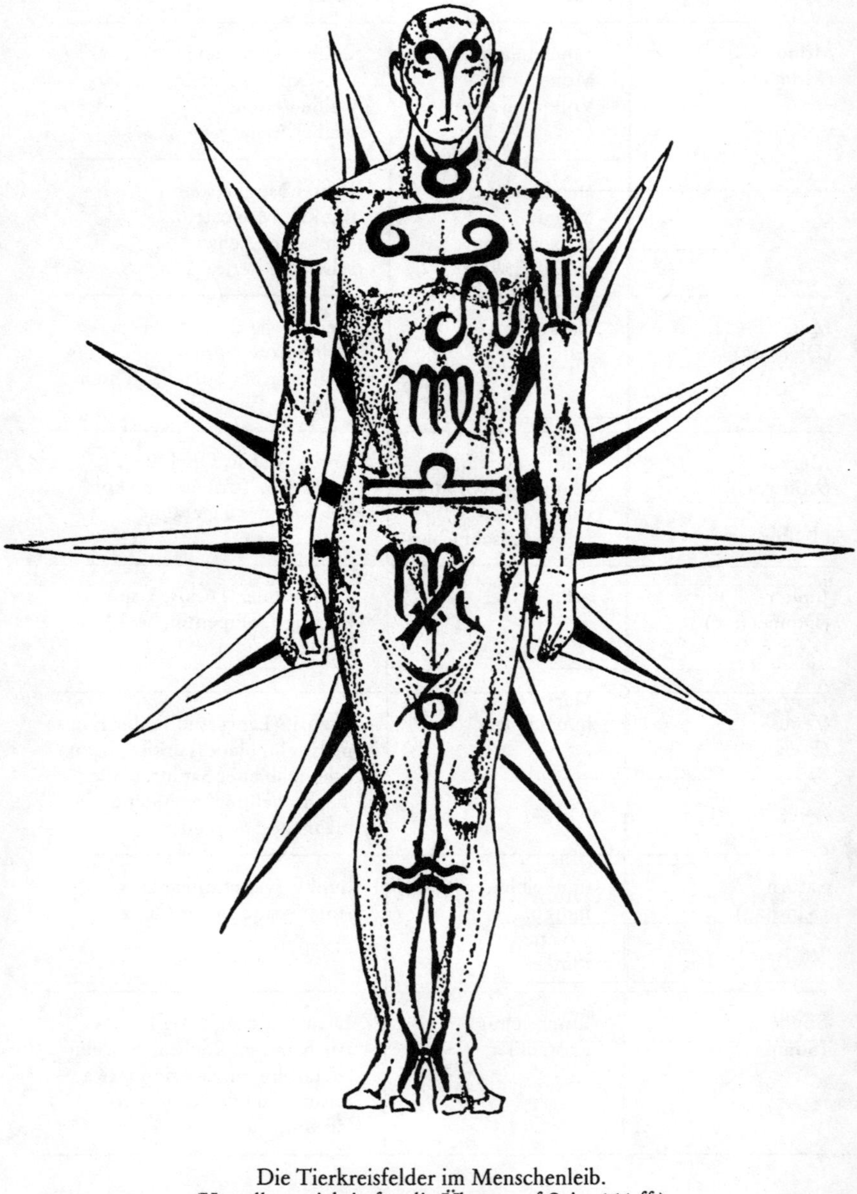

Die Tierkreisfelder im Menschenleib.
(Vor allem wichtig für die Übung auf Seite 161 ff.)

Astrologische Zuordnung der Körperteile zu den Tierkreiszeichen und Planeten

Tierkreis-zeichen	In jedem der Zeichen besonders wirksamer Planet	Körperteile, die den zwölf Tierkreiszeichen entsprechen
Widder	Mars	Haupt, Augen, Ohren, Angesicht
Stier	Venus	Hals, Kehle, Genick, Gurgel
Zwillinge	Merkur	Oberkörper, Arme, Hände, Achseln, Schultern
Krebs	Mond	Brust, Lunge, Leber, Milz, Magen, Nieren
Löwe	Sonne	Herz, Rücken, Seiten, Bauch, Unterteil des Magens
Jungfrau	Merkur	Unterster Bauch, Bauchfell, Eingeweide
Waage	Venus	Lenden, Nabel, Nieren, Blase, Unterteil des Bauchs
Skorpion	Mars	Umkreis der Geschlechtsteile, Geburtsglieder, Blasenausgang, Hintern
Schütze	Jupiter	Eigentliche Geschlechtsteile, Oberteil der Lenden
Steinbock	Saturn	Lenden, Knie
Wassermann	Saturn	Waden, Unterschenkel
Fische	Jupiter	Füße, Fersen, Fußsohlen

Vor allem nach Georg von Welling (im 18. Jahrhundert Anreger der esoterischen Schriften der Romantiker und Wolfgang v. Goethes).

Quellenhinweise

Erklärung der im weiteren verwendeten Abkürzungen:

AW	H. C. Agrippa v. Nettesheim: *Magische Werke, 1–5.* Neudruck, Berlin 1916.
B	F. Barrett: *The Magus or Celestial Intelligencer.* London 1801.
CS	D. Chwolsohn: *Die Sabäer und der Sabismus.* St. Petersburg 1856.
GP	H. R. Grimm: *Buch der Natur oder Planeten-Buch . . .* Burgdorf 1716.
H	G. C. Horst: *Zauber-Bibliothek.* Mainz 1821–1826.
HA	*Handwörterbuch des deutschen Aberglaubens.* Berlin 1927–1942.
K	*Das Kloster.* Hrsg. J. Scheible, Stuttgart 1845–1849.
KF	C. Kiesewetter: *Faust . . .* Leipzig 1893.
P	Picatrix: *Das Ziel des Weisen . . .* Hrsg. H. Ritter/M. Plessner (Studies of the Warburg Institute, 27), London 1962.
PA	Paracelsus: *Sämtliche Werke.* Hrsg. B. Aschner, Jena 1926–1932.
PM	Paracelsus: *Magische Unterweisungen.* Hrsg. S. Kappstein, Bern 1980.
SG	*Sammlung der größten Geheimnisse außerordentlicher Menschen in alter Zeit.* Köln bei Peter Hammer 1725.
TL	*Traum-Büchlein, wie man nächtlicher . . . Träumen Bedeutungen erkennen und lernen kann.* Langnau bei Christian Blaser (erschienen etwa 1820).

Einweihung im Alltag

J. H. Hottinger: *Thesaurus philologicus.* Zürich 1649, 53 ff., glaubte sogar an die Herkunft der Zigeuner von den alten Sternenverehrern (Sabaeos). Auch in volkstümlichen Astrologiebüchern des 17.–18. Jahrhunderts, wie GP, 59, betreiben die Fahrenden in Europa das »Wahrsagen aus den Planeten«! Als treue Erben der Sternenreligion (auf die er im übrigen sämtliche Mythologien zurückführte!) betrachtete die Zigeuner J. A. Vaillant: *Les Rômes,* Paris 1857. Sehr einflußreich auf die Vorstellungen der Pariser Künstler- und Flüchtlingskreise um 1950 fand ich noch u. a. J. Richepin: *Miarka, La fille á l'ourse,* Paris 1888, 138 f.: »Vielleicht gab es in gewissen Zeitaltern eine enge Verbindung ihrer verfolgten Rasse mit den letzten Überlebenden aus der gestürzten Rasse der Magier.«

Zu der Beziehung des osteuropäischen Adels zu Nomadenstämmen und ihren Überlieferungen (unmittelbar vor und nach der Revolution 1917–1920) zum Beispiel K. Bercovici: *The Story of the Gypsies,* New York 1928, 194: »Es gibt kaum ein Fürstengeschlecht unabhängig von der Zigeuner-Abstammung . . . Was in diesen sonst ruhigen Menschen des Nordens an Farbe ist, kommt in ihnen von den Zigeunern her.«

Die Zitate über den geistigen Zustand der Flüchtlinge (Briefe von Marina Zwetaewa an Anatol v. Steiger), nach: *Nowj mir* (Neue Welt), Nr. 4, Moskau 1969, 210 (Brief 20). Hausaltäre (Heilige Zimmerwinkel) als Mittel von Seelenreisen erwähnt auch W. Lindenberg: *Bobik in der Fremde. Ein junger Russe in der Emigration,* München 1983, 32 f.

Anläßlich von Heilertagungen im österreichischen Alpbach staunt Daya Sarai Chocron: *Heilen mit Edelsteinen,* München 1984, 44, über die Verwandtschaft der magischen Steintraditionen bei den Schamanen verschiedener Kulturen! Ähnliche Auffassung der Wirkungen des Türkis bei französischen (aus dem Osten eingewanderten) Zigeunern und indianischen Medizinmännern erklärt der Pariser Heiler P. Derlon: *Heiler und Hexer,* Basel 1984, 65, aus der gemeinsamen Herkunft dieser Wissenschaften von den Weisen des Himalajaraumes.

Lehren aus Jahrtausenden

Zu den volkstümlichen magischen Traditionen u. a. KF, 87. Auch S. Golowin: »Deutsche Hexen-Bibliothek« in: *Der gläserne Zaun,* Hrsg. R. Gehlen/B. Wolf, Frankfurt 1983, 222 ff. Zu den Quellen des Agrippa u. a. AW, 1, 157 (Thabit); 3, 323 (Merlin). Plinius-Stellen: AW, 4, 199. Buddha bei Agrippa: AW, 3, 209 und 320. Zu den Talismanen der Sabäer, CS, 2, 403; P, 35 f. Rabbi Maimonides, CS, 2, 452 ff. Thabit über den Sternenglauben, CS, 1, 177 f. Auswirkungen des Buchs Picatrix: P, Einleitung; W.-D. Müller-Jahncke: *Astrologisch-magische Theorie und Praxis in der Heilkunde der frühen Neuzeit,* (Sudhoffs Archiv, Beiheft 25) Stuttgart 1985, 31.

Anregungen der Sternenreligion auf Ritterdichtung zum Beispiel W. J. Stein: *Weltgeschichte im Lichte des heiligen Gral,* Stuttgart 1928 (stark von CS angeregt); W. Greub, Wolfram v. Eschenbach . . ., Dornach 1974. 153 ff. Thabit (Thebit) zur Bedeutung der Sternenreligion: CS, 1, 546 ff.; Stein, 335.

Darstellung eines Träumers auf Denkmälern des Mithrakults: R. Merkelbach: *Mithras,* Hain 1984, 98 f. Gleiche Reihenfolge Sternengötter-Wochentage (Relief aus Bononia), Merkelbach, 209 f. und 320. *Übereinstimmungen zwischen griechisch-lateinischen und germanischen Göttern* u. a. A. Baumstark: *Ausführliche Erläuterung der Germania des Tacitus,* Leipzig 1875, 411 f; F. Widlak: *Die abergläubischen . . . Gebräuche der alten Deutschen* . . . Znaim o. J., 16 f.

Kenntnis von sieben Urkräften bei germanischen Stämmen, J. v. Goerres: *Mythengeschichte der asiatischen Welt,* 2, Heidelberg 1810, 575 (auch 1, 289 ff.). Zu den umstrittenen Chronistenmärchen zum Beispiel, T. Arnkiel, Cimbrische Heyden-Religion, Hamburg 1691; E. Schedius: *De dis germanis,* Amsterdam 1648; K. G. Rössig: *Die Altertümer der Deutschen,* Leipzig 1793, 18 f.; A. Tkany, *Mythologie der alten Teutschen und Slawen,* 1, Znaim 1827, 167 (Krasopani); W. Vollmer: *Vollständiges Wörterbuch der Mythologie . . .,* Stuttgart 1836. Mystische Überlieferungen um die Externsteine: H. Gsänger: *Mysterienstätten der Menschheit . . .,* Freiburg Br. 1968, 204 ff. (Asteson-Lied) und 222 (Mondbild).

Zu den wunderbaren Ritterreisen des 14. Jahrhunderts vor allem Jean de Preis, dit d'Outremeuse: *Le myreur des histoires,* Hrsg. Borgnet/S. Bormany, Brüssel 1864–1880; *Itinerarium orientale . . .* (des Otto v. Dimeringen), Lund 1918. Versuch, hier mittelalterliche Geheimtraditionen zu erkennen: *Mandeville's Travels,* Hrsg. P. Hamelius, London 1919–1923. Zu den Edelstein-Büchern von Mandeville und Outremeuse J. Evans: *Magical Jewels of the Middle Ages . . .,* New York 1976 (1. Ausg. 1922), 67.

Die Goten als Kulturvermittler am Schwarzen Meer: A. Vasiliev: *The Goths of the Crimea,* Cambridge/Mass. 1936, 162. Paracelsus am Schwarzen Meer: J. B. van Helmont, *Aufgang der Artzney-Kunst,* Deutsch C. Knorr v. Rosenroth, 2, Neudruck, München 1973, 665 f.; noch B, 2, 189; PM, 12.

Sabäer in Konstantinopel, CS, 1, 675 f. (kritisch!) Agrippa zu den sieben Sternenkräften u. a. AW, 3, 214 ff.; AW, 3, 141 f. Traumlehren: AW, 298 ff.; PA, 3, 300 und 571 ff. Einflüsse der alten Esoterik (Apollonios v. Tyana, Paracelsus usw.) auf moderne amerikanische Geheimlehren: M. F. Hall: *Encyclopedic Outline of Masonic, Hermetic... Symbolical Philosopy, Reduced Facts.,* Los Angeles 1978 (1. Aufl. 1928).

Agrippa zu nordeuropäischen Traditionen, AW, 3, 249 f. Agrippas Einfluß im 18. Jahrhundert, K, 3, Zeile 9/12, 1012 ff. Agrippa in Bretagne: *Handwörterbuch der Sage,* Hrsg. W. E. Peuckert, 1, Göttingen 1961, 175. In der Schweiz: E. Stauber: »Schatzgräberei«.. aus: *Zürcher Taschenbuch 1915–1917,* 18. Bei Zigeunern: W. Starkie: *Auf Zigeunerspuren,* München 1957, 170 und 251 ff.

Ramsay-Zitate: G. A. Schiffmann: *A. M. Ramsay,* Leipzig 1878, 83–93. Adelsverehrung der Freimaurer: G. A. Schiffmann: *Die Entstehung der Rittergrade...,* Leipzig 1882, 112. Zum Planetenkult des 18. Jahrhunderts: E. Lachmann: *Geschichte und Gebräuche der maurerischen Hochgrade...,* Braunschweig 1866, 111 f. Nachrichten über damalige Sternenbilder, K, 3, Zeile 9/12. 524 ff. (Sogar die alten »Naturalienkabinette«, Vorläufer unserer Museen, waren »astrologisch« geordnet! Müller-Jahncke, 67.)

Zitate von Dr. A. Hofmann nach »Hoffnung auf die Sterne« in: *Tages-Anzeiger,* Zürich 30. Nov. 1984. Beispiele der Symbole der europäischen Zaubertradition in *Das Buch der Goetia.* A. Crowley: *Ausgewählte Schriften,* 2, Berlin 1985, 107 ff. (Entsprechende Bilder in K, KF, H usw.)

Wofür man Steinkräfte verwendet

Die Sage der Zigeuner, nach der sie (als Schüler des Urhelden Krishna!) die Edelsteine zu den alten Kulturen brachten, vgl. u. a. F. de Ville: *Tsiganes,* Bruxelles 1956, 60 ff.; Schmuck der indischen Moghulenzeit (nach Manucci) geschildert bei R. Hickmann: *Indische Albumblätter...,* Leipzig 1979. Zum russischen Fürstenschmuck: De Custine: *La Russie* en 1839, 2, Bruxelles 1843, 112. Esoterische Tradition um Friedrich v. Württemberg: E. Harnischfeger: *Mystik in Barock,* Stuttgart 1980, 18 ff.

Zum Edelsteingebrauch in Pestzeiten (hier als reiner Aberglaube gedeutet) u. a. J. Nohl: *Der schwarze Tod,* Potsdam 1924, 115 ff. Zur Seuche AIDS vgl. Abschnitt »Psyche und Immunsystem« bei K. H. Reger/F. Haimhausen: *AIDS,* Düsseldorf 1985, 118 f. (Ergänzt durch Hinweise von André Ratti, Basel.) Spiegel-Zitat: *Der Spiegel,* Nr. 33, Hamburg 1985, 144 ff.

Zu »Aphrodisiaca« B. Karle in HA, 1, 522 ff. (Hier auch Hinweise auf »erotische Kraft« von Jaspis und Smaragd.) Zum Rubin: »Zur Zeit der Kreuzzüge war er ein bevorzugtes Liebespfand; einer der schönsten Romane W. Scotts, der *Talisman,* handelt von einem Rubin.« HA, 7, 842. Ringe für jeden Tag: *Philostratos, Apollonios v. Tyana,* Hrsg. V. Mumprecht, München 1983, 323 f.

Zum Alter der Bergler: J. B. van Helmont: *Die Morgenröte,* Neudruck nach Ausgabe 1683, Freiburg Br. 1978, 264 f. und 271 ff.; W. Maxwell: *Drei Bücher der magnetischen Heilkunde* (1. deutsche Ausgabe 1678), Stuttgart 1855, 210. Die Suche nach dem »Stein der Weisen« in Böhmen: J. Bischoff: *Der Sieg der Alchimie,* (Geheime Wissenschaften, 26) Berlin 1925, 131.

Hinweis auf die »parapsychologischen« Gaben erfolgreicher Amerikaner: *2000, Das Magazin des Menschen von morgen,* Nr. 4, Göttingen 1985, 5. Zur Benützung eines »Rosenkranzes« (oft Schnur mit Knoten) in modernen Techniken der Autosuggestion (Coué, Lévi), vgl. B. Stokvis/E. Wiesenhütter: *Lehrbuch der Entspan-*

nung, 4. Auflage, Stuttgart 1979. Übereinstimmende Mittel in der traditionellen europäischen Magie: F. Bardon: *Der Weg zum wahren Adepten,* 8. Aufl., Freiburg Br. 1984, 77 f. Zum orientalischen Rosenkranz: F. Brasch: *Dreimal Schwarzer Kater,* Wiesbaden 1979, 408 ff. Das Zitat zu den Künsten des Freitags in der Volksmagie stammt aus: *Der wahrhaftige Feurige Drache oder Herrschaft über die himmlischen und höllischen Geister...,* Ilmenau 1850, 104.

Zu »Jugend und Amulette«: S. Golowin: *Magische Gegenwart,* Bern 1964; die Auflage München 1980 erschien mit dem Untertitel »Forschungsfahrt durch eine Zivilisation in Wandlung«. Die Ergebnisse von »Scope« benützt in: *Okkultismus,* Sonderdruck der Berner Zeitung, Bern 1980. Die Zahlen des Instituts für Marktforschung Zürich entstammen dessen Projekt I, 1159, 1985.

Wie man zu seinen Kraftsteinen kommt

Hinweis zum Edelsteinkult der Zigeuner in Appenzell: J. Manser: *Heemetklang us Innerrhode,* 2. Auflage, Appenzell 1980, 27. Zum wachen Gefühl der europäischen Nomaden für das Leben der Umwelt: F. Liszt: *Des Bohémiens...,* Novelle éd., Leipzig 1881, 139.

Zur Lehre von der Umwelt als »Arznei-Kasten« u. a. B. Carrichter: *Horn des Heyls menschlicher Blödigkeit oder Kreutterbuch,* Straßburg 1556. Über Symbole des Fließens auf ostslawischem Schmuck: B. A. Rybnikow: *Russkoe prikladnoe iskustwo 10.–13. wekow* (Die russische angewandte Kunst des 10.–13. Jahrhunderts), Leningrad 1971, 18. Zu den alchimistisch-rosenkreuzerischen Symbolen des Fließens u. a. S. Golowin: *Adrian von Bubenberg...,* Bern 1976, 169 ff. (Vor allem nach den Schriften des Rosenkreuzers und Alchimisten Fictuld.)

Grundlagen für Meditationen und Seelenflüge

Über die Notwendigkeit der »magischen« Begabung nach den Zauberbüchern, KF, 84 ff. Zum übereinstimmenden Glauben der weisen Frauen, J. Janneberg: *Ich bin eine Hexe,* 3. Auflage, Bonn 138. Auch AW, 3, 127 ff.

Zur »Geistschule« vgl. *Clavicula Salomonis et Theosophia Pneumatica...* Aus der Bibliothek des Herrn Rupert III., Abt des Hochstiftes Kempten 1785–1793. In: *Das Buch Jezira, das ist das große Buch der Bücher Moses...,* (ohne Ort, um 1880 gedruckt), 91. Moderne Anhänger der paracelsistischen Glaubenskraft: C. Ponder, *Die Heilungsgeheimnisse der Jahrhunderte,* Berg 1982, 18; J. Murphy: *Die Macht Ihres Unterbewußtseins,* 32. Auflage, Genf 1984, 66.

Hinweis auf Feenmärchen des 18. Jahrhunderts: I. F. Arnold (1774–1812), *Theodul der Geisterkönig oder Das mohrische Großmütterchen,* Coburg 1801. Märchen über Dschinnistan: F. v. d. Hagen: *Tausend und ein Tag. Morgenländische Erzählungen,* 5, Prenzlau 1827, 376 f; J. v. Hammer-Purgstall (1774–1856): *Rosenöl, Sagen und Kunden des Morgenlandes,* 1, Stuttgart 1813.

Zur Beschäftigung mit dem »Magnetismus« im 18. Jahrhundert, u. a. R. Safranski: *E.T.A. Hoffmann,* München 1984, 296. Glaube an die »Nerven-Kraft«, vgl. J. Cattégno: *Lewis Carrol,* London 1977, 161. Zu den Quellen von P. L. Travers (Studium von Buddhismus, Mythologien, der Esoterik der Loge »Golden Down«), R. A. Wilson, in: *Sphinx,* Nr. 29, Basel 1984, 22 ff.

Zu den Wirkungen der Umwelt: *Die Heilige Magie des Abramelin,* Hrsg. J. R. Beecken, Berlin 1957, 35; PM; F. Lienhard: *Unter dem Rosenkreuz,* 2. Auflage,

Stuttgart 1925, 171. Die Suche der »Rosenkreuzer« nach neuen Gefährten durch Traumreisen, vgl. W. Schrödter: *Magie, Geister, Mystik,* (Magische Handbücher, 7) Berlin 1958, 28.

Die eigentlichen Hilfsmittel

Zur Auseinandersetzung der Urchristen mit »heidnischen« Traditionen vgl. J. Seznec: *La survivance des dieux antiques,* Thèse Pairs, London 1939, 46 ff. Bedeutung des Erzählens im Mittelalter u. a. J. S. Halle, *Fortgesetzte Magie...,* 1, Wien 1788, 495 ff.; *Tacunium sanitatis,* Hrsg. L. Cogliati Arano, München 1976, 34. Die russische Legende der Traumerzähler nach A. K. Tolstoi: *Iwan der Schreckliche,* Köln o. J. (1. deutsche Ausgabe durch R. Hoyer, 1882), 237 ff.

Über religiöses Wohnen vor allem G. Ränk: *Die heilige Hinterecke im Hauskult der Völker Nordosteuropas und Nordasiens,* (FF Communications, 137) Helsinki 1949; S. Essenin: *Sobranie sotschinenij* (Gesammelte Dichtungen), 5, Moskau 1962, 27–54. Das Erzeugen zeitloser Stimmungen durch die unmittelbare Umwelt: G. Le Rouge: *La mandragore magique,* Paris 1967, 72 ff.; M. Jokai: *Der Zigeunerbaron...,* 2. Auflage, Breslau 1886, 35 ff.

Weitere Vorbereitung für unsere Übungen

Naturgeister bei den Zigeunern C. G. Leland (1824–1903); *Gypsy Sorcery...,* London 1891; S. Golowin: *Zigeuner-Magie im Alpenland,* Frauenfeld 1973. Zu verwandten Vorstellungen des europäischen Uradels verwies G. W. Surya: *Das Okkulte in Agnes Günther...,* Freiburg im Br. 1921, 53 f. Abbildung der Elfe auf Schmuck von 1904: C. B. Heller: *Jugendstil,* (Kataloge des Hessischen Landesmuseums, 12) Darmstadt 1982, 86. Zum Verfahren der »Lithomantie«, Beispiel in: *The Complete Book of Predictions,* Hrsg. S. Bosanko, London 1983, 138.

Zur Darstellung der »lichten« und »finsteren« Seiten der sieben Urkräfte (»Prinzipien«) folge ich vor allem: *Geheime Figuren der Rosenkreuzer aus dem 16. und 17. Jahrhundert,* Heft 1, Altona 1785. Das berühmte *Büchlein der Venus* ist abgedruckt SG, 83–99.

Eintritt in innere Landschaften

Zur Arbeit mit Tarotkarten S. Golowin: *Die Welt des Tarot,* 7. Auflage, Basel 1985 (1. Auflage 1975). Zur Tarot-Esoterik O. Wirth: *Le Tarot des Imagiers...,* Paris 1966 (1. Auflage 1927).

Zum Alp-Drücken und Druden: J. C. Adelung: *Grammatisch-kritisches Wörterbuch...,* 1, Leipzig 1793, 223 und 1562; U. Johansen: »Die Alpfrau« in: *Zeitschrift der deutschen Morgenländischen Gesellschaft,* 109, Wiesbaden 1959, 303–316; R. Haller: *Von Druden und Hexen,* Grafenau 1977, 15; J. Aventinus: *Chronica von ursprung... der uralten Teutschen,* Nürnberg 1541, 115. Auch die russische Alpdruckdämonin »Kikimora« macht nach ursprünglichen Vorstellungen »nichts Übles«: »Sie ist ein Ehrengast, ohne sie ist ein Fest kein Fest«, A. M. Remizow: *Izbrannoe* (Ausgewähltes), Moskau 1978, 402.

Metalle im Traum, vgl. W. Schmitt »Das Traumbuch des Hans Lobenzweig« in: *Archiv für Kulturgeschichte,* 48, Köln 1966, 209. Zu Göttern und Heiligen bei

W. H. Ryff (1540), L. Grenzmann: *Traumbuch Artemidori...*, Baden-Baden 1980, 57 ff. Glück durch Heilige, TL. Vgl. PM.

Regeln des Kartenlegens: Marquise de Circé: *Les révélations mystérieuses: Voici les cartes*, Paris 1920, 149 ff. (Explication des songes par les cartes). Vgl. G. v. Lentner: *Die hohe Kunst des Kartenlegens*, Genf 1983.

Flug der Feen in den Himalaja: *Mythologie der Feen und Elfen*, Hrsg. O. L. B. Wolff, 2, Weimar 1828, 275 f. (nach Ariosto). Zum »Flug« des Paracelsus, u. a. O. Henne-Am Rhyn: *Die deutsche Volkssage*, 2. Auflage, Leipzig 1879, 481 und 703. Vgl. M. Oettli: »Träume als Erinnerung an unsere Vorgeschichte« in *Naturwissenschaftlich-technisches Jahrbuch*, 2, Zürich 1920, 308. Beobachtung der »Wasserkinder«: E. Sidenblath: *Wasserbabys*, Essen 1983, 146.

Morgenmeditation über glücklichen Neubeginn

Zum Überleben vedischer Vorstellungen unter europäischen Nomaden, neuerdings: R. Vossen, Zigeuner, Frankfurt 1983, 228; Götter und Mythen des indischen Subkontinents, Hrsg. H. W. Haussig, Stuttgart 1984, 773–824 (H. Berger).

Zur Beziehung der Zigeuner zur »Geisterwelt«: O. Pfister in *Praktische Psychiatrie*, 29, Zürich 1951, 110 f.; M. Block: *Zigeuner*, Leipzig 1936, 183; C. Erdös in *Etudes Tsiganes*, 5, No 1, Paris 1959, 3. Zu Astralreisen: S. J. Muldon/H. Carrington: *Die Aussendung des Astralkörpers*, 5. Auflage, Freiburg Br. 1983, 427.

Zu Wittichs Melancholie-Lehre: K. Hafemann: *Magister J. Wittich*, Diss. med. Würzburg 1956, 66 f.; J. Wittich: *Artzneybuch für alle Menschen...*, Leipzig 1595, 39. Über »aristokratische« Melancholie 18. Jahrhundert: Handschriftlich K. Howald (1796–1869), Burgerbibliothek Bern, Mss XXI b 363 (Stadtbrunnen, 3), 287. Melancholie als moderne Massenkrankheit P. Twitchell: *Kräuter*. Manlo Park (California) 1978, 228.

Über die Seelenreisen Salomos zu den Sternen J. v. Hammer-Purgstall: *Rosenöl*, 1, Stuttgart 1813. Zu denen der islamischen Mystiker, Moinuddin: *Die Heilkunst der Sufis*, Freiburg Br. 1984, 193 f. Der Besuch bei den »Sieben Sternengeistern« im Himalaja, vgl. H. Brusius: *Edelsteine bringen Glück*, Genf 1975, 28 ff. Zum »Astralfeuer« in Wielands »Dschinnistan«-Märchen: *Deutsche Märchen vor Grimm*, Hrsg. A. Wesselski, 1, Wien 1938, 223 f. Sehen solcher Kräfte in moderner Mystik: *Agni Yoga*, Linz 1973, 286; *Aufrichtige Erzählung eines russischen Pilgers*, Hrsg. E. Jungclaussen, 12. Auflage, Freiburg Br. 1983, 114 f.

»Alpgeister« als gute Anreger; J. Jacobi in: *Ciba Zeitschrift*, 99, Basel 1941, 3586 f. Zur Bedeutung der ekstatischen Zigeunermusik und -mystik für Europa, vor allem Dr. Jan Cibula (Bern), mündlich. Die wichtigste Quelle ist M. Miklós: *A régi mulató magyarorszóg, Hires cigányzenészek*, Budapest 1896.

Schöpferische Eingebungen durch Träume: H. Dieckmann: *Träume als Sprache der Seele*, 2. Auflage, Fellbach 1979, 65 f. (über Chagall); J. vom Scheidt: *Das große Buch der Träume*, München 1985, 40 f.; J. Murphy: *Die Macht Ihres Unterbewußtseins*, Genf 1967 (R. L. Stevenson); W. E. Bonin: *Das Buch der Träume*, Frankfurt M. 1984, 62 f. und 242 f. (Kekulé, Howe und Roux); H. Jürgens: *Traum-Exerzitien*, Pfulligen o. J., 22 (zu Erfindern der zwanziger Jahre). Erdgeister als Offenbarer der Erdschätze: *G. Agricola, Ausgewählte Werke*, 2: Bermannus..., Hrsg. H. Wilsdorf, Berlin 1955, 89.

Vergleiche die »hermetische« (aus der Spätantike erhaltene) Lehre über die Abstammung der menschlichen Rassen von »sieben«, jeder einem andern Planeten zugehörigen Urmenschen (Anthropoi), mit nachweisbar starkem Einfluß auf das Gesamtgebiet der Alchimie und Astrologie! U. a. *Hermetica . . .,* Hrsg. W. Scott, 2, Oxford 1925, 46 ff. Eine wichtige quellenkritische Ergänzung zu den Belegen über den Sternenkult der Sabäer in CS und P vgl. J. Hiärne: *Analyse critique des traditions sur les sabéens harraniens,* Diss. Uppsala 1972.

Sehr wichtige Urkunden zum Weiterleben des antiken orientalischen und christlich-mittelalterlichen Glaubens an die sieben Urkräfte sind »Magia divina«, abgedruckt K, 3, Zeile 9/12, 1846, 523–563; auch B, 1, Kapitel 35–46. Eine volkstümliche Kennzeichnung der Planeten-Wirkungen findet sich im deutschen Sternenspiel »Zoroasters Teleskop oder Schlüssel zur großen divinatorischen Kunst der Magier«; K, 3, Zeile 9/12, 414–488.

Für die sieben Planetentypen vor allem verglichen: GP; G. v. Welling: *Opus mago-cabbalisticum . . .,* 3. Auflage, Frankfurt 1784. Zu den Darstellungen der »Planetenkinder« u. a. benützt: V. Stegemann: *Aus einem mittelalterlichen deutschen astronomisch-astrologischen Steinbüchlein,* (Prager Deutsche Studien, 52) Reichenberg 1944; HA, 7, 36–294. Besonders wichtig war mir der Prachtband H. T. Bossert/ W. F. Storck: *Das mittelalterliche Hausbuch,* nach dem Original im Besitze der Fürsten v. Waldburg-Wolfegg-Waldsee, Leipzig 1912. Die mehrfach erwähnten Bilder der Planeten und Planetentypen von Beham und in der Handschrift *De Sphaera* sind abgebildet bei W. Kenton: *Astrologie,* Frankfurt 1976.

Eine Einführung in die vielschichtige Welt der modernen »Heiler und Hexen« bieten H. Biedermann: *Hexen,* Graz 1974; S. Golowin: *Die Weisen Frauen,* Basel 1983; J. Wichmann: *Wicca,* Berlin 1984. Angaben über deren Sternenglauben, Traumreisen und Benützung von Edelsteinen finden sich zerstreut in der Mehrheit der in diesen Werken angeführten Quellen, zum Beispiel bei J. Johns: *King of Witches,* London 1969; C. H. Giles/B. A. Williams: *Bewitching Jewelery . . .,* New York 1976. Volkstümliche Schriften zu den überlieferten »Zigeunerkünsten«: K. Martin: *The Complete Gypsy Fortune Teller,* New York 1970; L. Petulengro, *The Secrets of Romany Astrology . . .,* London 1971. Wichtige Hinweise finden sich überhaupt in der riesigen und widersprüchlichen Zigeunerliteratur verstreut, etwa zur Benützung des Magnetsteins (Bar lachi) in G. Borrow: *The Zincali . . .,* 1, New York 1842, 292 f. Eine umfassende Darstellung der angewandten alten und modernen Astrologie der Stämme besteht leider bis heute nicht, vgl. C. Bowness: *Romany Magic,* Wellingborough 1973; E. B. Trigg: *Gypsy Demons and Divinities,* London 1973.

Schriften zum zeitgenössischen Steinglauben (weitere Beispiele): *Geheime Zaubermittel, Amulette und Talismane,* Hrsg. Loge Zur Wahrheit, 2. Auflage, Leipzig 1919; R. H. Laarss: *Das Geheimnis der Amulette und Talismane,* Leipzig 1919; F. Asboga: *Handbuch der Astromagie,* 1, Pfulligen 1925, 25 ff. (Neuausgabe Berlin 1981); W. Guhlmann: *Die Magie der Edelsteine . . .,* Freiburg/Baden 1926; J. Roy: *Les talismans,* Paris ohne Jahrzahl (um 1945); K. Spiesberger: *Magneten des Glücks,* Berlin 1971; S. de Riols: *Dictionnaire des pierres et des parfums magiques,* Paris 1981.

Zum Vergleich mit antikem und orientalischem Steinglauben (Auswahl): R. Garbe: *Die indischen Mineralien, ihre Namen und die ihnen zugeschriebenen Kräfte,* Leipzig 1882; F. D. de Mély: *Histoire des sciences,* Les lapidaires . . ., Paris 1896–1902; J. Ruska: *Untersuchungen über das Steinbuch des Aristoteles,* Heidelberg 1911; J. Ruska: *Griechische Planetendarstellungen in arabischen Steinbüchern,* (Sitzungsbericht der Heidelberger Akademie der Wissenschaften) Heidelberg 1919;

Dioscorides: *Von allerlei wohlriechenden Kräutern* . . ., Frankfurt 1610, 382–416 (über Metalle und Steine); Theophrastus: *History of Stones,* Hrsg. J. Hill, London 1746; Damigeron: *De lapidibus,* Hrsg. E. Abel, Berlin 1881.

Einblicke in das im Mittelalter erhaltene und weitergegebene Wissen: G. Fliess: *Edelsteine im Mittelalter,* Hildesheim 1980; Hildegard v. Bingen: *Das Buch von den Steinen,* Hrsg. P. Riethe, Salzburg 1979; G. Hertzka/W. Stehlow: *Die Edelsteinmedizin der heiligen Hildegard,* Freiburg Br. 1985; Albertus Magnus: . . . *von den Tugenden der Krüter und Edelgestein* . . ., Straßburg 1508; Volmar: *Das Steinbuch,* Hrsg. H. Lambel, Heilbronn 1877; I. Del Sotto: *Le lapidaire du 14e siècle* . . . (ein dem »Morgenlandfahrer« Jean de Mandeville zugeschriebenes Werk), Vienne 1862; L. Pannier: *Les lapidaires français du moyen âge* . . ., Paris 1882; J. Wittich: Bericht von den ... Bezoarischen Steinen ... Dessgleichen von den furnembsten Edlen Gesteinen ..., Leipzig 1592; A. Lonicerus: *Kreuterbuch* . . ., Hrsg. P. Uffenbach, Ulm 1679, 720 ff. (Von Edelgesteinen).

Zum richtigen Verständnis der Bezeichnungen in den alten Quellen unentbehrlich: H. Lüschen: *Die Namen der Steine,* 2. Auflage, Thun 1979.

Gespräche mit folgenden Personen regten mich (neben meiner Familie) bei der Schlußfassung des Buches an: Prof. Dr. H. Biedermann (Graz); Mime Ernst G. Böttger; Dr. H. Endres (Heidelberg); Juwelier W. Engel (Thun); Agnes Lanz (Roveredo); Psychotherapeut H.-D. Leuenberger; F. Loeb; J. v. Morzsinay; Stein-Boutique-Besitzerin E. v. Siebenthal (Bern); Geistheilerin M. Riedel-Michel (Lenzburg); Buchhändler H. Weyermann (Bern); Rudi Wyrsch (New York; Hinweise auf verwandte Indianertraditionen!).

Bildnachweis

Seiten 12, 27, 43, 115, 123, 125: Fotos von S. Golowin und Heidi und Sami Ramseier, *esotera* 1985.

Seiten 21, 153: Kupferstiche aus: J. Lyser: *Das Buch von Rübezahl.* Leipzig 1834.

Seite 35: L. Hansemann/L. Kriss-Rettenbeck: *Amulett und Talisman.* München 1977.

Seite 53: Volkstümliches indisches Bild von Vishnu-Krishna, Sharma Picture Publications, Bombay.

Seite 103: R. Beitl: *Deutsche Volkskunde.* Berlin 1933.

Seite 109: Papus: *Traité élémentaire de magie pratique.* Paris 1893.

Seiten 181 bis 257: Holzschnitte von E. Schön aus: L. Reymann: *Nativität-Kalender.* Nürnberg 1515 (Planetensymbole); *Calendrier des bergers.* Paris 1499 (Planetenkinder); Papus: *Traité élémentaire de magie pratique.* Paris 1893.

Seite 262: Zeichnung von Erik Golowin (noch nach Angaben von Alexander S. Golowin, 1904–1968).

Von Sergius Golowin ist im Verlag Hermann Bauer erschienen:

Das Traumdeutungsbuch des Fahrenden Volkes

283 Seiten mit 173 Zeichnungen, gebunden;
ISBN 3-7626-0269-7

Die moderne Psychologie neigt dazu, sich aus fernen Kulturen Anregungen für eine schöpferische, zur Selbstentfaltung führende Traumarbeit zu holen. Es gibt jedoch auch im europäischen Raum wenig erforschte Lehren der »Traumkunst«, die vor allem von Nomadenstämmen, Zigeunern und anderen »Fahrenden« zäh bewahrt werden. Sergius Golowin, Sammler und Deuter auf dem Gebiet der erhaltenen Traditionen, beschreibt uns, wie er im Flüchtlingschaos der Nachkriegszeit in Paris auf Vertreter und Erben dieser Überlieferungen stieß. Besonders das »Fahrende Volk« an den damals verrufenen Stadträndern vermittelte ihm zahllose Begegnungen mit ihren von Generation zu Generation weitergeschenkten Erfahrungen. Dieses gehütete Wissen um Traumsymbole und Trauminhalte wird im vorliegenden Buch den Lesern wiedergegeben.

Fahrende Händler (Steinmandli) kamen noch im 19. Jahrhundert in den Alpengebieten sogar in die abgelegensten Talschaften. Sie verkauften ihre Ware mit viel Sorgfalt, oft in farbige Tüchlein eingewickelt.
Für diejenigen, die heute die entprechenden Wochensteine für die Praxis ihrer täglichen Astro-Meditation benötigen, hat das Prana-Haus (Postfach 167, 7800 Freiburg im Breisgau) ein Edelstein-Set zusammengestellt. Alle neun Einzelstücke sind vorher zu keinem anderen Zweck verwendet worden und entsprechen in ihrer Farbwahl den in diesem Buch vertretenen Taditionen. (Der Mond hat, je nach seinem Zu- oder Abnehmen, einen weißen oder schwarzen Stein.)

Verlag Hermann Bauer · Freiburg im Breisgau